행복한 강아지

강아지와 보호자의 행복한 동행을 위한 안내서

행복한 강아지

지음
푸들엘리 임태현

정북스

Prologue

강아지와 함께 행복한 삶을

"강아지를 데려왔는데 아무 데나 대소변을 싸요."

"새벽에 자꾸 일찍 깨워서 정말 미치겠어요."

"어린 강아지를 입양했는데, 밥은 얼마큼 줘야 하죠?"

"강아지가 절 무시하는 거 같은데, 복종훈련은 어떻게 하나요?"

블로그와 방문교육을 하면서 매일같이 받는 고민, 그리고 질문들입니다. 무척이나 기본적인 사항이지만, 실제로 강아지 입양 후 막상 위와 같은 상황이 닥치면 머릿속이 텅 비면서 어찌해야 할지 모르게 됩니다. 그럴 때마다 인터넷을 뒤져 보아도 이상하게 답변의 내용이 각기 다릅니다. 누구는 배변교육을 위해 강아지를 반드시 울타리에 가둬 두라고 하고, 누구는 울타리가 필요 없다고 합니다. 누구는 하루에 한 번씩 꼭 복종훈련을 하라고 하고, 누구는 그런 것은 시간 낭비라고 합니다. 사람들마다 각자 답이 다르고 모호합니다. 어떤 이는 "강아지마다 다 달라서 정답은 없어요."라고 말합니다. 이런 답변에 보호자들의 혼란은 커져만 갑니다.

괴롭히기 위해 강아지를 입양하는 분은 없을 것입니다. 분명 예뻐

하고, 사랑해 주기 위해 입양할 겁니다. 하지만 현실은 그렇지 못한 경우가 참 많습니다. 많은 보호자들이 강아지를 잘못 대하거나 그릇된 방식으로 기르는 것을 봅니다. 그리고 그 원인은 보호자가 못되어서가 아니라 잘 모르기 때문인 경우가 대부분입니다. 잘해 주고 싶지만 잘 알지 못해서 실수하는 보호자들이 대부분입니다.

저는 그런 분들, 강아지를 입양했는데 당장 무엇을 어찌해야 할지 모르는 분들을 위해 이 책을 썼습니다. 강아지를 이해하고 싶지만 어디서부터 출발해야 할지 모르는 분들, 사랑하는 강아지에게 지금보다 조금 더 잘해 주고 싶은 분들을 위해 이 책을 썼습니다. 그러므로 이 책은 강아지와 함께하는 모든 분을 위한 책입니다. 우리 보호자들이 강아지에 대해 조금이라도 더 알면 알수록 우리와 함께하는 강아지들 역시 그만큼 행복에 가까워질 것입니다. 강아지가 행복하면 우리 보호자들도 지금보다 훨씬 더 행복해질 것입니다.

1장 '강아지를 입양했어요'는 강아지 입양을 생각하고 있거나 혹은 막 입양했는데 아무것도 몰라서 당장 혼란스러운 분들을 위한 내용이 담겨 있습니다. 가장 많이 헷갈려 하는 울타리 문제, 사료 양, 대소변 문제 등을 간단히 다루었습니다.

2장 '천천히 알아봅시다'는 이제 당장 급한 문제가 해결되어 한숨 돌린 보호자님들에게 필요한 내용을 정리했습니다. 사료 급여, 먹으면 안 되는 식품, 예방접종 및 기생충 구제, 목욕 등의 위생 문제, 사회화, 산책 등…. 강아지와 함께하는 데 반드시 필요한 내용들이니 꼼꼼히 읽어 두시면 좋습니다.

3장 '강아지 교육 어떻게 시작하죠?'에서는 요즘 많은 보호자님들이 관심을 가지고 있는 강아지 교육에 대한 내용을 정리했습니다. 교육의 기본 원칙, 복종훈련과 혼내기 등을 비롯해, 강아지가 하기 싫어하는 것을 해야 할 때 어떻게 해야 할지 궁금하신 분들에게 필요한 글입니다.

4장 '강아지 배변교육의 모든 것'에서는 많은 보호자들이 가장 어려워하는 배변교육을 집중적으로 다룹니다. 배변교육의 기초에서부터 응용, 필요할 때 소변보기 가르치는 법, 배변 장소를 바꾸는 법 등, 실용적인 내용이 가득합니다.

5장 '강아지의 먹거리와 입을 거리'에서는 강아지 옷과 장난감, 사료 선택법 등 무척 중요한 항목을 다룹니다. 특히 많이들 고민하시는 사료 선택과 관련해 매우 자세히 풀어 두었으니 꼭 읽어 보시기 바랍니다.

6장 '강아지에 대해 생각해 볼 문제들'은 어찌 보면 이 책의 핵심입니다. 강아지를 입양한다는 것의 의미, 중성화/교배 문제, 파양 문제, 둘째 강아지 문제, 복종 및 서열 문제 등, 강아지를 키우며 생길 수 있는 궁금증과 미처 생각해 보지 못했던 부분들, 그리고 논란의 여지가 있는 소재 등을 나름대로 정리해 보았습니다. 여러분도 읽으시면서 함께 고민해 주셨으면 합니다.

강아지들이 행복해지는 데에는 굳이 거창한 훈련이나 비싼 용품이 필요하지 않습니다. 강아지를 이해하고 아껴 주려는 우리 보호자들의 작은 노력이면 충분합니다. 이 책이 그런 노력에 조금이나마 보탬이 되었으면 합니다.

2018년
푸들 엘리 임태현

차례

차례

차례

PART 1

강아지를 입양했어요

오늘 강아지를 입양해 왔습니다. 분양샵에서 시킨 대로 함께 구매한 울타리를 치고 그 안에 배변판과 밥그릇, 쿠션을 넣습니다. 그리고 쿠션 위에 강아지를 살포시 올려놓고 설레는 마음으로 쳐다봅니다. 그런데 잠시 후 갑자기 강아지가 낑낑대기 시작합니다. 그러나 강아지를 만지지 말고 그냥 무시하라고 신신당부한 분양샵 직원의 말을 떠올리며 마음을 다잡습니다. 데려온 지 하루가 지나고 이틀이 지나도 강아지는 계속 낑낑댑니다. 뭔가 이상해서 분양샵에 전화해 보지만 직원은 하루 정도만 더 무시하면 조용해질 거라며 걱정 말고 그냥 두라고 합니다. 알았다고 말하고 전화를 끊은 후 강아지를 보니 이제는 앞발을 울타리에 기댄 채 서서 구슬픈 목소리로 낑낑대고 있습니다. 뒷발로 서는 게 안 좋다고 들은 것 같은데, 이대로 괜찮은 걸까요?

01
강아지를 울타리에 넣어 두어야 하나요?

　분양샵에서 말하는, 강아지를 울타리에 넣어 두어야 하는 이유는 크게 셋으로 나눌 수 있습니다. 첫째, 자꾸 만지고 옆에 두면 분리불안에 걸린다. 둘째, 울타리 안에 두어야 배변을 가린다. 셋째, 울타리를 강아지만의 공간으로 인식시켜 주어야 한다.

• 첫째, 자꾸 만지고 옆에 두면 분리불안에 걸린다.

　분리불안의 원인은 지금까지도 명확하게 밝혀지지 않았습니다. 인과 관계가 있을 것으로 추정되는 몇 가지 요인이 있을 뿐입니다. 흔히 "함께 자면 분리불안 걸린다.", "손 타면 분리불안 걸린다." 이렇게 말하는 경우가 많습니다만 함께 자는 것은 분리불안과 연관이 없으며, 손 탄다는 말은 그 정도를 알 수 없는 주관적인 표현일 뿐입니다.

　우리가 데려온 강아지는 끽해야 2개월, 만일 번식장과 경매장을 거쳐 분양샵으로 온 강아지를 곧바로 분양받았다면 35-40일 정도일 가능성이 높습니다. 이런 강아지들은 너무나 어려서 사람으로 치면 4-5개월에 불과합니다. 이런 강아지들에게 필요한 것은 무시가 아니라 따뜻한 애정과 손길일 겁니다. 물론 가만히 누워 쉬고 있는 강아지를 자꾸 만지거나 안아 드는 것은 바람직하지 않습니다. 그 자체로 스트레스일 수 있기 때문입니다. 그러나 그렇다고 관심과 애정을 갈 구하는 강아지를 좁은 울타리에 가둬 두고 무시하는 것은 올바른 방 법이 아닙니다.

• 둘째, 울타리 안에 두어야 배변을 가린다.

분양샵에서는 강아지를 2주에서 한 달 정도 울타리 안에 가둬 두 어야 배변을 가리게 된다고 합니다. 그러나 이는 사실이 아닙니다. 물론 울타리 안에 강아지를 두면 대소변을 가리는 것처럼 보입니다. 울타리 안의 패드 혹은 배변판에 잘 싸니까요. 사실 비좁은 울타리 안에는 쿠션과 밥그릇, 그리고 배변판밖에 없습니다. 그럼 강아지가 어디에 배변할까요? 잠자는 쿠션에는 잘 안 하려 들 테고, 밥그릇에 도 안 할 테니 자연스럽게 배변판에 배변합니다. 그럼 배변교육에 성 공한 것이 아니냐고요?

문제는, 강아지를 울타리에서 꺼내 주었을 때 발생합니다. 배변할 곳이 한정적인, 좁은 울타리와 달리 집은 배변할 곳 천지입니다. 울 타리에서 나온 강아지는 온 집 안을 탐험하며 배변하기 편안한 장소 를 찾기 시작합니다. 그리고 식탁 밑, 화장실 앞 발매트, 베란다 입구, 현관, 혹은 거실 한가운데 등, 곳곳에 대소변을 남겨 놓습니다. 당황 한 보호자들은 아직 배변교육이 되지 않았다고 생각하고 다시 강아 지를 좁은 울타리 안에 가둡니다. 그럼 강아지는 배변판에 배변하고, 보호자는 울타리를 개방하고, 강아지는 또 온 집 안을 화장실로…. 이걸 한도 끝도 없이 반복하는 보호자들도 있습니다. 인터넷 반려견 카페 등에는 한 살이 넘었는데도 아직 배변을 가리지 못한다는 이유로 울타리 생활을 하는 강아지를 흔하게 볼 수 있습니다.

　배변은 처음부터 강아지를 풀어 놓은 상태에서 가르쳐야 합니다. 강아지가 자유롭게 움직이는 상태에서 배변 타이밍에 맞춰 우리가 강아지를 적절한 배변 장소로 안내해 배변을 유도해야 합니다. 혹은, 강아지가 자주 배변하는 장소에 배변판과 배변패드 등을 깔아 두고 강아지가 편안히 배변할 수 있게 배려해 주는 방법도 있습니다. 이런 식으로 강아지가 편안하게 배변 활동을 할 수 있어야 강아지가 배변 장소를 제대로 익힐 수 있고, 보호자 입장에서도 원활한 교육이 가능해집니다. 배변판이나 배변패드에 배변하길 원한다면 강아지가 스스로 배변 장소로 걸어갈 수 있게 가르치는 과정이 반드시 있어야 합니다. 그렇게 하려면 당연히, 가두지 말고 자유롭게 돌아다닐 수 있게 해 줘야 합니다.

• 셋째, 울타리를 강아지만의 공간으로 인식시켜 주어야 한다.

　강아지만의 공간은 필요합니다. 쉬고 싶을 때나 집 안에 반갑지 않은 존재가 있을 때 강아지는 자신만의 공간에 들어가 안정감을 가지고 싶어 합니다. 강아지들에게는 자신만의 공간이 분명 있어야 합니다.

　그러나 사람이 맘대로 집어넣고 문을 잠그는 울타리는 자신만의 공간이라고 할 수 없습니다. 왜냐하면 울타리는 자유로운 출입이 불가능하기 때문입니다. 강아지에게 필요한 것은 자신이 원할 때 마음대로 들어가고 나올 수 있는 장소이지, 자신의 의사와 무관하게 갇히는 감옥 같은 곳이 아닙니다. 만일 울타리를 강아지의 공간으로 만들어 주고 싶다면 24시간 문을 개방해 두어야 합니다.

간혹 "집 안이 위험해서 울타리에 가둘 수밖에 없어요."라고 말하는 보호자를 봅니다. 강아지에게 위험한 사물이 있다면 강아지를 가둘 게 아니라 해당 물건들을 치워 주는 것이 옳지요. 평생 가둬 키울 것이 아니니까요. 지금 위험한 물건은 다 커서도 위험합니다. 어린 강아지가 좋아하는 전선이나 충전기 등은 최대한 치워 주시고, 어쩔 수 없이 두어야 하는 물건들은 울타리로 가려 주시면 좋습니다. 실은 이게 울타리의 바른 사용법입니다. 내가 살아가는 환경의 변화 없이 새로운 생명을 집에 들일 수는 없습니다. 물론 그와 함께 전선 등을 깨물지 못하게 교육을 병행해 주셔야 하겠지요.

어차피 강아지는 언젠간 풀어 키워야 합니다. 그러니 굳이 한동안 울타리에 가두어 강아지 정서에 안 좋은 영향을 끼치는 일 없이 처음부터 자유롭게 풀어 키우시는 것이 좋겠습니다.

02
밥을 얼마나 주어야 하나요?

아래는 우리나라에서 소형견에게 가장 많이 먹이는 사료인 R사 사료의 급여표입니다. 체중이 성견 기준으로 나와 있어서 보기에 조금 까다롭긴 합니다. 다시 말해 표에 적힌 몸무게는 현재의 무게가 아니라 '성견이 되었을 때의 예상 체중'입니다. 예를 들어 6-7주짜리 푸들을 분양 받았고 성견 시 예상 체중이 5kg이라고 하면 하루에 80그램(약 7/8컵)을 먹어야 합니다. 물론 다른 사료를 먹인다고 해도 크게 차이가 나지는 않습니다.

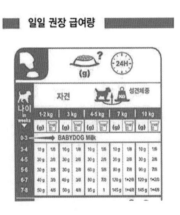

사진 1. 사료 80그램을 담은 모습　사진 2. 사료 7-9그램(어른 숟갈로 한 숟갈)
사진 3. 사료 2그램(사료 20알)

　80그램이면 위의 사진 1과 같습니다. 물론 성견 시 체중을 고려해서 사료 양을 정해야 하니 강아지에 따라 40그램을 줄 수도 있고 50그램을 줄 수도 있고 60그램이 적정량일 수도 있습니다.

　안타까운 것은, 많은 분양샵에서 아직도 사료를 15알, 20알 이렇게 주라고 하거나 한 숟갈씩 하루 두 번 주라고 한다는 점입니다. 물론 한 숟갈씩 팍팍 퍼서 서너 번 주세요라고 말하는 비교적 양심적인 곳도 있습니다. 모든 샵을 폄훼하려는 것은 결코 아닙니다.

　어른 숟갈로 한 숟갈이면 대략 7-9그램으로, 사진 2에 담긴 양 만큼입니다. 사진 1과 한번 비교해 보세요. 한 숟갈씩 하루 두 끼를 주면 원래 먹어야 하는 양에 비해 얼마나 적게 먹는 것인지 한눈에 알 수가 있습니다.

　15알, 20알씩 주라고 하는 곳도 많습니다. 사료 20알이면 대략 1/3 숟가락입니다. 사실 이런 식으로 밥을 먹으면 어린 강아지는 저혈당으로 목숨이 위험해질 수도 있습니다. 사진 3은 사료 20알입니다. 이게 20알이고, 그램 수로 대략 2그램입니다.

　우리가 좋아하는 라면에 들어가는 스프도 한 봉지에 10그램입니다. 그런데 강아지들에게 밥을 2그램씩 주는 것은, 아무리 샵에서 20알씩 주라고 했어도 뭔가 이상하다는 생각을 하셔야 합니다. 모르긴 몰라도 들판의 메뚜기도 이보다는 많이 먹을 거예요.

샵에서 분양받아온 강아지들이 초기에 묽은 변 혹은 설사를 하는 경우가 있습니다. 그 이유 중에 하나가 샵이나 가정 번식장에서 충분히 못 먹기 때문입니다. 그동안 너무 적게 먹어서 갑자기 많이 주면 소화를 못 시키는 것입니다. 이게 얼마나 슬픈 일인가요. 지금부터라도 집에서 규칙적으로 적당한 양의 밥을 주면 변 상태는 조금씩 좋아집니다. 어린 강아지는 소화기관이 매우 연약하고 작은 변화만 주어도 적응하는 걸 어려워할 수 있으니 갑자기 양을 많이 주기보다는 며칠에 걸쳐 서서히 늘려 주세요.

사료 양 계산 앱, 계산식, 사료 포장지에 적힌 급여 가이드도 있고, 수의사가 권장하는 적정량도 있으며, 제가 여기저기 쫓아다니면서 앵무새처럼 읊어대는 사료 양도 있습니다. 그리고 이 모든 양에는 조금씩 차이가 있습니다. 그러니 이 수치들을 참조하시되, 가장 정확한 양은 보호자님이 압니다. 아니, 알아야 마땅합니다. 우리 강아지가 잘 먹는지, 뚱뚱한지, 홀쭉한지, 적당한지…, 바로 옆에서 보시는 보호자님이 가장 잘 알아야 합니다. 또한 사료 양에 너무 집착할 필요는 없습니다. 특히 어릴 때는 적정량보다 다소 많이 먹는다고 큰일 생기지 않습니다. 그러니 긴가민가하다면 지금 주시는 양보다 조금 더 주는 것도 나쁘지 않습니다.

끼니에 대해서도 한 말씀드리겠습니다. 이제 막 입양한 어린 강아지에게는 하루 4-5끼로 나누어 주셔야 합니다. 이는 소화에 도움을 줄 뿐만 아니라 먹이에 대한 안정감을 갖게 합니다. 이건 무척 중요합니다. 어린 강아지에게는 많은 양을 아침저녁 2끼 주는 것보다 적은 양을 4끼 주는 것이 낫습니다. 한 번에 너무 많은 양을 주면 아직 장이 완전하지 않은 강아지에게 부담을 주게 되고 소화가 덜 되니 배변량이 많아지고 묽은 변을 보게 됩니다.

어린 강아지 사료 급여에 있어 제가 권장드리는 것은 하루 4끼입니다. 물론 평생 그렇게 주지는 않습니다. 많은 전문가들이 일정 시기가 되면 3끼로, 그리고 2끼로 줄이라고 권합니다. 그러나 그 시기에 대해서는 각자 의견이 조금씩 다릅니다. 여기서 중요한 것은 끼니 수를 줄이는 것이 필수는 아니라는 점입니다. 성견에게 꼭 2끼만 주라는 법은 없습니다. 3끼를 주어도 아무 지장이 없습니다. 성견 2끼는 그저 권장일 뿐입니다. 아무래도 보호자의 편의 때문인 것이 크지요. 또한 성장기가 끝난 강아지들은 일일 급여량이 줄어들기 때문에 3끼로 나누어 주면 한 끼의 양이 지나치게 적어질 우려가 있기도 합니다.

초반에 사료를 급여할 때는 아무래도 불려 주시는 것이 좋습니다. 샵견이나 가정식 업자견의 경우 2개월이라고 해도 한 달에서 한 달 반도 안 된 경우가 허다합니다. 간단히 감별하는 방법은 이빨을 보시면 됩니다. 이빨이 하나도 없다면 한 달 이하, 이빨이 있긴 한데 듬성듬성 났다면 40일 전후라고 보시면 웬만하면 틀리지 않을 겁니다. 물론 털 상태를 보고 판단할 수도 있지만 이건 개체별로 차이가 큽니다. 가장 정확한 것은 전문가인 수의사에게 보이는 것입니다. 수의사는 강아지를 보면 대략적인 월령을 판단할 수 있습니다. 강아지들이 이렇게 어리다 보니 사료를 불려서 주시는 게 좋은데, 영양소 파괴를 피하려면 너무 뜨거운 물이 아닌 적당히 따뜻한 물로 불리시기를 권해드립니다. 그리고 물컹할 정도로 불린 후 물을 최대한 따라내고 줍니다. 물이 많으면 거꾸로 소화에 좋지 않습니다. 처음에는 불려서 주시다가 서서히 불리는 정도를 줄여 가며 최종적으로는 건사료로 바꿔 주세요.

간혹 강아지가 너무 클까 봐 사료를 적게 주시는 경우를 봅니다. 그러나 어린 강아지에게 가장 중요한 것은 충분한 영양공급을 통해 정상적인 성장을 하는 것입니다. 이미 DNA에 적혀 있는 강아지의 크기와 골격을 사료 양을 통해 조절하려 드는 것은 옳다고 보기 어렵습니다. 적게 먹는다고 강아지들이 꼭 적게 크는 것만도 아닙니다. 크기는 큰데 부실하게 크는 바람에 잔병치레가 끊이지 않는 강아지도 있습니다.

옆의 사진은 Z모 사료의 급여량 표입니다. 빨갛게 밑줄 친 부분을 보시면 "강아지에게는 성견 양의 두 배까지 급여하십시오."라고 되어 있습니다. 이렇듯 어린 강아지는 가급적 많이 먹여야 건강하게 잘 큽니다.

세상 어디에도 배고파 힘들어하는 강아지가 없었으면 하는 바람입니다. 여러분 곁의 강아지가 배불리 먹는 것이 그 시작입니다.

03
강아지 입양 후 가장 먼저 해야 할 일

어린 강아지 입양 후 가장 먼저 해야 할 일은 무엇일까요?

배변교육? 물론 배변교육은 중요합니다. 사람과 함께 사는데 대소변을 가리지 못한다면 그것은 서로에게 엄청난 스트레스입니다.

복종훈련? 강아지를 칼같이 통제할 필요는 없지만, 역시 배변교육과 마찬가지로 약간의 교육은 필요합니다. 밥 먹는데 계속 달려들거나 자꾸 놀자고 다리에 매달리고 그러면 난감하지요. 또한 기본적인 복종훈련은 강아지와 사람 사이의 소통을 원활히 하는 데 크게 도움이 되기도 합니다.

다만, 배변교육이나 예절교육 등을 당연시하는 태도는 강아지에게 부당할 수 있습니다. 그뿐 아니라 강아지를 입양한 보호자님들 역시 스트레스를 받기 쉽습니다. 강아지를 처음 입양하는 분들은 그 강아지가 끽해야 2-3개월(샵에서 개월 수를 속였다면 30-40일 정도)짜리 어린 강아지라는 생각을 잘 하지 못합니다.

아니, 합니다. 귀여운 모습을 보며 예뻐서 어쩔 줄 몰라 할 때는 이 강아지들이 어린 강아지라는 생각을 합니다. 하지만, 곧 여기저기 똥 싸고 오줌 싸고 문대기 시작하면 이 아이들이 사람으로 치면 한 살도 안 된 상태라는 것을 잊어버립니다. 그리고 오늘 당장 내일 당장 대소변을 가려 주길 기대합니다.

분명히 약속드립니다만, 처음 입양해 온 강아지들은 반드시 대소변을 못 가립니다. 사람과 함께 지내며 알아야 하는 예절도 모릅니다. 그러니 반.드.시. 아무 데나 똥오줌을 싸고, 반.드.시. 달려들며 바짓가랑이에 매달리고 손발을 깨물깨물합니다. 이건 당연한 과정이며 강아지가 여러분에게 하는 약속과 같습니다.

그러니 어린 강아지가 대소변을 못 가린다고 손발을 깨물깨물한다고 이상하게 생각해선 곤란합니다. 거꾸로, 그렇게 생각하는 우리 보호자들이 이상한 것입니다. 처음 블로그를 시작하고 인터넷에 반려견 관련 글을 쓸 때부터 지금까지 줄기차게 강조해왔습니다. 어린 강아지를 입양하고 가장 먼저 해야 할 일은, 배변교육도 아니고 배를 보이게 하는 요상한 '복종훈련'은 더더욱 아닙니다.

강아지를 입양한 후 가장 먼저 해야 할 일은 바로, 우리 보호자들이 강아지에 대한 기대치를 낮추는 것입니다. 이렇게 말씀드리면 많은 분들이 본인은 기대치를 충분히 낮추고 있다고 합니다. 그런데도 강아지가 대소변을 못 가려 스트레스를 받는다고 합니다. 그럴 때는 "기대치를 낮춘다."라는 말의 의미를 다시 한 번 생각해 보셨으면 합니다.

우리는 사람 아가들에게 뭘 기대하지요? 우리는 이제 한 살도 안 된 아가들, 네 발로 기는 아가들이 대소변을 가려 주길 기대하지 않습니다. 우리는 아가들이 스스로 화장실에 가서 변기를 사용하고 비데를 사용하길 기대하지 않습니다. 서너 살짜리 아이들이 수능 영단어를 마구 읊어 주길 기대하거나 미적분을 풀길 기대하지 않습니다.

그런데 왜 이제 갓 한두 달, 두세 달 된 강아지, 그것도 사람 말이라곤 하나도 못 알아듣는 강아지들에게 그렇게 무리한 것을 기대할까요? 어린 강아지를 입양한 후 상황을 힘들게 만드는 것은 강아지가 아니라 사람입니다. 지나친 기대와 과도한 훈련으로 강아지를 힘들게 하고 상황을 어렵게 만드는 것은 바로 저, 그리고 여러분입니다. 내가 내 욕심 때문에 괴로워지는 것입니다.

어린 강아지가 대소변을 가려 주면 그대로 고마운 것이고, 못 가리면 그게 당연한 겁니다. 못 가리는 것이 당연하니 우리들이 가르쳐 주어야 하는 것입니다. 2-3개월 강아지가 여기저기 똥오줌을 싸서 스트레스라고 키우기 힘들다는 생각을 하시는 분들은, 단 한 번만이라도 그 어린 강아지 입장에서 세상을 바라보고 그 강아지의 심정은 어떨지 생각해 보셨으면 합니다. 태어난 지 한두 달밖에 안 되어 벌써부터 배변교육이라는 '훈련'을 받고 있는 그 강아지는 얼마나 힘들고 괴롭고 스트레스 받을지를 말이지요.

우리는 어린 아가에게 뭘 가르치려 하지 않습니다. 우린 어린 아가를 그냥 그대로 둡니다. 아니, 더 재밌게 놀라고 입에 넣고 빨라고 장난감도 사 주고 매일같이 함께 놀아 줍니다. 아가가 밤에 자다가 깨면 몇 시간이고 다독여 주고 노래도 불러 주고 안아 주고 그럽니다.

우리는 아가가 아가이기를 기대하고, 아가이기를 바랍니다.

그런데 강아지에게는 어떤가요? 우린 어린 강아지가 어린 강아지이길 기대하나요?

걸핏하면 좁은 공간에 가두기 일쑤입니다. 학교 간다고, 회사 간다고 하루 종일 혼자 두기 일쑤입니다. 밤에, 새벽에 낑낑대면 너 때문에 잠 못 잔다고 화내기 일쑤입니다. 그러면서 강아지에게 무엇을 기대한단 말인가요? 우리들은 강아지의 기대를 충족시켜 주고 있나요? 좋은 보호자가 되어 주고 있나요? 매일 놀아 주나요? 매일 산책시켜 주나요? 함께 있어 주나요?

어린 강아지 입양 후 가장 먼저 해야 할 일은 무엇일까요?

바로, 기대치를 낮추고 강아지를 이해하려 노력하는 것입니다. 말뿐이 아니라, 진정으로 강아지를 생각하고 행동의 기대치를 현실에, 즉 강아지에게 맞추는 것이 중요합니다. 그렇게 자라난 강아지가 여러분께 보답하는 것을 보면, 아마도 어렸을 때 그렇게 강아지를 힘들게 했던 것이 무한히 미안해질지도 모릅니다. 강아지들은 무한 사랑으로 보호자를 대하니까요.

• 교육훈련은 언제부터 해도 되나요?

강아지는 보호자 가족과의 상호 작용과 놀이, 교육을 통해 인간과 함께 살아가는 데 필요한 것들을 배웁니다. 그러므로 강아지들은 평생 배웁니다. 그렇다면 어린 강아지는 언제부터 교육을 시작해도 될까요?

사실 강아지 교육 시작 시기에 대한 정답은 없습니다. 대부분의 보호자들이 강아지 입양 후 '앉아'와 '손' 등을 가르칩니다. 그 자체가 잘못된 것은 아닙니다. 어려서부터 다양한 교육을 통해 보호자와 소통하는 것은 무척이나 고무적인 일입니다. 다만 새로 입양한 강아지는 환경 변화에서 오는 스트레스 때문에 집중력이 떨어져 있을 가능성이 높습니다. 새로운 가족이 무서울 수도 있지요. 그러니 어느 정도 집과 가족에게 적응할 때까지 여유를 두시는 것이 좋습니다. 배변 교육 역시 당장 급하다고 생각하시기 쉬우나 그보다는 하루 이틀 기다리며 적응할 시간을 주시길 권해드립니다.

04
강아지가 낑낑대요

블로그 댓글이나 애견카페 글을 보면 어린 강아지를 입양했는데 너무 호들갑 떨고 정신없이 날뛰어서 힘들다는 글이 자주 올라옵니다. 새벽만 되면 낑낑대고 깨우는 바람에 잠을 못 이뤄 괴롭다는 글도 많습니다. 정말 힘들죠. 저도 잠에 예민한 편이라 그 심정 잘 압니다. 더군다나 몇 날 며칠 연이어 새벽 4-5시에 강아지가 낑낑대기 시작하면 정말 짜증이 날 정도죠.

그런데, 사실 그 시기의 강아지가 새벽에 깨서 낑낑대는 이유는 별거 아닙니다. 배고파서, 그리고 생명의 온기가 그리워서 그러는 겁니다. 그러니 그 해결책 역시 매우 간단합니다. 일어나서 밥을 주고, 혹시 필요하다면 잠시 함께 있어 주세요. 그럼 전혀 문제가 없습니다.

물론 힘들죠. 하지만 2개월짜리 강아지를 데려왔으면 그렇게 하는 게 당연합니다. 개는 인형도 아니고 다 큰 어른도 아니기 때문에 사람의 손이 필요할 수밖에 없습니다. 이 시기에는 보호자가 힘든 게 당연한 거지 이상한 게 아닙니다.

근데 이렇게 얘기하면 걱정되는 게 있으시죠? 여기저기서 자주 듣는 얘기가 있습니다. 바로, "그렇게 해 주면 버릇된다."입니다. 새벽에 깨서 낑낑댄다고 맨날 그렇게 챙겨 주면 습관이 되니 처음부터 칼같이 무시해야 한다고 말이지요.

아뇨, 걱정하실 거 없습니다. 전혀 버릇되지 않습니다. 2-3개월의 강아지는 어리니까 밥도 자주 먹어야 하고, 먹이나 주변에 대한 안정감이 없으니 당연히 새벽에 깨서 낑낑댑니다. 하지만 월령이 지나면서 점점 괜찮아집니다. 개는 새벽에 깨서 낑낑대고 짖고 불안하게 돌아다니는 것을 좋아할까요? 아뇨, 전혀 그렇지 않습니다. 개도 자는 거 좋아합니다. 개라고 언제까지나 자다 말고 깨서 밥 먹고 싶어 하는 것은 아닙니다. 나중에는 밤에 잠도 길게 자고, 사람의 생활 패턴에도 점점 맞추게 됩니다. 나중에는 너무 깊이 잠들어서 "이거 죽은 거 아냐?" 싶을 때도 옵니다. 지금은 단지 어려서 그렇습니다.

이게 잘 납득이 안 된다면 여러분 어렸을 때는 어땠을지 한번 생각해 보세요. 여러분 3-5개월 때 부모님이 어땠는지, 혹은 주위에 어린 아가를 키우는 분이 계시다면 한번 여쭤보세요. 새벽에 어떤지요. 잠은 충분히 자고 있는지 한번 물어보세요.

이 시기의 강아지들이 낑낑대거나 울거나 하는 건 대부분 기본적인 욕구가 충족되지 않았기 때문입니다. 그러니 무시해서 해결될 게 아닙니다. 욕구를 충족시켜 주어야 합니다. 이건 선택이 아니라 보호자로서의 책임이고 의무입니다.

꼭 새벽이 아니더라도 어린 강아지가 너무 날뛰고 사람에게 막 달려들고 흥분하고 불안정해 보이는 경우가 있습니다. 대부분 먹이나 주변에 대한 안정감이 떨어져서 그렇습

니다. 밥을 충분히 주시고, 강아지에게 주변을 소개해 주세요. 강아지가 집 안 구석구석 탐험할 수 있게 해 주세요. 혹시 배변이 걱정되신다면 옷방이나 기타 들어가선 안 되는 곳의 문은 닫아 두세요. 부엌은 펜스로 막아 두세요. 대신 시간이 흐르며 조금씩 개방해 주세요. 새로 개방하는 곳은 익숙하지 않아 배변을 실수하는 것이 정상이니 혼내실 필요 없습니다.

강아지를 좁은 공간에 가두는 것은 도움이 안 됩니다. 몇 번이고 말씀드리지만, 울타리를 자기 공간 인식용으로 쓰고 싶다면 반드시 24시간 개방해 두어야 합니다. 가로세로 1미터 될까 말까 한 울타리에 패드랑 밥그릇과 함께 개를 내 맘대로 넣어 두고, 강아지가 거길 자신의 공간으로 인식해 주길 바라는 건 무리입니다. 이렇게 지내는 강아지가 낑낑대는 것은 너무나 당연합니다.

강아지에게 울타리를 쓰게 하고 싶다면 문을 열어 두고 그곳을 편안하게 생각할 수 있게 배려해 주어야 합니다. 내가 강아지를 손으로 들어서 그 안에 집어넣는 것은 공간 인식이 아니라 감금입니다.

물론 울타리는 반드시 필요한 물건이 아닙니다. 필요하면 사용하시되, 내가 원할 때 가두는 방법은 좋지 않습니다. 부정적인 영향이 많으니 그렇게 하시지 않기를 권해드립니다. 울타리를 아예 안 써도 전혀 상관없습니다. 공간 인식을 위한 교육 목적으로 울타리를 활용할 수도 있으나, 약간의 공부가 필요합니다.

지금까지 블로그나 카페에서 어린 강아지 입양 후 힘들어하시는 수많은 분들에게 댓글로 상담을 해 드렸습니다. 최근에는 어린 강아지 입양 직후 방문교육을 받는 분도 많습니다. 이런 분들에게 가장 많이 드린 말씀은 "밥을 충분히, 하루에 2/3컵에서 한 컵 정도 주시고 강아지를 가둬 두지 마세요."라는 댓글이었던 것 같습니다. 나중에 게시글로 좋아졌다고 글을 올려 주는 분도 계시고 쪽지로 말씀해 주시기도 합니다. 감사합니다. 그리고 다행입니다.

사실, 올바른 방법으로 강아지를 대하고 있다면 대부분의 문제는 시간이 흐르며 좋아집니다. 지금은 단지 강아지가 어려서, 그리고 보호자님들이 강아지에게 익숙하지 않아서 서로 힘든 시간을 보내고 있는 경우가 많습니다. 시간이 흐르면서 좋아지므로 인내와 끈기를 가지고 강아지를 대하시되, 개에 대한 기본적인 공부도 조금씩 병행하시면 금상첨화일 겁니다.

• 낑낑대는 게 버릇되면 어떡하죠?

"낑낑댈 때 반응하면 버릇되니 무시해야 한다."라는 글을 자주 봅니다. 아주 틀린 말은 아닙니다. 강아지는 기본적으로 반복에 의해 학습하고, 우리의 반응에 따라 특정 행동을 강화합니다. 간단히 말해, 낑낑댈 때 안아 주거나 먹을 것을 주거나 말을 걸거나 하면 낑낑대는 행동이 강화될 수 있습니다. 그렇다면 낑낑댈 때 반드시 무시해야 할까요?

어린 강아지는 낑낑대는 이유가 있습니다. 본문에 말씀드린 것처럼 배가 고프거나 불안하거나 온기가 필요해서 그럴 수 있습니다. 그러므로 어린 강아지가 낑낑댄다면 지금 강아지에게 필요한 것이 무엇인지 생각해 보고 그 욕구를 채워 주어야 합니다. 만일 이런 기본적인 욕구와 필요가 충족되지 못한다면 그 강아지는 어려서부터 불안한 정서를 가진 채 자라날 수 있습니다.

05
강아지가 아픈 것 같아요

어린 강아지라고 해서 모두 다 아프거나 하지는 않습니다. 하지만 건강하다고 해서 입양한 강아지가 첫날부터 설사를 한다거나 하는 경우가 뜻밖에도 상당히 많습니다.

강아지는 태어날 때 모견으로부터 항체를 충분히 물려받습니다. 이때 물려받은 항체만으로도 40-50일 정도는 건강히 지내며, 그 후로는 여러 예방접종을 통해 질병에 대한 면역력을 키웁니다. 다만 우리가 분양받는 강아지의 상당수는 번식장에서 태어났으며, 모견의 건강 상태와 현장 위생 등을 고려했을 때, 이 어린 강아지들이 튼튼하고 건강하리라는 보장은 사실상 없다고 봐야 합니다. 이 친구들의 건강은 많은 부분 운에 의존하게 됩니다.

그렇기 때문에 우리가 분양받은 강아지가 파보바이러스나 코로나 장염 등의 질병에 걸릴 가능성은 얼마든지 있습니다. 그러므로 입양 후 며칠 동안은 강아지의 건강을 면밀히 살펴야 합니다. 초반 며칠 동안 가장 신경 써서 보아야 하는 것은 식욕과 배변입니다. 강아지가 잘 먹는지, 그리고 대변 상태가 괜찮은지를 보세요.

강아지는 환경이 바뀌면 변 상태가 조금 안 좋아지기도 합니다. 또한 분양샵에서 너무 적은 양만 먹었다면 밥 양이 갑자기 늘어서 묽은 변을 보는 경우도 있습니다. 이런 경우라면 하루나 이틀 만에 회복하지만, 만일 변에 점액이 섞여 나오거나 피가 보인다면 그 즉시 병원에 데려가셔야 합니다. 어차피 접종 스케줄을 짜려면 수의사를 만나야 하니 입양 후 겸사겸사 기본적인 검진을 받게 하시길 권해드립니다.

병원 이야기가 나온 김에 조금 더 말씀드리겠습니다. 새벽에 인터넷 반려견 카페를 보다 보면 강아지가 먹어서는 안 되는 것을 먹거나, 갑자기 혈변을 보거나, 떨어져서 뇌진탕 증상을 보이거나 한다는 글을 보게 됩니다. 그런 글을 보면 이렇게 적혀 있습니다. "강아지가 초콜릿을 먹었어요…. 도와주세요." 그러나 인터넷 게시판에 있는 분들은 수의사가 아니므로 도와드릴 수가 없고, 설령 수의사라 해도 강아지가 눈앞에 있지 않으면 해 줄 수 있는 것이 아무것도 없습니다. 그래서 많은 회원님들이 이렇게 말씀하십니다. "당장 병원 데려가세요." 그럼 보호자님이 이런 댓글을 답니다. "주변에 24시간 동물병원이 없어요."

급하고 안타까워서 글을 올리는 심정은 100% 이해합니다. 하지만 모기약 매트를, 초콜릿을, 치킨 뼈를 먹은 강아지를 게시판에서 도와줄 방법은 없습니다. 새벽에 자두씨 먹은 강아지를 도울 유일한 방법은 병원에 데려가는 것입니다.

주변에 24시간 병원이 없다고 말씀하시는 분들께 저는 이렇게 여쭤보고 싶어요. 내 아이, 사람 아가가 새벽에 락스를 마셨습니다. 내 아이가 새벽에 피를 토하고 혈변을 쌉니다. 그래도 주변에 응급실이 없다는 이유로 게시판에 도움을 요청하고 계실 건가요? 내 아이가 높은 곳에서 떨어져서 다리가 부러졌는데도 "내일 데려가도 괜찮을까요?"라고 게시판에 글 올리고 다음 날까지 기다리시겠습니까?

우리 동네에 24시간 병원이 없으면 택시 타고 어디든 가야죠. 서울이 됐든 부산이 됐든 일단 차를 타고 나가야지요. 전에 어떤 분은 집이 시골이라 24시간 병원도 없고 새벽에 택시도 없어서 방법이 없다 하셨습니다. 저도 시골 살지만 새벽에 콜택시 부르면 다 옵니다. 그런데 그렇게 하지 않는다는 것은 엄밀히 말해 강아지를 그 정도까지밖에 생각하지 않는다는 뜻이 됩니다.

평소에 집에서 가장 가까운 24시간 동물병원을 미리 알아 두세요. 언제 어떤 일이 생길지 모릅니다. 초콜릿 등을 먹었을 때 가장 중요한 것은 최대한 빠른 시간 안에 병원에 가서 조치를 취하는 것입니다. 그것 말고 다른 방법은 아무것도 없습니다. 그 순간 강아지를 도와줄 수 있는 사람은 보호자뿐이고, 보호자의 빠른 병원행이 유일한 해결책입니다.

실제로 제시간에 병원에 가지 못하는 바람에 안타깝게도 세상을 떠나는 강아지들을 가끔 봅니다. 그리고 이것은 100% 보호자의 잘못이라고 해야 할 것입니다. 강아지에게는 아무런 잘못이 없어요. 그런 강아지들은 얼마나 불쌍합니까. 그 즉시 보호자가 택시만 탔어도 사는 거였는데 집에서 발 동동 구르며 게시판에다 "도와주세요." 하는 바람에 강아지가 죽거나 많이 아픕니다.

　새삼 강조할 필요도 없겠지만, 실내견에게 생기는 사고는 대부분 우리 보호자의 책임입니다. "강아지가 사고 쳤다."라는 이 흔한 말을 들으면 강아지는 얼마나 억울할까요. 초콜릿을 강아지 입 닿는 곳에 둔 게 누군데 강아지가 사고를 치나요. 전선을 강아지가 씹을 수 있게 방치한 게 누군데 강아지가 사고를 치나요. 꼭 그 책임을 강아지에게 미루려는 의도가 아니라 단지 속상해서 말하는 거라고 해도 우리가 내뱉는 말은 그렇게 현실을 규정하고 우리 생각의 틀을 구성합니다. 우리 입으로 "강아지가 사고 쳤다."라고 말하면 나중에는 정말로 그렇게 생각하게 됩니다.

　우리 모두 책임 있는 보호자가 됩시다. 물론 말처럼 쉬운 일은 아닐 겁니다. 하지만 말 못하는 강아지를 데려왔으면 그 생물의 건강과 행복은 우리가 챙겨 줘야 합니다. 특히 먹고 자고 싸는 것, 그리고 아플 때 챙겨 주는 것은 온전히 우리의 몫입니다. 강아지는 인간 세상의 사물이 가진 유해성을 구분하지 못합니다. 그러니 우리가 구분해 주고 차단하고 교육해 주어야 합니다.

06
용품은 천천히 구매하자

　많은 분들이 강아지를 입양하며 수많은 물품을 함께 구매합니다. 분양샵에서는 강아지와 함께 집, 쿠션, 배변판, 울타리, 사료, 빗, 발톱깎이, 샴푸, 린스 등의 물품을 권하며 이런 제품들이 반드시 필요하니 사야 한다고 권합니다. 하지만 미리 알아보지 않고 샵에서 권하는 물건을 구매했다가 나중에 맘에 들지 않아 재구매하는 경우가 많습니다.

　특히 빗이나 샴푸 등은 지금 당장 필요하지 않습니다. 빗은 사이즈가 중요하기에 지금 당장 강아지가 작다고 해서 작은 크기를 구입하면 낭패를 보기 쉽고, 샴푸와 린스 등은 어떤 성분을 썼느냐에 따라 품질 차이가 천차만별이므로 구입 전 자세히 알아봐야 합니다. 옷은 어린 강아지에게 별다른 쓸모가 없을뿐더러 어린 강아지는 금방 크므로 얼마 지나지 않아 못 입히게 되기 쉽습니다. 옷을 입히지 말자는 게 아니라 신중히 구입하자는 의미입니다.

　물론 입양과 함께 필요한 물품도 있습니다. 강아지가 편안히 있을 수 있는 집이나 쿠션, 그리고 당장 먹어야 하는 사료 등은 입양과 동시에 구매해야 하지요. 그러나 그 외에 다른 물품들은 그렇게 급하지

않습니다. 우선은 즉시 필요한 물품만 구매하고, 나머지는 천천히 알아보시는 것이 좋습니다. 입양과 함께 구입해야 하는 물품은 쿠션(혹은 집), 사료, 배변판, 배변패드, 몸에 맞는 하니스(가슴줄)와 리드줄 정도입니다.

PART 2

천천히 알아봅시다

강아지를 데려오고 당장 급한 일은 어느 정도 해결이 되었습니다. 하지만 진정 힘든 일은 이제부터입니다. 사람 아이 키우는 것만큼이나 신경 써야 할 일도 많고, 가르쳐야 하는 것도 쌓여 있지요. 2장에서는 강아지를 기르는 보호자로서 알아야 할 기본적인 항목들을 하나씩 살펴보겠습니다.

01
제한급식 vs 자율급식

강아지 식사를 급여하는 방식은 크게 두 가지로 나뉩니다. 하나는 언제든 편히 먹을 수 있게 항상 밥을 놓아 주는 방법인 자율급식이고, 나머지 하나는 정해진 시간마다 끼니를 챙겨 주는 제한급식입니다. 각기 장단점이 있으니 보호자님들이 판단해서 결정하면 되겠습니다.

• 자율급식

자율급식의 장점은 무엇보다 먹이에 대한 안정감을 꼽을 수 있습니다. 강아지를 비롯한 반려동물들은 기본적으로 먹을 것에 대한 불안감이 있습니다. 그럴 때 야생이라면 스스로 찾아보겠지만 인간과 함께 살아가는 동물에게 이런 건 불가능한 일이지요. 항상 그 자리에 사료가 놓여 있다면 강아지는 24시간 편안한 마음을 유지할 수 있습니다. 대신, 그런 와중에 가족이 가끔이라도 간식을 준다면, 강아지는 아무 때나 먹을 수 있는 사료를 점점 멀리하고 간식을 기다리게 되기도 합니다. 그러다가 사료를 잘 먹지 않는 강아지들도 생깁니다. 강아지의 입이 짧아지면 보호자는 걱정되어 간식의 양을 늘리게 되고, 악순환이 계속되기 쉽습니다.

반려견에게 가장 균형 잡힌 식단이 품질 좋은 사료라는 점을 감안했을 때, 자율급식은 강아지의 건강을 해칠 가능성을 품고 있는 급여 방식이 될 수도 있습니다. 또 먹는 양을 스스로 조절하는 데 어려움을 겪는 강아지들은 한 번에 많은 양을 먹고 탈이 나기도 합니다.

• 제한급식

제한급식은 하루 두 끼든 세 끼든 정해진 시간에 정해진 양의 밥을 급여하는 방식입니다. 식사에 대한 주도권을 사람이 가지고 있으므로 강아지는 밥때를 기다리고, 사료에 쉬이 질리지 않아 식욕을 유지하기 쉽게 됩니다. 예외도 있지만, 일반적으로 제한급식을 하는 강아지들이 조금 더 규칙적인 배변을 합니다. 규칙적으로 배변하면 그만큼 어린 시기의 배변교육이 수월해집니다. 끼니 수와 급여 시간이 일정하다면 강아지는 보통 식사 15분 전후에 배변하므로 이 기회를 이용해 배변교육이 가능합니다.

식사 시간이 정해져 있고 보호자가 밥을 줘야만 먹을 수 있는 제한급식은 교육의 기회로 이용할 수도 있습니다. 강아지는 보호자 손에 있는 밥을 먹기 위해 집중하고, 보호자는 식사 시간을 이용해 다양한 교육을 시도할 수 있습니다. 예를 들어 '기다려'나 '이리 와' 등은 보호자 손에 먹거리가 있을 때 더욱 잘 됩니다. 꼭 끼니때가 아니어도 가능한 교육이지만, 상당량의 사료를 먹게 되는 식사 시간이라면 먹이를 얻기 위해 더욱더 교육에 집중할 수 있을 테지요. 음식 앞에서 차분히 기다리게 하고 조금씩 손으로 급여하는 연습을 한다면 음식 앞에서 공격적으로 변하는 것도 어느 정도 방지할 수 있습니다.

다견 가정이라면 자율급식은 자칫 경쟁심을 유발할 수 있기에 권하고 싶지 않습니다. 특히 지킴이 본능이 강한 강아지가 있다면 다른 강아지가 먹이 근처에 가는 것을 허용하지 않아 싸움이 일어나거나 위축되는 강아지가 생길 수 있지요. 이런 상황이 매일매일 이어진다면 장기적으로는 심각한 정서적 문제가 될 가능성도 있습니다.

위생 면에서도 자율급식보다는 제한급식이 유리합니다. 여름철 하루 종일 나와 있는 사료에서는 꿉꿉한 냄새가 나기도 합니다. 하루 이틀 밖에 나와 있다고 건사료가 상하지는 않을 테지만, 산패된 식품에서 나는 냄새는 딱히 바람직하다고 보기 어렵습니다. 또한 건사료 외에 다른 먹거리를 섞어 주는 경우는 더욱 위생 문제를 생각하지 않을 수가 없습니다.

마지막으로, 제한급식은 반려견의 건강 상태를 가늠할 수 있는 척도가 됩니다. 건강한 강아지라면 밥그릇에 사료를 담기 전부터 이미 방방 뛰며 재촉합니다. 그리고 밥그릇을 코앞에 내려놓는 순간 달려들어 오독오독 열심히 먹습니다. 만일 평소에 활발히 밥을 먹던 강아지가 어느 날 갑자기 사료 앞에서 주저하거나 우물쭈물하는 모습을 보인다면 건강 이상을 의심해 볼 만합니다. 예를 들어 어린 강아지는 이갈이로 인하여 흔들리는 치아 때문에 건사료를 잘 못 먹기도 합니다. 잇몸 질환이나 식도, 소화기 계통의 문제뿐만 아니라 호흡기, 심지어는 비뇨기 문제가 있을 때도 강아지는 식욕이 떨어질 수 있습니다. 물론 자율급식을 해도 반려견의 건강 이상을 어느 정도는 파악할 수 있지만, 아무래도 즉각적으로 반응이 나오는 제한급식이 강아지의 건강 상태를 파악하는 데 더 유리하지요.

지금까지의 내용으로 알 수 있듯이 저는 제한급식을 권장합니다. 사실 자율급식은 장기적으로 각종 정서 문제를 유발하기 때문에 조금 강하게 반대하는 편입니다. 사정상 자율급식을 하는 집도 많지만, 그럼에도 방법을 강구하여 제한급식을 하는 걸 권해 드립니다.

• 사료를 바꿀 때 주의할 점

어린 강아지는 사료를 한 번에 다른 제품으로 바꾸면 변이 묽어지거나 설사를 하는 경우가 종종 있습니다. 소화기관의 발달이 더디어 식단 변화에 어려움을 겪기 때문인데, 그렇기에 사료를 교체할 때는 원래 먹던 사료에 새 사료를 조금씩 섞어 가면서 바꿔 주는 것이 좋습니다.

예를 들어 첫날에는 기존의 사료 80에 새 사료 20, 다음 날에는 70 대 30, 그다음 날에는 60대 40 이런 식으로 말이지요.

비슷한 맥락에서, 어린 강아지에게는 간식 급여도 다소 신중할 필요가 있습니다. 언뜻 그 작은 간식 하나가 무슨 문제냐고 생각하기 쉽지만, 아직 소화기관이 완전하지 않은 어린 강아지는 손가락만 한 개껌 하나에 설사를 하는 경우가 왕왕 있습니다. 과일이나 채소 등을 어린 강아지에게 간식으로 주고 싶다면 작은 크기로 신중히 급여하시되, 가죽껌 등은 강아지가 어느 정도 성장하기 전까지는 급여하지 않기를 권합니다. 간식의 권장 월령은 보통 포장지에 적혀 있습니다.

02
간식은 무엇을 먹여야 하나요?

반려견 먹거리에 대한 관심이 점점 커지고 있습니다. 예전에는 용품샵에서 판매하는 아무 간식이나 사서 먹이곤 했지만, 지금은 원재료와 원산지 등에 관심을 갖고 깐깐하게 따져 보는 보호자가 늘어가는 추세입니다. 그러나 그럼에도 어떤 간식을 선택해야 하는지 많은 분들이 어려워하십니다.

만일 강아지가 어리다면 아직 소화기관이 완전하지 않고 균형 잡힌 식단이 중요하니 사료 위주로 급여하는 것이 좋습니다. 간식을 주고 싶으시다면 간단한 육류나 과채류를 소량만 급여하세요. 어느 정도 자란 강아지와 성견의 경우는 선택의 폭이 무척 넓어집니다. 간단히 말해 '먹여선 안 되는 식재료'만 제외하고는 무엇이든 주셔도 됩니다. 다만 몇 가지 주의하실 점이 있습니다.

• 사료에 대한 식탐을 유지해야 한다.

간식을 너무 많이 주면 사료에 대한 흥미가 떨어지기 쉽습니다. 특히 자율급식을 하는 경우 이런 현상이 두드러집니다. 사료는 언제든 먹을 수 있는 데다가, 사료보다 더 맛있는 간식을 주면 강아지는 자연스럽게 사료를 먹기보다는 간식을 기다리게 됩니다. 그러니 간식은 횟수를 정해 최소한도로 주시거나, 아예 사료의 급식 방법을 제한급식으로 바꾸시기를 권해드립니다.

• 너무 많은 양을 급여하지 않는다.

당연한 말인 것 같지만 실제로 간식을 급여하다 보면 어느 정도가 적당한 양이고 얼마부터가 많은 양인지 가늠하기 어렵습니다. 정보를 찾아보면 그저 '적정량' 혹은 '1조각' 이런 식으로 적혀 있어서 결정이 쉽지 않습니다.

제가 사용하는 방법은 이렇습니다. 저는 사람 체중과 강아지의 체중을 비교해 그 비율 이하로 줍니다. 예를 들어 50kg의 사람이 사과 1개를 먹는다면 5kg의 강아지에게는 1/10개 이하를 주는 것이지요. 이게 절대적으로 옳지는 않습니다만, 하나의 기준점이 될 수 있습니다. 그래도 양을 가늠하는 것이 쉽지 않다면 이 점을 명심하세요. 간식은 많이 주는 것보다는 적게 주는 편이 안전합니다.

또한, 우리는 적게 준다고 생각하지만 작은 강아지에게는 결코 적은 양이 아닐 때가 많습니다. 이렇게 간식을 습관적으로 많이 급여하다 보면 사료를 먹지 않아도 연명할 수 있게 되고, 사료에 대한 흥미가 떨어지는 경우를 흔히 볼 수 있으니 주의해야 합니다.

• 식재료를 그대로 급여하거나 간식을 만들어 먹일 경우 원료에 신경 쓴다.

직접 간식을 만들다 보면 몸에 좋다고 생각되는 재료들을 이것저것 집어넣기 쉽습니다. 그런데 그래도 강아지가 먹어선 안 되는 식재료는 알아 두셔야 합니다. 강아지는 기본적으로 사람이 먹는 것이라면 거의 대부분 먹을 수 있습니다. 최근에는 개 생리학과 영양학 연구가 활발하여 먹어도 되는 음식과 먹어선 안 되는 식재료가 거의 명확히 구분되어 있으니 실수할 염려가 적습니다. 만일 특정 식재료의 안전성이 의심되거나 긴가민가하다면 급여하지 않는 것이 간단한 해결책입니다.

• 제품을 구매할 경우 원료와 원산지에 주의한다.

시중에는 많은 반려견 간식이 나와 있습니다. 너무나 다양해서 판매하는 직원도 각 제품의 특징이나 안전성을 다 알 수가 없습니다. 그렇기에 샵에 제품 추천을 부탁하는 것도 좀 탐탁치가 않습니다. 그럴 때는 원료와 원산지, 제조국 등을 보시는 것도 참고가 됩니다.

원재료명에 닭고기라고 적혀 있으면 우리가 먹는 닭고기를 떠올리기 쉽습니다. 그러나 마트에서 판매하는 정육도 닭고기이고, 껍질만으로도 닭고기이며, 살을 발라내고 남은 찌꺼기도 닭고기입니다. 그러므로 미심쩍다면 실제로 닭의 어떤 부위가 사용되었는지 제조사에 문의하는 방법도 있습니다. 국산이라면 이런 부분에서 강점이 있겠지만 외산 간식은 수입처에서 제대로 된 정보를 제공하지 못하는 경우도 있으니 주의할 필요가 있습니다.

요즘에는 소규모 업체에서 만드는 수제 간식도 많습니다. 이런 곳은 홈페이지나 블로그 등을 통해 원재료에 대한 정보를 얻을 수도 있고 궁금한 것은 바로바로 문의할 수 있는 장점이 있습니다.

가장 좋은 간식은 직접 만든 것이겠지요. 시중에 출간되어 있는 반

닭가슴살과 고구마를 건조하여 만든 수제 간식

려견 간식 서적을 참고하시는 것도 좋습니다. 만일 건조기가 있다면 집에서 간단히 간식을 만들어 줄 수 있습니다.

닭가슴살을 손가락 크기로 저며 건조하면 비싼 수제 간식 부럽지 않은 닭가슴살 저키가 되고, 고구마를 쪄서 마찬가지로 말리면 강아지들이 너무나도 좋아하는 고구마 말랭이가 됩니다.

직접 해 보면 '만든다'는 말이 민망할 정도로 간단합니다. 하지만 강아지들은 너무나 좋아하지요. 이런 식으로 집에서 간단히 만들 수 있는 간식이 정말 많습니다. 직접 재료를 사다가 만드니 안심되고 뿌듯하기도 하지요.

너무 간단해서 민망하다면 파슬리 가루를 뿌려 주셔도 좋습니다. 이렇게 집에서 만든 간식은 깔끔하고 건강합니다. 강아지들이 좋아하는 것은 말할 필요도 없고요.

• 간식 주는 팁 하나

우리는 강아지에게 맛있는 간식을 주고 싶어 합니다. 그러나 간식을 주고 싶다고 그냥 아무 때나 아무 조건 없이 주면 강아지는 왜 간식을 먹는지 잘 모르고, 그렇게 주는 간식은 강아지를 살짝 혼란스럽게 합니다. 여기서 그치면 괜찮은데, 강아지가 자꾸 보호자 눈치를 보고 간식을 기다리는 상황이 생기며 자칫 의존적이 될 가능성도 있습니다. 이를 방지하기 위해서는 '간식 주는 규칙'을 만들면 좋습니다. 간단한 신호에 강아지가 따라 주면 간식을 준다든가 하는 식으로 말이지요.

저의 경우 제가 뭔가를 시켜서 줄 때도 있지만, 엘리가 먼저 뭔가를 해서 줄 때도 있습니다. 강아지가 아무런 명령 없이 먼저 무언가를 한다는 것을, 저는 강아지 나름의 표현으로 봅니다. 비록 그것이 제가 시킨 것이 아니라 해도 엘리가 먼저 제게 말을 건 것과 비슷하다고 생각합니다. 이걸 보상해 주지 않으면 강아지는 먼저 말을 걸지 않게 됩니다. 물론 그 보상이 꼭 간식이어야 할 필요는 없습니다. 말을 걸어 줘도 되고 함께 웃어 줘도 보상이 되지요.

저는 보호자가 원하는 것이든 원치 않는 것이든 강아지의 표현을 막지 않아야 강아지가 더 풍부한 표정과 감정을 갖는다고 생각합니다. 이런 생활이 반복되면 그 강아지는 자신이 할 수 있는 선에서 최대한의 표현을 보여 주는 사랑스런 강아지가 된다고 믿습니다.

03
강아지가 초콜릿을 먹었는데 괜찮을까요?

여러분의 반려견에게 가장 좋은 식품은 균형 잡힌 사료입니다. 하지만 일생을 사료만 먹는 강아지를 보면 마음이 좋지만은 않지요. 함께 살아가다 보면 강아지와 맛있는 음식을 나누고 싶은 게 인지상정입니다. 그래서 내가 먹는 음식을 포함해 이것저것 주게 되는데, 그러다 보면 간혹 나도 모르게 강아지에게 좋지 않은 음식을 주게 되는 경우가 있습니다. 이런 음식 중에는 초콜릿처럼 즉시 중독 증상이 나타나는 종류도 있지만, 포도처럼 즉각적인 문제를 야기하지 않아 그 위험성을 인지하지 못하는 종류도 있습니다. 그러므로 "우리 강아지도 포도 먹었는데 멀쩡했다."라는 댓글이 위험한 것입니다. 우리 강아지가 그 순간 괜찮았다고 해서 장기적으로 괜찮으리라는 보장이 없고, 그런 판단으로 인해 다른 강아지까지 위험해질 수 있기 때문입니다.

반려견이 먹으면 위험한 식품을 몇 가지 소개해 드리겠습니다.

• **초콜릿** 강아지가 먹어선 안 되는 식품을 이야기할 때 가장 먼저 언급하는 게 초콜릿입니다. 초콜릿에는 강아지의 신진대사에 악

영향을 주는 테오브로민과 카페인이 들어 있습니다. 이런 성분은 구토와 과호흡 등의 증상을 일으키는데, 밀크 초콜릿은 그나마 낫지만 다크 초콜릿은 소량만으로도 치명적인 위해를 가하며 최악의 경우 심장마비로 사망하는 경우도 있습니다. 집에 강아지가 있다면 초콜릿은 반드시 조심해야 합니다.

• **양파와 파** 역시 대표적인 독성 식재료입니다. 양파와 파에 들어 있는 티오설페이트는 강아지의 적혈구를 파괴해 빈혈을 일으킵니다. 티오설페이트는 경우에 따라 빠른 처치를 하지 않으면 사망에 이르기도 하는 무척 무서운 성분입니다. 국물 요리가 많은 우리나라 음식 문화에서는 나도 모르게 강아지에게 양파와 파가 들어간 음식을 급여하기 쉽습니다. 특히 육수를 내거나 고기를 삶거나 할 때 냄새를 잡기 위해 넣는 경우에는 깜박하기 쉬우니 조심해야 합니다.

• **포도** 신장에 안 좋은 영향을 줍니다. 겉으로 보이는 증상이 없더라도 만성신부전으로 발전할 수도 있으며, 경우에 따라 즉각적인 치료가 필요한 급성신부전을 일으키기도 합니다. 손님이 오셨을 때 내놓았다가 잠깐 한눈파는 사이에 강아지가 포도 껍질을 전부 먹어치웠다는 이야기는 흔히 들을 수 있지요. 우리가 조심하는 수밖에 없다는 점을 명심해야 합니다.

• **견과류** 웬만해서 견과류는 반려견에게 급여하지 않는 것이 좋습니다. 마카다미아나 호두는 강아지의 호흡기에 작용하여 구토와 어지럼증을 유발하고 나아가 신경계에 손상을 주기도 합니다. 아몬

드는 다른 견과류와 달리 안 좋은 성분은 없으나 자칫 강아지의 식도를 막기 쉽고, 끝이 뾰족하기에 제대로 씹지 않으면 위험합니다. 참고로 땅콩은 일반적으로 견과류로 칭하긴 하지만 엄밀히 말해 콩류입니다. 애초에 우리가 쓰는 '견과류'라는 말이 딱히 식물학적 분류로 사용되는 것은 아닙니다. 땅콩은 강아지에게 좋은 식품입니다.

• **아이스크림류** 강아지에 따라 발효하지 않은 유제품을 잘 소화하지 못하는 경우가 있습니다. 이런 강아지에게 사람이 먹는 아이스크림을 주면 소화불량을 일으키게 됩니다. 또 대부분의 아이스크림에는 다량의 설탕 및 각종 첨가물이 들어 있어서 강아지에게 좋지 않을 수 있습니다. 다만 유제품을 먹어도 잘 소화시키는 강아지들도 있으니 유제품을 주고 싶으시다면 소량씩 급여하며 상태를 지켜보시면 됩니다.

• **자일리톨** 우리나라에는 비교적 최근에 알려진 천연 감미료 및 충치 예방 성분으로, 반려견에 미치는 악영향이 속속들이 밝혀지고 있습니다. 강아지의 몸은 자일리톨과 당을 구분하지 못하기 때문에 자일리톨이 몸에 들어오면 인슐린을 분비하고, 결과적으로 저혈당과 간 손상을 일으킵니다. 문제는 우리가 흔히 '껌'으로 알고 있는 자일리톨이 실제로는 감미료이기에 생각보다 다양한 식품에 함유되어 있다는 점입니다. 대표적으로 일부 땅콩버터에 자일리톨이 들어 있습니다.

이번에는 반려견에게 좋다고 알려진 식품을 몇 가지 소개해 드리 겠습니다. 물론 좋은 식품이라고 해서 많은 양을 급여해도 된다는 의미는 아닙니다. 아래 식품을 강아지에게 줄 때는 항상 양에 신경 을 쓰세요.

• **달걀** 달걀은 훌륭한 단백질 공급원입니다. 가끔 강아지가 밥을 먹고 토하는 경우가 있는데, 이럴 때 삶은 달걀을 으깨어 주면 도움 이 되기도 합니다. 다만 날달걀은 비오틴 결핍증을 일으킬 수 있기 에 반드시 익혀 먹여야 하며, 노른자에는 콜레스테롤이 많아 소량씩 급여하는 것을 권해드립니다. 물론 달걀노른자의 콜레 스테롤이 유해한가에 대해서는 아직도 논란의 여지가 있습니다.

• **치즈와 요거트** 앞서 언급했듯이 유제품을 잘 소화하지 못하 는 강아지가 있습니다. 하지만 여러분의 반려견이 유제품을 소화할 수만 있다면 치즈와 요거트는 무척 좋은 간식이 됩니다. 다만 치즈 의 경우 지방과 나트륨 함량이 높은 경우가 있으니 성분을 잘 비교 해 보시길 권해드립니다. 저는 보통 유아용 치즈를 구입하거나 집에 서 리코타 치즈를 만들어 급여합니다. 요거트도 요즘은 집에서 얼마 든지 만들어 먹일 수 있지요. 별다른 첨가물 없이 간단히 만드는 요거트는 강아지에게도 매우 좋습니다. 특히 가루약을 먹여야 할 때 집에서 만든 요거트에 섞어 먹이면 정말 좋지요.

• **땅콩버터** 땅콩 자체가 강아지에게 좋은 식품입니다. 땅콩에는 몸에 좋은 지방과 단백질, 비타민이 가득 함유되어 있기 때문입니다. 이런 땅콩으로 만든 땅콩버터도 당연히 강아지에게 좋은데, 무가염 땅콩버터라면 더욱 좋지만 국내에서는 구하기 힘들다는 게 조금 아쉽습니다.

• **생선류** 굳이 설명할 필요 없이 강아지에게는 무척 좋은 식품입니다. 생선에는 몸에 좋은 지방산과 단백질이 풍부하기 때문에 사료의 주원료로도 많이 쓰입니다. 집에서 별도로 생선을 급여한다면 몇 가지 주의하실 점이 있습니다. 우선 자칫 목에 걸리거나 하면 제거하기 어려우니 가시를 잘 발라내야 합니다. 그리고 소금에 절인 생선은 급여하지 않는 것이 좋습니다. 날생선의 경우 그 안전성이 아직 확인되지 않았기 때문에 가급적 주지 않는 것을 권해드립니다. 참치나 연어 등은 반려견에게 무척 좋은 식품이며 시중에서 구하기도 쉽습니다. 가염 캔 제품의 경우 급여하지 않기를 권합니다.

| 애매한 식품들 |

몇몇 식품들은 어떤 데에는 좋다고 나오고 또 어떤 데에는 나쁘다고 나옵니다. 양측의 주장이 모두 그럴듯해서 판단이 어렵기 때문에 신중한 접근이 필요하다고 생각됩니다.

• **돼지고기** 일반적으로 지방이 많아 췌장에 좋지 않은 걸로 알려져 있습니다. 하지만 소화흡수율이 높은 단백질을 함유하고 있어 권장하는 매체도 있습니다. 사료 원료로 사용되기도 합니다.

• **브로콜리** 브로콜리는 비타민과 식이섬유가 풍부해 간식으로 자주 급여하는 채소입니다. 하지만 브로콜리에 함유된 이소티오시아네이트라는 성분이 위장 장애를 일으켜 설사나 구토를 유발할 수 있으니 과다 섭취를 주의해야 한다고 합니다.

• **옥수수** 흔히 옥수수는 강아지에게 좋지 않은 식품으로 알려져 있습니다. 하지만 이는 저급 사료의 주원료로 사용된 데서 오는 오해라고 생각됩니다. 옥수수 자체는 평범한 식재료로, 소량씩 급여하면 별다른 문제가 없습니다. 다만 옥수수대는 소화가 어렵기에 덩어리를 삼키지 않는 게 중요하고, 옥수수알 역시 간혹 알갱이째로 먹을 경우 비강으로 넘어가는 경우가 있으니 주의해야 합니다.

04
예방접종과 항체검사는 필수인가요?

　예방접종은 꼭 해야 할까요? 많이들 고민하시는 부분이지만, 뜻밖에 답은 간단합니다. 반려견이 우리 가족, 우리 아이라고 생각하면 그다지 고민할 일이 아니기 때문입니다. 아이들 접종은 당연히 챙겨야 하지요. 강아지는 태어나면서 모견으로부터 항체를 물려받기 때문에 태어난 직후 접종을 할 필요는 없고 생후 8주가량 되었을 때 첫 접종을 시작합니다. 일반적으로 권장하는 접종은 다음과 같습니다.

　• **종합백신** 파보바이러스와 디스템퍼바이러스, 아데노바이러스 백신입니다. 국내에서 주로 접종하는 DHPPL에는 권고안에 파라인플루엔자와 렙토스피라가 추가되어 있습니다.

　• **켄넬코프와 코로나 바이러스** 강아지끼리 전염되는 바이러스성 질병이며 어린 강아지에게 발병할 경우 상당히 위험하므로 반드시 예방접종을 해 주어야 합니다. 켄넬코프의 경우 세계소동물수의사회 (WSAVA)에서 필수로 지정한 백신은 아니지만 국내에서 지속적으로 발

병하고 있으므로 접종이 필요합니다.

　안타깝게도 국내에서 분양되는 강아지들은 이미 파보나 코로나 등에 감염되어 있는 경우가 왕왕 있습니다. 이미 질병에 걸린 강아지를 분양받은 보호자들은 고통받는 강아지를 지켜보는 동시에 상당한 치료비까지 지불해야 하는 이중고를 겪습니다. 관련 법규와 전반적인 분양 문화가 개선되지 않는다면 영원히 반복될 비극입니다.

　참고로 세계소동물수의사회에서는 첫해와 이듬해 접종을 마친 후에는 3년마다 재접종을 권고하고 있습니다. 우리나라를 비롯한 아시아 지역은 환경이 다르므로 매년 접종해야 한다는 의견도 있으나, 세계소동물수의사회는 2016년 1월 아시아 지역 역시 3년마다의 재접종을 권장하는 가이드라인을 제시했습니다. 여기저기 말이 달라서 조금 혼동될 수 있으니 자주 가는 동물병원의 수의사와 자세히 상담해 보시는 것이 좋겠습니다. 세계소동물수의사회의 접종 가이드라인을 참고하실 분은 영문이긴 하지만 이곳 웹사이트를 방문해 보시기 바랍니다. (http://www.wsava.org/guidelines/vaccination-guidelines)

항체검사에 대해서도 자주 질문을 받습니다. 많이 고민되는 부분이지요. 강아지 입양 후 접종에만도 큰 비용이 들어가는데, 5만 원 남짓 하는 항체검사까지 추가로 하려면 크게 부담이 되니 고민하지 않을 수 없습니다. 물론 우리 강아지의 건강에 관한 거니까 돈을 써야 할 데는 쓰는 게 당연하지만, 안 그래도 이런저런 비용이 들어가는 초기에 5만 원이면 결코 적은 돈이 아닙니다. 항체검사와 관련하여 선택에 도움이 될 만한 말씀을 드려 보겠습니다.

Q 접종 후 항체검사는 필수인가요?

아니오, 그렇지 않습니다. 항체검사는 강아지의 면역력에 아무런 도움을 주지 않습니다. 항체검사를 한다고 강아지의 건강에 실질적으로 도움이 되는 것은 아닙니다. 게다가 추가로 꽤 큰 비용이 들어갑니다. 몇만 원을 아무런 거리낌 없이 쓸 수 있다면 모를까, 그렇지 않은 대부분의 보호자로서는 고민을 하지 않을 수가 없지요.

저도 얼마 전 내시경 검사를 했습니다. 약간 문제가 있던 위의 3차 내시경과 함께 대장 내시경까지 꽤 많은 비용이 들어갔습니다. 만일 검사 결과 아무 이상이 없다면 이 돈은 그냥 날리는 돈이 되겠지요.

아니, 정말 그럴까요?

사실 항체검사의 필요성은 거꾸로 뒤집어 보시면 판단이 쉽습니다. 만일 항체검사를 하지 않으면 어떻게 될까요? 강아지 입양 후 보통 종합백신 수차례에 켄넬코프와 코로나 장염 각각 2회씩 접종을 합니다. 이렇게 접종을 하면 대부분의 강아지에겐 항체가 형성됩니다. 엄마 젖을 충분히 먹은 강아지라면 아무래도 물려받은 항체가 오래 버텨 주니 이후 항체 형성에 좀 더 유리한 부분이 있겠지요. 번식

장견이 대부분인 우리나라 환경에서는 꿈같은 이
야기입니다. 접종을 스케줄에 맞춰 제대로 하
더라도 간혹 항체가 제대로 형성되지 않는 강
아지들이 분명 있습니다. 그리고 그런 강아지
는 항체검사를 하지 않으면 항체 형성 여부를 결
코 알아낼 수가 없습니다. 눈으로 봐선 모르기 때문이
지요. 검사를 해 보아야만 알 수 있습니다. 우리 강아지가 접종을 다
했더라도 만에 하나 항체가 형성되어 있지 않다면 질병에 걸릴 위
험이 여전히 있습니다. 만일 이런 일이 발생한다면 보호자와 수의사
모두 난감한 상황이 됩니다.

기껏 접종을 다 하고도 안심하지 못하는 상황을 맞이하면 그건 바
람직하지 않을 것입니다. 그러므로 저는 조금 부담이 되더라도 항체
검사를 하시기를 권해드립니다. 조금 과장해서 말하면, 기껏 돈 들여
접종할 거 다 해 놓고 항체가 형성되어 있지 않으면 그동안의 접종
이 무의미해질 수도 있습니다.

간혹 항체검사를 권하는 수의사를 돈독 오른 악당으로 매도하는
것을 봅니다. 조금 안타깝습니다. 물론 항체검사를 하면 돈을 받습
니다. 얼마가 남는지는 저도 모릅니다. 하지만 항체검사 비용은 수의
사가 의료 서비스를 제공하고 그에 따른 금액을 받는 것이지, 보호
자를 봉으로 보고 그러는 것은 아닐 것입니다. 무조건 의심의 눈길
로만 볼 것이 아니라, 이런 점은 서로 잘 소통하여 오해가 없게 하면
좋을 것입니다.

Q 몇 차까지 했는지 불확실하면 어떡하죠?

항체검사 먼저 해야 하나요?

어디까지나 개인적인 의견임을 밝히며, 확실한 것은 수의사와 상담해 보시기를 권해드립니다. 분양샵에서 데려오는 강아지들 중에 접종 여부가 불확실한 경우가 있습니다. 혹은 어릴 적 파양당한 강아지를 데려왔다든가 해서 몇 차까지 했는지 불확실할 때도 있습니다. 이런 경우 이렇게 접종하면 좋을 것입니다. 어차피 항체검사는 해야 합니다. 그럼 가급적 횟수를 줄이기 위해 접종을 먼저 합니다. 만일 이전 보호자 혹은 샵 주인이 종합백신 2차에 코로나 1차까지 접종했다고 말했다면 남은 종합백신과 코로나 2차, 그리고 켄넬코프를 맞힙니다. 즉 이전 접종 내역을 믿고 그 이후의 것만 접종을 합니다. 수첩이 있다면 좋겠지만 없으니 문제가 되겠지요. 그래도 일단 믿고 맞힌 다음에 접종이 끝난 뒤 항체검사를 합니다. 그리고 통과되면 다행, 만일 부족한 게 있다면 추가로 접종합니다. 물론 이전 접종 내역을 무시하고 처음부터 맞히라는 분들도 계시고, 그 말도 충분히 일리가 있습니다.

그러나 저는 왜 위처럼 하시길 권해드리냐면,

1) 접종을 끝까지 하지 않아도 항체가 생기는 경우가 실제로 있고

2) 가능한 한 항체검사 횟수를 줄이기 위해서입니다.

어차피 접종 완료 후 항체검사는 한 번 할 거니까 운이 좋다면 한 번으로 끝낼 수 있고, 최악의 경우에도 두 번이면 됩니다.

저는 수의사가 아니기에 제 의견이 정답이라고 말할 수는 없지만, 그래도 강아지 접종과 항체검사에 대한 의문이 조금은 풀리셨으면

합니다. 의학적인 부분은 어떤 결정을 내리기 전에 꼭 전문가인 수의사와 상담하시길 바랍니다.

Q 광견병 접종도 해야 하나요?

간혹 "우리나라는 광견병이 없다는데 광견병 접종을 해야 하나요?", "우리 개는 미치지 않았는데 왜 광견병 접종을 해야 하죠?"라는 질문을 받습니다. 일리가 있는 말씀입니다. 하지만 우리나라는 여전히 광견병 발생 국가이며, 세계소동물수의사회에서는 국가가 특정 질병을 법정 전염병으로 지정했을 경우 그에 따른 접종을 하도록 권하고 있습니다. 광견병은 법정 전염병이기 때문에 만일 우리 강아지가 다른 강아지, 혹은 사람을 물었을 경우 접종 증빙 서류가 없다면 난감한 상황에 처하기 쉽습니다.

한 가지 팁을 드리면, 우리나라는 현재 지자체에서 광견병 접종을 지원하고 있습니다. 보통 봄/가을 2차에 걸쳐 실시하는데, 광견병 접종은 연 1회 접종하면 되므로 봄과 가을 중에 선택해서 신청해 접종

하시면 됩니다. 지역 보건소나 동물병원에서 맞힐 수 있으며 백신 비용은 무료이고 소정의 접종비만 지불하면 되므로 적극적으로 이용하시길 권해드립니다. 자세한 정보는 각 지자체 홈페이지에서 보실 수 있습니다.

Q 돈 없으면 강아지 키우면 안 되나요?

강아지를 키우는 데에는 돈이 들어갑니다. 특히 초반에는 상당한 돈이 필요합니다. 이와 관련해 간혹 "돈이 없으면 강아지 입양하면 안 된다."라는 의견을 접할 때가 있습니다. 물론 현실적으로 틀린 이야기는 아닙니다. 밥값도 들어가고 접종도 해야 하고 심장사상충과 기생충도 예방해야 하고 미용도 해야 하고 옷도 사야 하고 간식에 들어가는 돈은 또 어떻습니까. 간혹 아파서 병원이라도 가게 되면 수십만 원씩 들어갑니다. 그러니 돈이 필요한 건 당연합니다.

하지만 비교적 금전적으로 덜 여유 있는 분들도 충분히 강아지를 입양하고 사랑으로 함께할 수 있습니다. 돈이 많지 않아도 강아지를 위해 여기저기서 조금씩 아껴 가며 간식도 사고 병원도 데려가는 분들은 "돈 없으면 강아지 키우지 말지."라는 말을 흘려들을 수 없을 겁니다. 상처가 될 수 있는 말이라고 생각합니다. 같은 말이라도 상대방의 마음을 헤아려 가며 하면 이해도 잘되고 상처도 덜 받지 않을까 하는 생각을 해 봅니다.

Q 접종비가 많이 드는데, 자가접종을 해도 되나요?

자가접종은 줄기차게 나오는 이야기입니다. 접종에 관한 질문에 "자가접종 쉬워요. 병원 가는 것보다 싸게 먹히니까 자가접종 하세요."라고 권하는 분들도 있습니다. 그러나 인터넷에는 자가접종을 시도하다가 실수하는 사례도 흔하게 올라옵니다. 피하주사와 근육주사의 차이를 몰라 혼동하는 분들도 있고, 잘못 보관해 폐기해야 하는 백신을 모르고 그냥 주사하는 경우도 종종 있습니다.

접종하러 병원에 가서 보면 그 과정이 별로 어렵지 않아 보이는 게 사실입니다. 그래서 언뜻 누구나 집에서 할 수 있을 거라 생각하기 쉽습니다. 그러나 강아지가 아니라 내가 낳은 우리 아이라면 그렇게 접종을 쉽게 생각할까요? '접종'이라는 것은 단순히 주사기를 찔러 넣고 피스톤을 누르는 것으로 끝나는 과정이 아닙니다. 각 백신의 차이점을 인지하고 접종 스케줄을 파악하는 일, 쇼크 방지를 위해 접종 전 체온을 재는 일, 접종 후 혹시 모를 부작용에 대처하는 일 모두 접종의 과정입니다. 이런 부분에 대한 지식과 자신감이 없다면 접종을 시도하지 않는 것은 당연합니다.

2017년 7월 1일부터 개정된 수의사법이 적용되어 무자격자의 동물 자가진료가 금지되었습니다. 이게 뭐지? 싶으실 수 있는데요, '무자격자의 자가진료'라는 것은 간단히 말해 의사가 아니면 치료를 시도하지 말라는 것입니다. 실제로 이 법은 2016년 말에 개정이 되었습니다만, 유예기간을 두고 2017년 7월부터 시행됐습니다.

이 법으로 인해 바뀌는 부분을 간단히 말씀드리겠습니다. 예전에는 자기가 키우는 동물에 한해서 소유주의 진료 행위가 가능했습니다. 예를 들어 우리 집 강아지가 아프면 제가 주사를 놓거나 하는 일이 가능했던 것입니다. 여기서 많이들 혼동하시는데, 그렇다고 해서 남의 동물을 치료해주는 게 된다는 얘기는 아니었습니다. 옆집 강아지가 아프다고 제가 가서 주사 놔주고 하는 건 이때도 금지였습니다. 그러나 많이들 이뤄졌지요? 어디서? 분양샵, 애견샵에서요.

"아프면 데려오세요. 저희가 치료해 드릴게요."

"병원에서 접종하면 비싸니까 저희가 다 해서 5만원에 해드릴게요."

〈주요 내용〉

◆ 수의사법 시행령 개정('16. 12. 30) 및 시행('17. 7. 1)으로 반려동물에 대한 무자격자의 수술금지 등 자가진료가 제한됨
◦ 수의사법 제10조(무면허 진료행위의 금지) 수의사가 아니면 동물에 대한 진료행위를 할 수 없음
◦ 수의사법 시행령 제12조(수의사 외의 사람이 할 수 있는 진료의 범위)
　- (종전) 자기가 사육하는 동물
　- (개정) 축산법 제22조에 따른 가축사육업 허가 또는 등록이 되는 가축[1] 및 농림축산식품부장관이 고시하는 가축[2]
　　1) 소, 돼지, 닭, 오리, 양, 사슴, 거위, 칠면조, 메추리, 타조, 꿩
　　2) 말, 염소, 노새, 당나귀, 토끼, 꿀벌, 오소리, 지렁이, 관상조류, 수생동물

그랬던 것이 이 법령 시행으로 인해 가능한 동물의 범위가 줄어들었습니다. 위 그림을 보시면 이해가 빠를 겁니다. 간단히 말해, 개·고양이는 안 됩니다. 소·돼지는 됩니다. 닭·오리도 됩니다. 당나귀도, 말도 됩니다. 이런 차이는 현실적인 한계에서 옵니다. 우리 집 강아지가 아프면 데리고 동네 동물병원에 가면 됩니다. 하지만 돼지가 아프

다고 돼지를 들고 동물병원에 가는 것은 (불가능하지는 않더라도) 현실적이지 않습니다. 당나귀가 아프니까 택시 태워서 병원 데려가고 그런 건 힘듭니다. 그러므로 "왜 개·고양이만 차별하지? 이건 옳지 않아. 난 저 법에 안 따르겠어."라고 삐딱하게 생각하는 것은 자유입니다만, 엄연한 불법임을 잊지 말고 행하며 그에 따르는 책임을 본인이 지면 됩니다(그러나 현실에서는 그 책임을 개와 고양이가 지고 있죠. 보호자에게는 아무런 해가 없습니다).

궁금해 하실 만한 사항을 정리해 보겠습니다.

Q 진드기 약은 발라줄 수 있나요?

이 시행령으로 인해 금지되는 것은 무자격자의 '진료행위'입니다. 약을 먹이거나 연고를 바르는 정도의 '투약행위'는 금지되지 않습니다. 그러므로 심장사상충 약을 먹이거나 진드기 약을 바르는 행위는 허용됩니다. 다만, 처방전이 필요한 약은 수의사의 처방이 있어야 약국에서도 구입 가능하니 혼동 없으시길 바랍니다.

Q 자가접종은요? 접종은 예방 행위 아닌가요?

집에서 우리 강아지에게 주사기로 진료하는 행위는 이 법에서 분명히 금지하고 있습니다. 그렇다면 '접종이 진료인가'가 이 항목의 핵심이 됩니다. 한 가지 짚고 넘어가자면, 모든 법이 그렇듯이 이번 개정안 역시 다소 모호한 부분이 있습니다. 그래서 농림축산부에서는 불법 자가진료 사례집을 발간했습니다. 그곳에 보면 자가접종을 불법으로 보고 있지만, 사례집 자체가 법적 효력을 가진 건 아닙니다. 그러므로 이건 사실상 개별 케이스로서 법원에서 최종 판단을 내릴 가능성이 높습니다.

그러나 어떤 목적이든 주사기를 이용한 행위는 훈련받은 전문가의 영역에 들어갑니다. 그러므로 전문가, 즉 수의사가 아닌 사람이 예방을 목적으로 반려동물에게 주사를 놓는 행위는 불법으로 봐야 합니다.

"나는 지금까지 10년 동안 우리 강아지들 접종했고 아무 문제도 없었다. 왜 잘하고 있는 나를 못하게 하나?"라며 억울함을 호소할 수 있으나 잘하고 있는 사람이 있다고 해서 다 괜찮은 건 아닙니다. 지금도 반려견 커뮤니티를 보면 자가접종 관련 질문이 자주 올라옵니다. 그중에서는 별의 별 실수담이 다 있었죠. "주사기를 찔렀는데 반대편으로 나왔어요. 어떡하죠?" "강아지가 발버둥치는 바람에 제 허벅지를 찔렀어요. 이 주사기 써도 되나요?" "약을 냉장 보관하랬는데 깜박 잊고 밖에 내놨어요. 이거 써도 되나요?" "주사는 잘 놓은 거 같은데 강아지가 갑자기 거품 물고 버둥대요. 어떡하죠?"

지금 가서 검색해 보셔도 아마 없을 거예요. 이런 글들은 답변을 달아주면 바로 지우거든요.

법령 시행으로 인한 변화를 두고 여러 반응이 나올 것을 잘 알고 있습니다. 제가 자가접종 반대 얘기를 할 때마다 꼭 동물병원 관계자냐는 둥, 돈 먹었냐는 둥 이런 댓글이 달려서 씁쓸하기도 합니다.

자가접종의 장점은 싸다는 것 말고는 없습니다. "우리 강아지는 병원을 무서워해서 집에서 접종해야 해요." 그럼 아파도 안 가실 건가요? 수술이 필요해도 안 가실 건가요? 개가 초콜렛 먹고 우웩우웩 토하고 있는데도 병원 안 가실 거예요? 무서워하니까? 저희 엘리도 어렸을 적 의료사고 때문에 병원을 무서워합니다. 마취도 안 하고 이빨을 뽑은 의사, 개복수술 후 소독하러 갔더니 실밥을 뽑은 의사 때문입니다. 하지만 지금은 많이 좋아졌습니다. 꾸준히 가고 익숙해질 수 있게 해주면 됩니다. 다른 방법이 없습니다.

모든 법이 다 옳은 건 아닙니다. 그러니까 끊임없는 개정과 개선이 이뤄지겠지요. 그러나 자가접종을 포함한 자가진료의 피해는 내가 아니라 우리 강아지가 본다는 점을 잊지 말아야 합니다.

05
심장사상충과 기생충 구제는 어떻게 할까요?

봄철이면 가장 많이 문의가 올라오는 심장사상충/기생충/진드기 대처 방법을 알아보겠습니다. 많은 분들이 이 문제로 고민하는데, 특히나 여기저기에 올라오는 각기 다른 정보 때문에 확실한 결정을 못 내리시는 경우가 많습니다. 물론 심장사상충이나 진드기 등을 예방하는 가장 간단한 방법은 수의사에게 맡기는 것입니다. 한 달에 한 번씩 동물병원에 가서서 수의사의 진단과 처방에 맡기면 그게 가장 간단하고 확실한 방법입니다. 생활 환경에 따라 대처법이 다를 수 있는데, 수의사는 주변 환경을 파악하고 그에 따른 대응 방법을 알고 있을 겁니다. 그러니 수의사에게 반려견을 데려가는 것이 제일 쉽고 편하고 빠른 해결책입니다.

하지만 요즘은 보호자들도 반려견에 대해 많은 것을 알고 싶어 하고 관리를 주도하고 싶어 합니다. 좋은 현상입니다. 우리 반려견의 생리 현상과 질병 예방에 관해서는 많이 알면 많이 알수록 당연히 좋습니다. 그러므로 수의사에게 일임하더라도 어떤 약을 어떻게 투여하고 있는지 정도는 파악해 두셔야겠습니다.

우선 먼저 생각해 보아야 할 것이 있습니다. 대부분의 보호자님들은 기생충이나 진드기 등의 예방과 구제에는 동의하지만, 심장사상충에 관해서는 많은 의문을 갖고 있습니다. 아마도 약의 부작용, 그리고 매달 해야 한다는 경제적 부담이 함께 작용하기 때문이라고 생각합니다.

심장사상충 예방은 반드시 필요할까요? 아뇨, 그렇지 않습니다. 평생 심장사상충 예방하지 않아도 열 살, 열다섯 살까지 잘 사는 강아지들도 많습니다. 그러나 심장사상충은 만에 하나 감염되면 매우 치명적인 기생충입니다. 확률에 기대어 위험을 감수할 만한 수준이 아닙니다. 그러므로 저는 심장사상충 예방약 투여를 권장하고 싶습니다. 약 종류에 따라 복용법에 명시된 용법 및 용량을 지키면 심장사상충은 완벽에 가깝게 예방됩니다. 물론 부작용에 대한 말도 있지만 일부의 예를 확대 해석한 경우가 많습니다. 특히 인터넷은 잘 된 사례보다 잘못 된 사례가 더 많이 올라오는 매체라는 점을 잊어선 안 됩니다. 우리가 잘 모르는 분야라고 해서 너무 위험성을 강조하는 얘기만 듣고 좋은 점을 무시하는 것도 꼭 좋은 자세라고 보긴 힘들 것입니다.

심장사상충은 일단 걸리면 치료가 매우 어렵습니다. 현재 강아지의 상태와 감염 정도, 기간, 심장사상충의 크기 등에 따라 치료 방법이 달라지고 또 그 위험성도 큽니다. 치료를 한다고 성충과 자충이 100% 죽는다는 보장도 없습니다. 이후의 검사에서 다시 검출된다면 재차 치료를 해야 합니다. 주변에 혹시 심장사상충에 감염되었던 강아지가 있다면 한번 보호자에게 물어보시기 바랍니다. 아마도 치를 떨 겁니다. 하지만 아시다시피 예방은 무척이나 쉽습니다.

부작용을 걱정하실 수도 있습니다. 일리 있는 부분입니다. 그러나 모든 약제에는 부작용이 있습니다. 그 경중이 다를 뿐이지요. 그리고 다시 말씀드리지만 심장사상충 예방약은 비교적 안전한 편으로 알려져 있습니다. 만일 강아지가 특정 예방약에 좀 더 민감한 반응을 보인다면 수의사와의 상담을 통해 다른 약으로 대체할 수도 있을 것입니다.

심장사상충 예방 시 한 가지 주의할 점이 있습니다. 심장사상충은 모기로 전염되기 때문에 여름철에만 예방을 하시는 경우가 많습니다. 일리 있는 방법입니다. 그러나 이 방법은 한 가지 위험성을 내포하고 있습니다. 만일 늦가을이나 초겨울에 강아지가 심장사상충에 감염되어 몸 안에 성충을 가지고 있는 경우, 이듬해 봄여름에 예방약을 투여하면 이 성충이 죽어서 혈관을 막는 일이 생길 수 있습니다. 이건 치명적입니다. 그러므로 오랜만에 예방약을 투여한다면 먼저 심장사상충 감염 여부를 검사하시는 것이 좋습니다. 하지만 매번 투여 전 검사 비용을 생각하면, 그리고 심장사상충 예방약이 심장사상충 외 다른 내외부 기생충에도 효과가 있다는 점을 생각하면 연중 투여도 충분히 고려해 볼 만한 선택입니다.

진드기를 비롯한 외부 기생충은 시골뿐만 아니라 도시에서도 주의해야 합니다. 인터넷에서는 산책을 다녀온 후 빗질을 하다가 우연히 진드기를 발견하는 보호자님들의 경험담을 쉽게 접할 수 있습니다. 진드기는 목욕 등으로 잘 제거가 안 되기 때문에 외부 기생충 약을 쓰는 것이 좋습니다.

최근 몇 년 들어 살인진드기(작은소참진드기)가 왕성하게 활동하고 있다고 합니다. 이 살인진드기는 사람에게 중증열성혈소판감소증후군

(SFTS)을 전염시키고 심하면 사망에 이르게 합니다. 물론 모든 진드기가 강아지들에게 치명적인 것은 아닙니다. 그러나 바베시아증 원충을 지닌 진드기에 물리면 이 병으로 인해 사망에 이를 수 있습니다. 바베시아증은 심장사상충과 마찬가지로 원충을 가진 진드기에 물려야만 감염됩니다. 심장사상충도 그렇지만, 진드기로 전염되는 바베시아증의 경우도 치료가 무척 어렵습니다. 외과적 수술로 제거하는 것이 아니라 독한 약을 써서 몸 안의 원충을 죽입니다. 그러나 완전히 박멸되지 않는 경우가 많아 재발하는 일이 잦습니다.

최근 들어 이런 약제의 부작용을 우려하는 분들이 점점 늘어나는 것도 사실입니다. 충분히 납득할 만합니다. 그러나 부작용을 염려하실 때는 실제로 어느 정도의 비율로 부작용이 발생했으며 그중 치명적이거나 심각했던 부작용 사례가 몇이나 되는지 알아보실 필요가 있습니다. 기생충 구제제는 물론 독한 약입니다. 벌레를 죽여야 하니 독할 수밖에 없습니다. 그래서 간혹 구토나 과민 반응 등이 나타나기도 합니다. 그러나 그 빈도가 과연 '그래서 구제제를 쓰지 않을 정도'까지 이르는가는 각자가 판단할 문제입니다. 물론 콜리 등의 견종이 일부 심장사상충 약제에 예민하게 반응하는 경우가 있으니 수의사와의 상담이 중요합니다.

간혹 수의사가 이런 약제의 사용에 반대한다는 글이 인터넷에 공유되기도 합니다. 이런 종류의 글은 일종의 '양심선언'으로 취급되며 그 파급력이 엄청납니다. 하지만 이런 글을 읽고 판단할 때 반드시 고려해야 하는 점은 '그렇다면 지금까지 다수의 수의사들이 주장했던 내용은 모두 잘못된 정보인가?'라는 점입니다. 물론 소수의견은 중요합니다. 결코 무시되어선 안 됩니다. 저 역시 다수의 의견이 틀렸을 가능성을 항상 염두에 둡니다. 그러나 저는 강아지 생리학에 관해 무지하고 제 강아지의 건강을 책임질 능력이 없으므로 최소한 강아지 생리학에 관해서는 '다수의 수의사' 말을 듣는 것이 가장 합리적이라고 판단합니다.

부작용에 대한 의심과 두려움만 떨칠 수 있다면 강아지 심장사상충과 기생충 예방은 어렵지 않습니다. 아래 방법 중에 하나를 택하면 됩니다.

• 심장사상충 및 내부 기생충 약, 그리고 외부 기생충 약을 별도로 투여
예를 들면 하트가드+프론트라인의 조합이 이런 경우입니다. 하트가드는 심장사상충 및 구충, 회충 등 일부 내부 기생충을 잡습니다. 그리고 프론트라인(혹은 어드밴틱스)은 벼룩과 진드기 등의 외부 기생충을 처리합니다.

주의하실 점이 있습니다. 일반 내부 기생충 약(드론탈플러스, 파나쿠어 등)을 심장사상충 약이라고 생각해서 이런 약만 투여하는 경우가 있는데, 이런 약에는 심장사상충을 예방하는 효능이 없습니다. 그러므로 약을 조합할 때 이런 점을 꼭 참고하셔야 합니다. 또, 하트가드의 경우에는 복제약이 있습니다. 복제약은 하트가드와 마찬가지로 이버멕틴을 주성분으로 사용한 약이며, 가격이 훨씬 저렴합니다. 다만 사람에게 쓰는 약과는 달리 동물용 복제약은 대부분 임상시험을 거치지 않았기에 그 효능을 보장하지 않는 경우가 있다는 점은 알고 계셔야 합니다.

최근에는 외부에 바르는 약 대신 목걸이 형태로 진드기를 예방하는 제품도 쉽게 찾아볼 수 있어 선택의 폭이 넓어졌습니다.

• 심장사상충 및 내외부 기생충을 한 번에 예방

예를 들면 레볼루션이나 애드보킷이 이런 약입니다. 이런 약들은 심장사상충과 일부 내외부 기생충을 처리합니다. 다만 일반적으로는 앞서 기술한 방법에 비해 구제 범위가 좁습니다. 그래서 수의사와의 상담이 필요합니다. 해당 지역에 출몰하는 것으로 알려진 기생충에 따라 처방이 달라져야 하기 때문입니다.

약 이름도 나오고 해서 조금 복잡해 보일 수 있습니다. 단골 동물 병원에서 직접 약을 보며 자세히 상담해 보시길 권해드립니다.

참고로, 강아지 몸에 해가 없는 '천연 성분'을 강조하는 기생충 약들이 있습니다. 이런 약을 사용하실 때는 잘 살피셔야 합니다. 실제로 기생충 구제 효과가 없는, 단순 기피제인 경우가 많으며, 그마저도 기피 효과가 전혀 없거나 미미한 제품이 많습니다. 가끔 인터넷 등에서 떠도는 '계피 달인 물' 등은 당연히 그 효능을 보증하지 못합니다. 더군다나 강한 향으로 강아지 코를 고생시키기 쉽습니다. 저라면 강아지 코를 괴롭힐 일은 웬만해서는 하지 않을 것입니다.

명심하세요. 약을 정하기 전에 꼭 수의사와 상담하시기 바랍니다. 접종이나 구충, 그리고 질병에 대한 진단과 처방은 강아지 생리학 전문가인 수의사에게 맡기시는 것이 가장 확실한 방법입니다. 또한 전문가의 의견을 접할 때 합리적 의심을 하는 것은 매우 좋은 자세이지만, 합리적 의심을 넘어 반사적 불신을 보이는 것은 바람직하다고 보기 어려울 것입니다. 내가 잘 알고 자신 있는 분야라면 모를까, 그렇지 않다면 전문가의 의견을 충분히 들어 보고 판단하는 것이 옳을 것입니다.

06
배내털은 언제 어떻게 밀고, 털 관리는 어떻게 하죠?

어린 강아지를 키우시는 분들이 많이 고민하시는 강아지 털 관리, 특히 강아지를 처음 키우시는 분들이 고민하시는 배내털 관리에 관해 다루어 볼까 합니다.

Q 배내털 미용에 적합한 시기가 있나요?

그렇지는 않습니다. 하지만 일반적으로 예방접종이 끝나는 시점에 맞추어 4-5개월 때 합니다.

Q 배내털을 박박 밀어야 하나요?

많은 분들이 배내털은 한 번 바짝 밀어 주어야 한다고 생각합니다. 그러나 꼭 그런 것은 아닙니다. 아래 엘리처럼 길게 클리핑하거나 가위컷을 해 주어도 됩니다.

엘리의 배내털 미용 모습입니다. 이때가 5-6개월경이었습니다. 보시면 털을 박박 밀지 않았어요. 상당량 남기고 잘랐습니다. 이때 10mm 클리핑이었습니다.

Q 그럼 왜 배내털을 박박 밀어야 한다는 인식이 있을까요?

배내털을 박박 밀어야 새로 나오는 털이 곱슬곱슬하다는 인식 때문입니다. 그러나 꼭 박박 밀지 않아도 이 시기가 지나서 나오는 털은 보통 더 곱슬곱슬합니다. 그러므로 꼭 박박 밀어 주어야 하는 것은 아닙니다. 어차피 곱슬털은 올라옵니다. 배내털을 짧게 밀어 놓으면 새로 올라오는 곱슬털이 좀 더 눈에 띄기 때문에 더 곱슬곱슬하다고 생각하기 쉽습니다.

2개월 후 다음 미용인데, 이때는 몸통 6mm였습니다

Q 그럼에도 불구하고 박박 밀고 싶으면 박박 밀어도 되는 것 아닌가요?

모량과 모질은 타고나는 부분이 큽니다. 그렇기에 박박 밀지 않아도 털이 많이 나는 개체는 많이 나고 곱슬곱슬할 개체는 곱슬곱슬합니다. 오히려 너무 어릴 때 기계로 박박 밀어서 피부를 노출시키게 되면 강아지가 스트레스를 받기 쉽습니다. 배내털 미용 후 강아지가 정서적으로 이상 행동을 보이거나 지나치게 기운이 없어 보이거나 하는 경우가 있는데, 지나치게 부자연스러운 미용도 분명 원인이 될 수 있습니다. 물론 미용 후 스트레스는 강아지 성격과 미용실 분위기, 그리고 미용사의 역량 등 여러 주변 요소의 영향을 받습니다.

두 번째 미용 후

한 가지 더, 박박 밀다가 모근과 모공

이 상하면 털이 나오는 게 늦어지거나 아예 털이 자라지 않는 경우도 생깁니다. 주의하실 필요가 있습니다.

Q 집에서 할 수 있는 간단한 털 관리법이 있을까요?

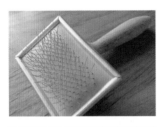

슬리커(위)와 핀 브러시(아래)

목욕 후 꼼꼼히 말려 주는 것은 기본입니다. 만일 엉킨 곳이 있다면 목욕 직후 아직 습기가 있을 때 빗어 주는 것이 좋습니다. 또한 평소 집에서 빗질을 해 주시면 털뿐만 아니라 피부에도 좋습니다. 미용사에 따르면 모근이 자극되어 털에 힘이 생기고 피부에 마사지가 되어 혈액 순환에도 도움이 된다고 합니다. 이때 주의하실 점은, <u>마사지 효과를 위해서는 슬리커가 아닌 핀 브러시를 사용해야 한다</u>는 점입니다. 이 외에도 일자빗과 눈곱빗 등이 있는데, 자세한 사용법과 주의할 점은 전문가인 단골 미용사에게 문의하고 눈으로 배우는 것이 좋습니다.

07
강아지 미용 스트레스에 대응하는 방법

최근 강아지 미용에 대한 관심이 높아지고 있습니다. 블로그 댓글 혹은 강아지 카페 게시판에 미용에 대해, 미용에 따른 스트레스에 대해, 그리고 자가미용에 대해 많은 이야기들이 오고 있습니다. 예전과는 달리 요즘은 단순히 예쁘게 미용하는 것뿐만 아니라, 미용이 강아지에게 미치는 영향을 고려하는 분들이 늘고 있어서 고무적입니다.

우선 조금은 근본적인 질문부터 던져 보겠습니다.

Q 강아지에게 미용은 필수인가요?

털이 자라서 엉키면 난감해지는 종들, 미용이 필수인 몇몇 종들 이외의 강아지에게 미용은 필수가 아닙니다. 하지 않아도 됩니다. 그러나 사진에서 보시는 것처럼 바야바가 되겠지요.

사실 바야바도 귀엽습니다. 제 눈에는 예뻐 죽지요.

하지만 미용하면 이렇게 됩니다.

그러니 미용은 선택이지만, 보호자들 입장에서는 거의 필수에 가까운 선택이 됩니다. 그렇다면 우리는 미용이 강아지에게 미치는 영향에 대해 생각해 보고, 만일 부정적인 부분이 있다면 어떻게 이를 개선해 나갈 것인지 고민해 보아야 할 것입니다.

Q 미용이 강아지에게 안 좋은 영향을 주나요?

네, 미용은 강아지에게 상당히 부정적인 스트레스를 줍니다. 우선 자신의 의사와는 상관없이 좋아하지 않는 공간으로 이동합니다. 그리고 주인이 아닌 타인의 손에 맡겨져 목욕하면서 강한 향을 쐬고 드라이를 합니다. 털을 미는 과정도 결코 긍정적이라고 보기 힘듭니다. 클리퍼의 모터 소리는 강아지에게 지속적인 두려움을 주며, 가위질하는 소리와 동작 역시 강아지에게 공포심을 심어 주기 쉽습니다.

사실, 멀쩡히 있는 털을 깎는 행위 자체가 강아지를 괴롭히는 것일 수 있습니다. 사람으로 치면 입고 있는 옷을 벗기는 것과 다르지 않습니다.

Q 그럼 그렇게 안 좋은 영향을 어떻게 완화할 수 있을까요?

지금부터 드리는 말씀은 전적으로 제 개인적인 의견입니다. 당연히 반대되는 의견도 있을 것입니다. 저는 개인적으로 강아지의 미용 스트레스에 이렇게 대처합니다.

• 좋은 미용사를 찾습니다

무슨 말이 필요할까요. 미용사는 미용의 전부입니다. 좋은 미용사를 찾는 것이 강아지가 조금이라도 스트레스를 덜 받으면서 미용하는 길로 가는 첫걸음입니다.

예전에 모 인터넷 카페에서 '말 안 듣는 강아지는 패야 된다.'라고 댓글을 달았던 사람의 이전 글을 찾아보니 놀랍게도 그 사람은 강아지 미용사였습니다.(심지어 부업으로 펫시팅도 했습니다.) 이런 사람을 만나게 되면 그 강아지는 그날부터 미용하는 날이 지옥 가는 날이 될지도 모릅니다.

좋은 미용사를 찾으세요. 그냥 가던 곳이라서, 동물병원과 붙어 있는 곳이니까, 매장이 깨끗하니까, 유명하니까, 비싸니까… 그런 것보다 미용사와 대화를 나눠 보세요. 강아지 미용에 대해 질문도 해 보시고 우리 강아지에게 어울리는 컷과 미용할 때 강아지가 받는 스트레스 등에 관해서도 물어보세요. 좋은 사람은 좋은 사람의 아우라가 있습니다. 물론 천사의 얼굴을 한 악당일 수도 있지만 그것까지는 어쩔 수 없겠지요. 아, 그리고 핸들링에 자신 있는 곳은 투명 유리로 미용하는 과정을 공개합니다. 하지만 그렇다고 해서 옆에서 강아지를 지켜보시는 것은 좋지 않습니다. 강아지가 흥분하기 쉬우니까요. 물론 아무리 미용사가 잘해 줘도 강아지는 스트레스를 받습니다. 이건 그냥 미용이라는 과정의 한계입니다. 어쩔 수 없지요.

• 복잡한 미용을 하지 않습니다

미용 과정이 복잡하면 그만큼 오랜 시간이 걸립니다. 시간이 오래 걸릴수록 강아지는 그만큼 더 스트레스를 받습니다. 그래서 저는 복잡한 미용을 하지 않습니다. 가능한 한 간단하고 깔끔한 미용을 합니다. 물론 여기에는 저의 개인적인 성향도 상당 부분 작용합니다.

무슨 컷, 무슨 컷, 쇼독 미용… 다 좋지요. 그러나 집에서 보호자님이 해 주지 않는 이상 이런 종류의 미용을 하려면 샵에서 몇 시간을 보내야 하며, 그 과정은 강아지에게 정말이지 어마어마한 스트레스를 줍니다.(그래서 집에서 미용하시는 것이 하나의 훌륭한 대안이 됩니다.) 이런 생각을 해보지 않은 분들에게 저는 여쭤보고 싶습니다. 본인은 미용실에서 네 시간 다섯 시간씩 머리하면 힘들지 않으세요? 한두 달에 한 번씩 신부화장 신부미용을 해야 한다면 그날은 즐거울까요, 괴로울까요? 강아지는 미용하면서 TV도 보지 않고, 잡지를 읽지도 않고, 옆 사람과 수다를 떨지도 않고, 스마트폰을 하지도 않습니다. 그 세 시간 네 시간이 강아지에게는 그저 의미 없이 견뎌야만 하는 괴로운 시간일 뿐입니다. 사람은 그런 미용의 당위성이라도 인정하고 나중에 거울 보면서 셀카 찍어 SNS에 올리며 "힘들었지만 하길 잘했다."라고 생각하겠지만 강아지는 그런 것도 없습니다. 강아지는 자기 털이 무슨 컷이든 상관하지 않습니다. 강아지 미용은 보호자가 만족하기 위해, 보호자가 편안하기 위해서 합니다. 강아지 미용하고 SNS에 올리며 흐뭇해하는 것은 강아지가 아니라 저같은 보호자님들입니다.

이 말은, 그래서 복잡한 미용을 하는 보호자님들이 잘못한다는 의미가 아닙니다. 미용하고 와서 강아지가 이상 행동을 보이거나 할 때 그 원인을 알고 계셔야 한다는 뜻입니다. 이해해 주셔야 한다는 것입니다.

• 짬을 내서 미용하지 않습니다

이게 무슨 말이냐면, 저는 반드시 저희 가족이 모두 쉬는 날 미용 일정을 잡습니다. 그리고 만일 미용을 예약했으면 그날은 절대로 다른 일정을 잡지 않습니다. 그리고 미용으로 스트레스를 받았을 강아지를 위해 이후 시간은 강아지에게 씁니다. 미용하고 나면 보통 줄을 풀 수 있는 공원을 찾아가 맘껏 뛰놀게 합니다. 물론 이렇게 해 준다고 미용으로 인한 스트레스가 다 해소되지는 않을 겁니다. 몸에 밴 샴푸 냄새와 없어진 털로 인한 어색함은 한참을 가니까요.

직장에서 퇴근 후 하루 종일 집에 혼자 있었을 강아지를 데리고 미용실로 가 두세 시간 미용하고 밤늦은 시간 그대로 강아지를 데려와 잠을 잔다면 강아지에게 그날 하루는 어떤 날로 남을까요? 보호자는 바쁜 일상 중에 짬을 내어 강아지 미용까지 하고 와서 뿌듯했겠지만, 강아지에게 그날 하루는 어떤 의미가 있는 날이었을까요.

사실 제가 드리는 말씀 중 상당 부분은 "오버한다."라는 말을 듣기 쉬운 얘기들입니다. 하지만 이렇게 기본적인 것들 외에 저는 강아지에게 크게 신경 쓰지 않고 지내는 편입니다. 저는 강아지에게 핀을 꽂지도 않고 매일같이 옷을 바꿔 입히지도 않고 미스트를 뿌려 주지도 않고 빗질도 목욕도 거의 안 하고 영양제를 먹이지도 않습니다. 저희 강아지는 사실 알고 보면 그냥 별다른 케어 없이 대충 사는 강아지입니다. 못난 주인 만나서 예쁘게 꾸며 주지도 않는 못난이 강아지입니다.

다만 저는 겉으로 보이는 것 외의 조금 더 기본적인 부분에 관해서도 생각을 해 보고 신경 쓸 부분이 있으면 신경을 써 주자는 말씀을 드리는 것입니다. 우리는 자주 우리의 강아지가 보이는 행동 문제에 관해서는 질문을 하지만, 우리가 평소 당연하게 하는 일들에 대해서는 별다른 의문을 갖지 않는 경우가 많습니다. 사실 생각해 보면 우리가 던지는 질문들은 배변이나 깨물기 등 대부분 우리가 불편하게 여기는 부분에 대한 것이지, 강아지가 불편한 부분에 관한 질문을 하는 분들을 저는 별로 보지 못했습니다.

미용도 마찬가지입니다. 우리는 너무나 당연하게 강아지를 입양하고 기르면서 정기적으로 미용을 시키는데, 미용이 미치는 부정적 영향에 대해서는 많이 생각해 보지 않습니다. 그러니 "우리 강아지가 갑자기 구석에서 덜덜덜 떨고 나오지를 않아요. 왜 그러죠? 오늘 한 건 미용밖에 없는데."라는 질문이 올라오는 것이겠지요. 강아지가 구석에 숨어 덜덜덜 떠는 원인이 미용일 거라는 생각은 잘 하지 못하는 것입니다.

자가미용도 하나의 해결책이 됩니다. 이미 많은 분들이 집에서 미용을 시도하고 있습니다. 클리퍼나 가위 등의 기구에서 오는 스트레스는 여전하겠지만, 그래도 익숙한 가족이 한다는 것은 큰 장점입니다. 다만 어느 정도 위험 요소가 있는 도구를 사용하는 행위이므로 충분한 공부와 연습이 선행되어야 합니다.

우리가 강아지에게 하는 행위들 중 상당수는 알게 모르게 강아지에게 스트레스를 줍니다. 미용 역시 강아지에게는 상당히 힘든 활동인 만큼, 미용 후에는 충분한 산책 등을 통해 스트레스를 풀어 주세요.

• 미용사의 입장에서는 어떨까?

미용 후기를 보면 강아지가 다쳐 오기도 하고 스트레스에 며칠간 힘들어하기도 합니다. 이런 상처와 미용 스트레스를 생각하면 우리는 미용사 탓을 하기 쉽습니다. 그러나 미용사 입장도 생각해 봐야 합니다. 강아지 미용사는 2-3시간이라는 정해진 시간 내에 목욕과 드라이를 해야 하고 거기에 복잡한 컷까지 다 해야 합니다. 가만히 앉아서 협조하는 사람을 미용하는 것도 쉽지 않은데 강아지 미용이 얼마나 힘들지는 조금만 생각해 보면 쉽게 짐작이 가능합니다. 싫다고 반항하는 강아지는 흔하며, 미용사를 무는 강아지들도 있습니다. 단골 미용사의 손을 한번 살펴보세요. 여기저기 물린 자국이 있을 겁니다. 강아지에게 아주 작은 상처만 보여도 보호자는 분개하지만, 반대로 미용사는 피가 나게 물려도 어디에 얘기할 수도 없지요.

강아지가 미용 스트레스를 받은 근본적인 원인은 미용을 맡긴 보호자에게 있지 미용사에게 있지 않다는 것이 제 생각입니다. 미용 후 상처나 스트레스에 대처할 때는 이 점을 생각해 봐야겠습니다.

08
목욕은 얼마나 자주 해야 하나요?

우리는 매일 씻습니다. 매일 샤워를 하고 매일 머리를 감고 매일 손발을 씻습니다. 우리는 매일 씻어야 깨끗하다는 생각을 가지고 있습니다. 언뜻 납득이 갑니다. 우리는 두피를 비롯한 전신의 피부로 각종 노폐물을 배출하니까요. 그러나 사실 따지고 보면 우리나라 사람들이 이런 식으로 씻기 시작한 건 오래된 일이 아닙니다. 저만 해도 어렸을 때는 목욕탕에 가야 전신을 씻을 수 있었고 집에서는 얼굴과 발 정도만 씻을 수 있었습니다. 어쨌든 우리는 위생 기준이 높은 편이며, 그 기준을 우리 강아지들에게 적용시킵니다. 이는 매우 자연스러운 현상입니다. 강아지도 우리와 함께 먹고 싸고 자니까요. 그래서 강아지를 자주 씻기는 보호자분들이 많습니다. 3-4일에 한 번 목욕시킨다는 분은 자주 볼 수 있고, 가끔 매일 씻긴다는 분도 계십니다.

그러나 결론적으로 이는 전혀 불필요한 일입니다. 아니, 좀 더 정확히 말하면 '오히려 강아지에게 해를 끼칠 수 있는 행위'입니다. 강아지의 생리는 여러모로 우리 인간과는 다릅니다. 특히 피부에 관해서는 아예 다른 구조를 가지고 있습니다. 가장 큰 차이는, 강아지는 피부로 땀을 배출하지 않는다는 사실입니다. 그러므로 강아지는 인간에 비해 피부 노폐물이 적습니다. 여기서 '목욕을 자주 시킬 필요가 없다.'라는 것을 유추할 수 있습니다.

그럼 얼마나 자주 목욕해야 할까요? 수의사들은 일주일에 한 번도 많다고 이구동성으로 말합니다. 책에는 보통 10일이나 2주에 한 번이면 적당하다고 나옵니다. 저희 강아지는 한 달에 한 번 정도 목욕합니다. 이래도 아무런 냄새가 나지 않고 피부병도 없습니다. 긁는 일도 없습니다. 이게 더 피부 건강에 좋습니다. 믿기 힘드실 수 있지만, 정말 그렇습니다. 목욕을 자주 하지 않아도 전혀 더럽지 않습니다. 그냥 제가 깨끗하다고 생각해서 그런 게 아니라, 실제로 그렇습니다. 목욕을 자주 하지 않는 것이 더 좋다는 말은 제가 아니라 생리학 전문가(수의사)들이 하는 말입니다.

그럼 거꾸로, 목욕을 자주 하면 나쁜 건가요? 이렇게 반문하실 수도 있습니다. 속 시원히 답변드리자면 "네, 목욕을 자주 하면 좋지 않습니다." 왜일까요? 깨끗해지자고 씻는 건데 왜 나쁘죠?

이유는 이렇습니다. 모든 강아지들은 털이 있습니다. 일단 몸에 물이 닿으면 털이 물을 머금습니다. 그리고 아무리 꼼꼼히 물기를 닦고 드라이를 해도

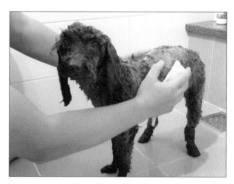

모든 강아지는 몸에 털이 있습니다. 목욕 후 잘 말려주어도 피부에 습기가 남기 쉽습니다. 이렇게 남은 습기는 습진을 비롯한 각종 피부병의 원인이 되기도 합니다.

강아지 목욕 팁 하나!
목욕할 때 솜을 돌돌 말아서 귀에 깊숙이 박아 두세요. 그리고 목욕 후 빼 보세요. 아마 축축이 젖어 있을 겁니다. 평소 목욕할 때 이 정도의 물이 귀에 들어간다는 얘기가 됩니다.

피부에 습기가 남기 쉽습니다. 이것이 습진을 비롯한 각종 피부병의 원인이 됩니다. 특히 귀와 발은 목욕을 자주 하면 그만큼 질병의 위험에 자주 노출됩니다. 말끔히 말리기가 어렵기 때문입니다. 어쩌면 여러분이 생각하시는 것과 반대의 얘기를 제가 하는 것일 수도 있습니다. 하지만 귀와 발은 습기로부터 멀어져야 합니다. 그런데 목욕을 자주 하면 그만큼 귀와 발에 습기를 머금을 가능성이 높아집니다. 아무리 꼼꼼히 닦고 말려도 마찬가집니다.

　드라이로 바짝 말리면 물론 습진은 안 걸릴 수 있습니다. 그러나 드라이 바람을 오래 쐬는 것도 강아지 피부에는 좋지 않습니다. 각종 샴푸에 들어 있는 계면활성제도 당연히 피부에 좋지 않습니다. "제가 쓰는 샴푸는 천연 원료로 만들어서 괜찮아요."라고 말하는 분들이 있는데, 천연 원료도 출처는 다를지 모르나 작용은 기본적으로 비슷합니다. 합성 물질이라고 무조건 나쁘다는 근거는 없습니다.
　목욕이 강아지들에게 미치는 심리적 영향은 큽니다. 저희 강아지의 경우, 1살이 되기 전까지는 목욕을 하면 배변이 흐트러질 정도였습니다. 목욕하고 나면 미친개처럼 뛰어다니다가 침대에 막 오줌 싸고 그랬습니다. 일시적인 현상이란 걸 알기에 딱히 별다른 교육을 시도하지는 않고 가라앉을 때까지 내버려 두었습니다. 여러분의 반려견도 현상은 다를지 몰라도 비슷한 일을 겪지 않았나요? 당연한 얘기지만 목욕 후 흐트러질 때 혼내면 안 됩니다. 이건 일시적인 것이고 우리가 그냥 이해해 줘야 하는 실수입니다.

양치질은 자주 하는 게 좋습니다. 그런데, 그렇다고 해서 양치질을 해 주실 때 싫다는 강아지를 억지로 붙들고 하는 건 안 좋습니다. 양치질은 평생 해야 하지요. 그러니 한 번 싫어하기 시작하면 계속 억지로 해야 합니다. 이건 보호자도 강아지도 너무 힘듭니다. 강아지는 양치질을 '이해하지 못한다.'라는 걸 꼭 기억해 주세요. 간식을 이용해 조금씩 좋아하게 만들어보세요. 어릴 때 양치질 몇 번 못한다고 강아지에게 심각한 문제가 생기지는 않습니다. 닦는 것보다 양치질을 좋아하게 만드는 것이 먼저입니다.

양치질 팁 하나 드리자면, 안팎으로 철저히 해주기 힘들다면 이빨 안쪽보다 바깥쪽 위주로 해 주시면 됩니다. 안쪽은 평소 강아지의 혀가 계속 닿아서 조금씩 닦이기 때문입니다.

귀 청소에 관해서도 한 말씀드리겠습니다. 귀 청소 얘기가 나올 때마다 언급되는 것이 '귀털을 뽑아야 하는가 뽑지 말아야 하는가'입니다. 그런데, 귀털은 함부로 뽑으시면 안 됩니다. 사람 코털을 뽑으면 안 되는 것과 마찬가집니다. 코털과 귀털은 외부 균과 이물질로부터 우리 기관을 보호하는 역할을 합니다. 그러므로 함부로 뽑아선 안 됩니다. 자칫 그 자리에 염증이 나는 경우도 있습니다.

간혹 귀 냄새가 너무 심해서 진단해 보면 귀털이 문제인 경우가 있기도 합니다. 그럴 땐 뽑아야 할 수도 있지만, 이는 당연히 수의사가 판단할 문제입니다. 우리가 섣불리 판단하고 귀털을 뽑으면 안 됩니다. 선의에 의한 행동이라고 모두 좋은 결과를 내는 것은 아니라는 점을 명심해야 합니다. 특히 강아지처럼 우리가 잘 모르는 종은 더더욱 그렇습니다.

목욕은 우리 보호자들에게 보람 있는 일입니다. 우리가 강아지를 돌봐 준다는 생각을 갖게 하고, 아끼고 있다는 감정을 갖게 합니다. 하지만 우리 생각과 강아지가 다른 부분이 있다면 그런 점도 한 번씩 고려해 볼 필요가 있습니다. 그리고 강아지 생리학에 관해서는 자주 가시는 수의사와 상담하시는 것이 가장 정확합니다. 예를 들어 피부병 때문에 약욕을 해야 하는 경우도 있으니까요.

• 입양한 강아지가 냄새가 너무 심한데 씻겨도 되나요?

갓 입양해 온 어린 강아지들은 냄새가 심합니다. 당연합니다. 원래부터 젖내도 나고, 번식장→경매장→분양샵을 거치며 하루 종일 똥바닥에서 뒹굴었으니 당연히 냄새가 나죠. 그렇다고 너무 자꾸 씻기는 것은 좋지 않습니다. 접종 전후 며칠을 피해 한 번만 가볍게 목욕시켜 주세요. 그리고 그냥 두시면 됩니다. 심한 냄새는 커가면서 자연스럽게 없어집니다. 이 시기의 냄새는 이 시기에만 나는 냄새입니다. 다소 불편하더라도 좀 견뎌 주시면 강아지들이 좋아할 겁니다.

간혹 다 컸는데도 씻기고 며칠만 지나면 냄새가 심하게 나는 강아지들이 있습니다. 그럼 보호자는 '또 목욕할 때가 됐구나.'라고 생각하고 목욕을 시킵니다. 그런데 귀나 여타 피부에 문제가 있어서 냄새 나는 경우가 있습니다. 그런데 거기에 대고 또 목욕을 시키니 상황은 결코 나아지지 않고 악화되기만 합니다. 간혹 심한 눈물 혹은 항문낭 때문에 냄새가 나는 개들도 있는데, 이런 경우 역시 목욕으로는 해결하지 못합니다. 이렇게 피부나 귀 등에 문제가 있는 경우에는 병원에 데려가서 근본적인 치료를 해야 합니다.

• 산책 후 발을 씻겨야 하나요?

이런 질문에 저는 이렇게 댓글을 답니다. '저는 구정물에 들어가지 않은 한 그냥 물티슈로 슥슥 닦고, 아내가 없으면 그마저도 잘 하지 않아요. 아내가 보고 있으면 물티슈로 대충 닦는 척합니다.' 매일 샴푸로 강아지 발을 닦는 건 좋지 않을 수 있습니다. 청결은 챙기겠지만, 발은 그 구조 때문에 꼼꼼히 말려 주지 않을 경우 습진의 위험이 큽니다.

물론 위생의 기준은 각자 다릅니다. 만일 산책하고 난 다음 발을 보았을 때 너무 더럽다고 생각되면 가볍게 샴푸를 해 줄 수도 있을 겁니다. 그럴 경우에는 샴푸 후 반드시 흐르는 물에 한참을 헹궈 주시고, 꼼꼼히 드라이어로 말려 주세요.

09
같이 자면 분리불안 걸린다던데

강아지에게 생길 수 있는 정서 문제 중 가장 완화하기 힘든 것 중 하나가 분리불안입니다. 그래서 분리불안 예방을 위해 강아지와 따로 자는 분들도 많습니다. 왜 따로 주무시냐고 물으면 "같이 자면 분리불안 걸린다고 하더라고요."라고 대답하곤 합니다.

그러나 강아지가 보호자와 함께 자는 것과 분리불안의 연관성은 증명된 바가 없습니다. 물론 카펫 생활을 한다는 차이는 있지만, 미국이나 유럽에서도 보호자들이 강아지와 함께 잠을 자죠. 이 강아지의 상당수가 분리불안에 시달린다면 상관관계가 있다고 볼 수 있겠지만 대부분은 그렇지 않지요.

오히려 함께 자는 것에는 장점이 많습니다. 강아지는 밤에 귀를 쫑긋 세우고 주변의 소음이나 움직임에 민감해지는데, 함께 자면 숙면을 취하는 데 도움이 됩니다. 강아지와 함께 자 보면 알지만 따로 잘 때와 함께 잘 때의 모습이 전혀 다릅니다. 어떤 때는 죽었나 싶을 정도로 푹 자는 모습을 볼 수 있지요.

함께 자면 잠의 질이 완전히 달라집니다. 이는 강아지의 숙면에만 도움이 되는 게 아닙니다. 반려견과 함께 자는 사람들 역시 푹 잘 수 있습니다. 특히 수면장애가 있는 분들에게는 옆에서 들려오는 규칙적인 숨소리와 따뜻한 온기가 크게 도움이 되지요.

아침에 일어나 이런 모습을 보는 것은 덤입니다.

간혹 함께 자면 강아지가 사람을 우습게 본다거나 자기 아래로 본다거나 할 수 있다고 말하는 분들이 계시지만 이는 근거가 매우 희박한 주장입니다.

물론 함께 자는 데에 장점만 있는 것은 아닙니다. 몇 가지 단점이 있을 수 있는데요. 우선 예민한 사람의 경우 옆에서 강아지가 뒤척이거나 하면 불편함을 느낄 수 있습니다. 개를 키우지만 개털에 알레르기가 있는 경우 침대에 깔리는 개털 때문에 괴로울지도 모릅니다. 만일 여러분의 반려견이 대소변을 잘 가리지 못한다면 침대에 배변할 가능성이 높습니다. 혹시 모를 사고를 방지하기 위해 매트리스에 방수포를 깔아 두는 것이 좋겠지요. 또한 강아지가 어리거나 체구가 작을 경우 원활한 왕래를 위해 침대에 계단을 놓아 주시는 것을 권해 드립니다.

강아지와 함께 자는 것에 대해서는 고민을 하는 게 당연합니다. 대소변 문제도 있고, 또 개인의 원칙과 철학도 결코 무시되어선 안 될 것입니다. 보호자마다 생각이 다를 수도 있습니다. 내가 강아지와 함께 잔다고 남들에게도 그렇게 강요할 수는 없는 문제입니다. 다만,

강아지와 함께 자고는 싶지만 분리불안이나 서열 문제 등 근거가 희박한 이유로 이를 거부하고 계신다면 꼭 다시 한 번 생각해 주셨으면 합니다. 함께 자는 것과 분리불안 사이에는 그 어떤 상관관계도 증명된 바가 없습니다. 함께 자면 강아지가 사람을 우습게 볼 거라는, 소위 서열 문제는 신경 쓸 필요가 없습니다.

• 우리 강아지는 제 무릎을 좋아해요

애견카페나 공원 등지에서 강아지를 잘 관찰해 보시기 바랍니다. 혹시 신경질적인 강아지가 있나요? 지나가는 사람이나 강아지를 보고 한없이 짖는 강아지가 있나요? 그럴 때 혹시 보호자가 강아지를 안고 있지는 않은지 잘 관찰해 보세요.

강아지는 기본적으로 땅에 네 발을 디디고 살아가는 동물입니다. 우리는 강아지가 귀엽다고 사랑스럽다고 자주 안아 드는데 강아지는 이를 불편하게 여길 수도 있습니다. 한두 번 안아 드는 것은 괜찮을 수 있지만 우리가 하는 행동은 매일같이 반복된다는 것을 생각해야 합니다. 물론 안아 드는 것을 싫어하지 않는 강아지도 얼마든지 있습니다. 그러나 불편해하는 강아지는 이게 반복될 경우 신경질적이고 예민하게 되기도 합니다. 안아 들면 주변의 다른 사람이나 강아지를 보고 짖거나 으르렁대기도 하지요. 네 발로 땅에 서 있게 하면 전혀 그럴 일이 없는 강아지도 자꾸 안고 있으면 예민해지곤 합니다.

무릎에 올리는 것 역시 마찬가지입니다. 물론 강아지가 사람 무릎에 올라와 있는 자체가 문제가 되는 것은 아닙니다. 하지만 쉴 때마다 무릎에 와서 쉬는 강아지는 '무릎에 올라와야만' 편안함을 느끼게 되기도 합니다. 얼마든지 독립심을 가지고 혼자 있을 수 있는 강아지를 우리가 억지로 의존적으로 만드는 것일 수도 있습니다.

강아지는 사랑하고 돌봐 주는 것만큼이나 내버려 두는 것이 중요합니다. 혼자 자기 자리에서 편안히 쉴 수 있는 강아지가 혼자 있을 때도 그만큼 덜 불안해합니다.

• 강아지의 눈높이

우리는 인간의 눈으로 세상을 봅니다. 그러나 강아지의 세계를 이해하기 위해서는 강아지의 눈높이에서 세상을 바라볼 필요가 있습니다.

예를 들어 강아지의 위생 개념이란 이렇습니다. 강아지는 자기 생식기에 묻은 소변의 흔적이 싫어서인지 그걸 스스로 깨끗하게 닦습니다. 근데 그걸 자기 입으로 닦지요. 이게 강아지의 세계이고 강아

강아지의 세계를 이해하기 위해서는 강아지의 눈높이에서 세상을 바라볼 필요가 있습니다.

지의 개념입니다. 강아지의 관점에서 생각해 보는 건 아마도 불가능할 겁니다. 어쩌면 앞으로도 영원히 말이죠. 강아지가 '생각'을 하는지도 정의 내리기 힘듭니다. 하지만 강아지의 눈높이까지 내려가는 건 가능할지도 모릅니다. 우리에겐 관찰의 힘이 있고 배려하는 마음이 있으니까요.

강아지들은 때로 전혀 이해 안 가는 행동을 하기도 하고, 때로는 우리는 골탕 먹이듯 행동할 때도 있습니다. 그럴 때 너무 우리 관점에서 너무 우리 생각대로 강아지를 판단하는 것보다는, 물론 그럴 필요도 분명 있긴 하지만, 조금 더 단순히 강아지의 눈높이에서 상황을 보려고 노력해 보는 건 어떨까요? 그건 아마도 우리 인간만이 할 수 있는 행동일 테니까요. 이건 어쩌면 다른 종을 맘대로 우리 삶에 편입시킨 인간으로서 마땅히 해야 할 도리일지도 모릅니다.

오늘 하루도 여러분 곁에 있는 강아지를 잘 관찰해 보세요. 그리고 강아지가 원하는 게 무엇인지 우리가 강아지와 행복하게 살아갈 수 있는 방법이 무엇인지 강아지에게 한번 물어보세요.

10
울타리에 넣어 두어야
자기 공간으로 인식한다던데요

　강아지를 처음 분양받으면 십중팔구 분양샵에서 울타리를 함께 판매하며 2주에서 한 달간 울타리 안에 가두어 두어야 한다고 말합니다. 인터넷에서 찾아봐도 상당수의 조언이 강아지를 울타리에 가두고 무시해야 한다는 이야기입니다. 그렇다 보니 보호자들도 좁은 울타리 안에 배변패드와 쿠션, 물그릇을 넣어 두고 그곳에 어린 강아지를 집어넣은 뒤 낑낑대도 무시하곤 합니다. 모르니까 분양샵이나 인터넷에서 시키는 대로 할 수밖에 없습니다. 간혹 강아지의 반응을 보고 이상해서 조금 더 찾아보는 분들도 있습니다. 그런데 울타리 안에 갇힌 강아지를 보면 뭔가 이상하다는 생각이 드는 것이 당연합니다. 낑낑대고 울부짖고 뒷발로 서서 꺼내 달라고 애원하는 강아지들이 정말 많거든요.

　강아지에게 자기 공간이 필요하며, 강아지는 공간이 좁을수록 안정감을 느끼므로 울타리를 사용해야 한다고 말씀하시는 분들이 계십니다. 이 의견에 맞는 부분이 있습니다. 모든 강아지에게는 자신의 공간이 필요합니다. 예를 들어 손님 혹은 다른 개가 와서 피신하고 싶을 때 혼자 있을 만한 장소는 필요합니다. 맛있는 간식을 주었을 때 방해받지 않고 혼자서 편안히 먹을 수 있는 장소가 강아지에게는 필요합니다. 그러나 그렇게 하고 싶지 않은 개를 우리가 손으로 들어다 좁은 울타리에 가두고 그곳을 강아지의 영역이라고 지정해 주는 것은 이치에 맞지 않습니다.

블로그에서도 몇 번이고 말씀드렸고 아마 앞으로도 끊임없이 말씀드리게 되겠지만, '자기 영역'이라는 것은 제 발로 걸어 들어가야 자기 영역입니다. 그리고 제 발로 나올 수 있어야 자기 영역입니다. 사람으로 치면 감방과 안방 중에 어디가 자기 영역일까요?

어린 강아지를 울타리에 가둬 두면 나오고 싶어서 뒷발로 선 채 낑낑댑니다. 관절도 안 좋은 어린 강아지가 뒷발로 서서 울부짖고 있는데 그게 자기 영역을 인식하는 중일까요? 그래서 몇 날 며칠이고 낑낑대다가 이제 조용히 있으면 그게 자기 영역 인식을 완료한 것일까요? 영화 〈올드보이〉에서 15년간 감금당했던 오대수는 그래서 결국 그 공간을 자기 영역으로 인식하고 만족하며 살았나요? 만에 하나 이렇게 해서 며칠간의 울부짖음과 낑낑거림과 무시를 통해 강아지가 그곳을 자기 영역으로 인식하게 되었다고 하면, 그렇다면 이 방법은 옳은 것일까요? 이게 과연 정서적으로 올바른 방법일까요?

울타리는 분명 자기 공간 역할을 할 수 있습니다. 그러나 사방이 막힌 좁은 울타리에 강아지를 들어다 넣어 두는 순간 그 울타리는 자기 영역이 아니라 감방이 됩니다. 만일 울타리를 강아지만의 영역으로 주고 싶다면 1년 365일 출입구를 개방해 두어야 합니다.

"외출할 때 강아지를 울타리에 가둬도 되나요?"

아니오, 안 됩니다.

"하지만 배변교육이 안 되어서 여기저기 똥오줌을 싸고 온 집 안을 어질러서 뒷정리가 힘들어요."

그렇다고 강아지를 가두면 우리는 우리의 편의와 강아지의 자유를 맞교환하게 됩니다. 세상에 그 무엇이 자유만큼의 가치를 지니고 있을까요?

"나는 나의 강아지를 사랑해. 그러나 어지르는 것은 안 돼." 이것은 어딘가 맞지 않습니다.

울타리를 권장하는 경우도 있습니다. 바로 둘째 혹은 셋째를 들였을 경우입니다. 이럴 때는 그냥 붙여 놓으면, 물론 잘 지내는 경우도 있지만, 사회성이 부족하고 다른 강아지를 어떻게 대해야 하는지 모르는 대부분의 강아지들은 당황스러워하기 마련입니다. 그래서 서로 스트레스를 주고받습니다. 이럴 땐 울타리로 경계를 나눠 주는 것도 좋습니다. 다만 이때도 공간을 너무 좁게 줄 필요가 없습니다. 철제 펜스 등으로 공간을 크게 가르는 것이 좋습니다. 38선을 떠올리시면 쉽습니다.

주의하실 것이 있습니다. 이렇게 했을 때 그동안 배변교육은 어느 정도 마음에서 내려놓아야 합니다. 배변교육은 첫째와 둘째가 어느 정도 경계를 풀고 서로 지나치게 불편한 시기만 지나면 그때부터 펜스 치우고 시작하시면 됩니다.

혼동하시면 안 됩니다. 새로 온 강아지가 '배변교육이 될 때까지' 가둬 두는 것이 아닙니다.

"배변훈련이 되어야 풀어놓든 말든 하지." 배변훈련을 강아지 사랑의 필요조건으로 밑바닥에 까는 것은 부당합니다. 여러분이 데려오신 강아지는 조건 없이 여러분을 사랑합니다. 심지어 울타리에 감금하고 밥을 하루에 두 숟갈만 주어도 강아지는 무조건적으로 보호자를 따릅니다. 그런데 우리가 배변훈련 따위를 강아지 사랑의 필요조건으로 건다면 그건 인간으로서 너무도 부끄러운 일입니다.

강아지에게 무조건적인 자유를 주자는 얘기가 아닙니다. 그건 물리적으로 불가능한 얘깁니다. 이미 강아지를 우리가 '입양'하는 순간 무한한 자유는 실현 불가능한 얘기가 됩니다. 그러나 우리가 강아지에게 보장해 줄 수 있는 '최소한의 자유'는 분명 있습니다.

우리는 강아지에게 '최소한의 자유'를 보장해 줄 수 있어야 합니다.

11
사회화가 중요하다던데,
산책은 언제부터 하면 되나요?

반려견 교육에 별달리 관심이 없는 분이라 해도 '사회화'라는 말은 들어보셨을 겁니다. 최근 우리나라에서도 그 중요성이 부각되고 있지요. 저녁 시간만 되면 강아지로 가득 차는 산책로가 이를 방증합니다. 이번 꼭지에서는 이 사회화에 대해 다루어 보겠습니다.

• 강아지 사회화란?

사회화는 인간과 어울려 사는 강아지들에게 필수적으로 배려해 주어야 할 과정입니다. 개에게 있어 사회화란 간단히 말해 다양한 사물과 환경에 노출시켜 줌으로써 앞으로 부딪힐 세상에 대한 두려움을 줄이고 익숙해지게 해 주는 것을 뜻합니다.

• 사회화의 범위

강아지 사회화의 범위는 무척이나 넓습니다. 좁게는 실내견들이 대부분의 시간을 보낼 집 안 환경에서 동네 주변, 자동차, 지하철, 쇼핑몰, 놀이공원 등의 장소에 대한 사회화가 있고, 넓게는 어린아이에서부터 나이 지긋한 어르신에 이르기까지 인간과의 관계, 그리고 다른 동물들과의 관계 역시 사회화의 범주에 포함시킬 수 있습니다. 예를 들어 집에서 소를 키운다, 그럼 소와의 원만한 관계 또한 사회화에 포함시킬 수 있습니다. 아이와의 관계도 사회화 개념으로 접근하면 풀어 가기가 조금은 수월합니다. 이론적으로는 대부분의 환경과 사물에 사회화 개념을 적용시킬 수 있습니다.

• 사회화의 중요성

사회화 과정을 거치지 않은 강아지는 새로운 물건이나 생명체, 소리, 냄새 등에 민감하게 반응하고 두려움을 갖기 쉽습니다. 이는 종종 짖거나 무는 행동으로 발전될 가능성을 품습니다. 혹은 가벼운 소음이나 진동에도 예민하게 반응하며, 소심해지거나 다른 존재를 회피하려는 모습을 보이기도 합니다. 공격적으로 짖거나 무는 것은 우리가 문제 행동으로 인식하기 쉽지만, 소심한 강아지는 보호자들도 심각하게 생각하지 않는 경우가 많습니다. 그러나 이런 모습 역시 바람직하지는 않을 것입니다. 원래 성격이 차분하고 겁이 많은 강아지도 물론 있지만, 얼마든지 잘 어울릴 수 있는 반려견이 사회화 부족으로 인해 힘든 삶을 사는 경우가 더욱 많습니다.

많은 보호자님들이 강아지의 짖는 행동이나 공격성 때문에 고민을 합니다. 그러나 게시판이나 블로그에서 보는 "우리 개가 너무 사나워요. 어떻게 하면 고칠 수 있죠?"란 질문은 너무나 답변하기 어렵습니다. 구체적인 상황이나 원인이 존재하기도 하지만, 실제로 사회화 부족 때문에 그런 문제가 표출되는 경우가 정말 많기 때문입니다. 하지만 그런 강아지들의 시간을 되돌려 다시 사회화를 할 수는 없는 노릇입니다. 그렇기에 사회화 부족으로 인한 문제는 해결이 무척이나 어렵습니다.

• 사회화 시기

사회화는 평생 겪는 과정입니다. 그러나 시기에 따른 중요도에는 큰 차이가 있습니다. 사회화 시기에 관해서는 수의사와 행동전문가들 사이에서 의견이 갈립니다. 일반적으로 수의사들은 5차 접종이 끝나는 시기 이후에 외부 사회화를 시작하라고 말합니다. 2-3개월령 강아지를 입양한다고 치면 5차 접종 시기가 대략 4-5개월령 이후가 됩니다. 그러나 반려견 행동전문가들은 4개월령 이전의 사회화가 무척이나 중요하다고 합니다. 수의사는 접종 미비에 따른 감염을 걱정할 수밖에 없을 테니 수의사 측의 의견도 충분히 납득이 가는 주장입니다. 특히 모유를 많이 먹지 못하는 우리나라 번식장 강아지들(실질적으로 대부분의 분양샵 강아지들)은 면역력이 약하기 때문에 그 위험이 더욱 큽니다.

그러나 감염이 확률의 문제라는 것을 감안할 때, 그리고 위험한 장소를 피하며 얼마든지 사회화가 가능하다는 점을 감안할 때 그 시기는 이를수록 좋다는 데에 저는 동의합니다. 사회화는 언제부터 해야 할까요? 바로 지금입니다.

그럼 어렸을 때의 사회화가 왜 중요할까요?

이렇게 한번 생각해 보면 어떨까요? 연세 많으신 어르신들은 컴퓨터나 스마트폰 쓰는 걸 어려워하십니다. 젊어서부터 그런 복잡한 기기를 다루어보지 않았기 때문에 완전히 새로운 개념을 배우기가 어려운 것입니다. 그래서 무섭고 그냥 피하게 됩니다. 그러나 지금 젊은 세대가 노인이 되면 미래의 첨단 기기를 어려워할까요? 아마도 아닐 겁니다. 지금의 젊은 세대는 어려서부터 각종 스마트기기를 사용했기 때문에 머릿속에 그 기본적 개념과 패러다임이 자리 잡고 있습니다. 요즘 젊은이들은 사용설명서도 보지 않고 그 첨단 기기들을 쉽게 사용합니다. 겁도 없습니다. 나중에 더욱 복잡한 기기가 나와도 웬만하면 금세 익숙해질 것입니다.

강아지에게 이른 사회화가 중요한 이유도 비슷합니다. 어렸을 때 다양한 환경에 노출되고 많은 경험을 한 강아지들은, 커서도 '언뜻 내게 위험하고 무서운 것처럼 보여도 실은 괜찮다.'라는 사실을 습득합니다. 그래서 새로운 환경에도 좀 더 잘 적응할 수 있습니다.

• 사회화의 맹점과 주의할 점

사회화에 임할 때 염두에 두셔야 할 것이 있습니다. 어린 강아지에게 사회화는 가급적 '즐거운 경험, 긍정적인 경험'이어야 합니다. 우리는 강아지들이 낯선 이와 낯선 환경에 금세 익숙해지길 원합니다. 그렇다고 해서 강아지를 억지로 사회화에 참여시켜선 안 됩니다. 예를 들어 사회화의 일환으로 가장 많이 하시는 것이 산책인데, 첫날 목줄 매고 밖으로 데리고 나간 다음 어안이 벙벙해 발이 멈춘 강아지를 질질 끌며 동네 한 바퀴 돌고 집에 들어오는 것은 바람직한 활동이라고 보기 어렵습니다. 강아지가 잘 따라오지 못한다면 잠시 기다려 주는 것이 좋습니다. 또한 산책은 사회화의 한 가지 방법일 뿐이지 산책이 전부가 되는 것도 바람직하진 않습니다. 집 주위도 산책하고, 지하철역에도 가고, 버스 정류장도 데려가 보아야 합니다.

다른 강아지와의 사회화 역시 중요합니다. 근처에 적절히 사회화가 된 강아지 혹은 성견이 있다면 어린 강아지 사회화에 무척 도움이 됩니다. 다양한 환경에 노출된다는 것은 다양한 사람과 동물에게 노출된다는 것 역시 포함하는 개념입니다. 다양한 사람, 다양한 강아지, 고양이 등을 만나게 해주어야 합니다. 다만, 역시 그 과정에서 부정적인 인식을 갖지 않도록 신경 써 주세요.

예를 들어 어릴 때 성인 남성에게 혼나거나 불필요하게 강압적인 훈련 등을 당하거나 하면 남성을 두려워하고 짖는 행동을 습득할 수 있습니다. 진짜로 그럴까 싶지만 실제로 나타나는 현상입니다. 제가 즐겨 가는 한 반려견 동반 카페의 강아지는 검정 옷을 입은 성인 남성에게 예민하게 반응합니다. 이유는 짐작이 가능하지요. 아이들과 잘 어울리지 못하는 강아지도 많습니다. 그건 어린아이들과의 사회화가 잘 되지 않았기 때문인데, 이건 아이들 역시 마찬가지입니다. 아이들은 강아지들 다룰 줄 모릅니다. 그렇기에 마냥 좋아서 달려들기 쉽지요. 그러나 그렇게 되면 강아지는 아이들에게 공포심을 갖기 쉽습니다. 그런 공포심은 거꾸로 자신을 지키기 위한 공격성으로 드러나게 되고, 그렇게 '아이만 보면 짖고 무는 바람에 혼나는 개'가 생겨납니다.

꼭 기억해주세요. 강아지 사회화 과정은 최대한 긍정적이고 즐거워야 합니다. 간혹 교육 효과를 위해 강아지를 극적이고 과감한 환경

강아지에게 사회화 과정은 즐겁고 긍정적이어야 합니다.

에 노출시킬 필요도 있지만, 일반적으로는 간식이나 놀이 등을 통해 점진적으로 접근하는 것이 나은 방법입니다. 우리 인간 사회의 다양한 환경 요소를 두려워하지 않도록 최대한 많이 노출시켜주시고, 사람의 손길에도 자연스럽게 익숙해질 수 있게 해주세요. 강압적인 훈련이나 혼내기 등은 사회화에 부정적인 영향을 끼치니 반드시 피해주세요. 어린 강아지를 다양한 환경에 노출시키는 것은 정말 중요합니다. 그러나 처음부터 지나치게 과한 환경, 압도적인 환경에 데려가는 것은 오히려 역효과가 날 수 있습니다.

• 우리 강아지는 정말 활발해요. 사회성이 좋은 거 같아요

우리는 보통 다른 강아지에게 쭈뼛쭈뼛한 강아지를 보며 "소심하다, 사회화가 덜 되었다."라고 합니다. 반대로 어떤 강아지에게든 활발하게 다가가 뛰어노는 강아지는 '성격 좋은 강아지, 사회화가 잘된 강아지'라고 부르지요. 그러나 이게 꼭 맞는 이야기는 아닙니다.

활발한 것은 좋지만 지나치게 적극적이어서 다른 강아지를 불편하게 한다면 그 강아지는 사회화가 잘되었다고 하기 어렵습니다. 다른 강아지의 거절 신호를 받아들이지 않고 자꾸 놀자고 달려들기만 하는 것은 다른 강아지에게 피해를 주는 행동일 수 있습니다. 겉으로는 소심해 보여도 천천히 냄새 맡으며 다가가면서 다른 강아지를 불편하게 하지 않는 강아지가 오히려 성격이 좋고 사회화가 잘된 것일 수도 있습니다.

물론 이런 부분은 우리가 임의로 가르치기 힘듭니다. 그렇기에 어려서부터 다른 강아지와 어울릴 수 있게 하고, 그 안에서 자연스럽게 거절 신호 등을 습득할 수 있게 배려하는 것도 중요할 것입니다.

• 사회성 기르기, 애견카페와 공원

사회화를 위해 가장 많이 추천하는 것이 산책인데, 산책을 권하는 이유는 산책이 사회화에 직접적인 효과를 주기 때문이라기보다는 우선 강아지를 데리고 나가야 다양한 환경에 노출시킬 수 있기 때문입니다. 길과 잔디, 다른 동물의 대소변에 코를 박으며 걷고, 그 과정에서 만나는 사람과 강아지 등과 긍정적인 상호작용을 한다면 사회화에 도움이 됩니다. 평소 자주 다니는 산책로도 좋지만, 쉬는 날을 이용해 공원 등에 놀러 가면 조금 더 넓은 세상을 보여 주며 색다른 사회화의 기회를 얻게 됩니다.

보호자님들과 대화를 나누다 보면 반려견의 사회성을 기르기 위해 애견카페에 자주 간다는 말도 들을 수 있습니다. 그런데 애견카페는 조금 주의하실 필요가 있습니다. 여러분의 반려견에게 애견카페가 도움이 되리라는 보장이 없기 때문입니다.

애견카페는 우선 공간이 제한되어 있어서 소심하고 조심스러운 강아지가 불편함을 느낄 수 있습니다. 과하게 활발한 강아지가 달려와서 놀자고 할 때 그게 싫어도 피할 곳이 없기 때문에 스트레스를 받거나 신경질적이 되기 쉽습니다. 지금껏 거쳐 간 수많은 강아지들의 대소변 냄새가 좁은 공간에 배어 있어서 반려견을 혼란스럽게 만드는 경우도 있는데, 아무리 청소를 열심히 해도 이런 점은 개선하기 힘듭니다. 강아지의 코는 너무나 예민하기 때문이지요. 카페 매니저나 직원은 대부분 강아지를 아끼고 사랑하지만, 간혹 잘못된 방식으로 강아지를 대하는 장면을 보게 되는 경우도 있습니다. 저는 애견카페 매니저가 복종훈련을 시킨답시고 강아지를 집어 던지는 광경을 목격한 보호자의 댓글을 받은 적도 있습니다.

조금 과하게 말하자면 상당수의 애견카페는 강아지가 아니라 보호자를 위한 공간입니다. 이런 애견카페는 보호자가 개와 함께 가서 차도 마시고 쉴 만한 곳이지 반려견의 사회화나 휴식에는 크게 도움이 된다고 보기 어렵습니다. 물론 살다 보면 애견카페를 이용해야 할 일이 생기기 마련입니다. 개인적으로 방문교육 때문에 전국의 애견카페를 방문하게 되는데, 제 기준에 만족스러웠던 애견카페는 손에 꼽을 정도밖에 없었습니다.

좋은 애견카페를 선택하는 팁을 드리자면 첫째 상주견의 상태를 확인하는 것, 그리고 둘째 점원과 점주와 대화를 나눠 보는 것입니다. 대부분의 애견카페에는 상주견이 있는데 이 상주견을 어떻게 다루는지, 상주견의 상태가 어떠한지를 보시면 그 애견카페에 대해서도 전반적으로 판단할 수 있습니다. 일하는 분들과 잠깐 대화를 나눠보아도 강아지를 대하는 마인드를 확인할 수 있지요. 또한 냄새도 중요한 잣대가 되는데, 강아지 대소변 냄새를 감추려고 과도한 방향제를 쓴다거나 하면 이는 방문하는 강아지 코에 상당히 부정적인 영향을 끼칠 것입니다. 사람 코에 향이 과도하게 느껴질 정도면 강아지에게는 이미 폭격을 가하는 수준이기 때문입니다.

12
산책할 때 제 옆에서 늠름하게 걷게 하고 싶어요

산책의 중요성이 많이 부각되고 있습니다. 산책이 부족할 경우 수 많은 행동 이상이나 정서적 문제로 표출되기 때문에 요즘에는 산책 을 안 시키는 보호자님들은 많지 않습니다. 산책 시 중요한 것과 중 요하지 않은 것을 알아볼까 합니다.

'산책'이라는 말을 들으면 어떤 생각이 드시나요? 우리가 생각하는 산책은 '걷는 것'이 주를 이룹니다. 그러다 보니 강아지와의 산책에 서도 우린 걷습니다. 그리고 강아지가 잠시 멈추고 걷지 않으면 걷게 합니다. 또한 강아지가 우리와 보조를 맞춰 걷지 않으면 보조를 맞추 게 억지로 훈련을 합니다. 흔히 말하는 '각측보행'이 그것입니다.

각측보행. 멋진 훈련입니다. 보기만 해도 부럽습니다. 각측보행을 하는 개는 무척이나 수준 높은 교육을 받은 개처럼 보이고 고개 꼿 꼿이 세워 앞만 보고 걷는 강아지는 심지어 우아해 보이기까지 합니 다. 각측보행이 필요한 곳이 있습니다. 예를 들면 도그쇼입니다. 도그 쇼는 각 견종 표준을 유지할 목적으로 개최되는 행사로, 평가를 위해 규칙적인 움직임을 요구하기 때문에 각측보행이 필요할 수 있습니 다. 그러나 우리같이 평범한 보호자들에게 각측보행은 별달리 쓸모가 없으며, 오히려 바람직한 산책을 방해하는 요인이 될 수 있습니다.

우리의 강아지가 밖에서 우리와 보조를 맞춰 걸어야 할 이유는 전혀 없습니다. 길을 걷는 타인에게 피해를 줄까 봐서? 사람이 지나갈 땐 줄을 조금 짧게 쥐면 됩니다. 지나가는 사람들이 너무 많아서 그럴 수가 없나요? 그렇다면 산책 코스를 바꾸는 것이 답입니다. 또한 작은 강아지들에게 목줄을 채우고 줄을 세워서 고개를 꼿꼿이 들고 걷게 하시는 분이 있는데 이건 심하게 말하면 학대입니다. 전 국민에게 군대식 행진을 강요하는 것과 다르지 않습니다. 산책을 왜 하나요? 산책은 강아지에게 편안한 경험을 제공하고 스트레스를 해소할 기회를 주려고 하는 것입니다. 모든 강아지를 도그쇼의 견종 표준 개처럼 걷게 하려고 산책을 하는 것이 아닙니다.

타인의 말이 틀렸다고 지적하는 것은 무척이나 힘든 일입니다. 상대방에게 상처가 될 수도 있습니다. 그러나, "강아지랑 산책하는데 자꾸 앞으로 먼저 가요. 그리고 자꾸 멈춰서 킁킁대요. 어떻게 하죠?"

산책은 강아지들로 하여금 '살아 있다'는 느낌을 갖게 합니다.

라는 질문에 "줄을 계속 당기면서 앞서가세요. 그럼 강아지가 버티다
가 따라올 거예요. 줄을 확 잡아채는 것도 도움이 돼요. 개가 잘 따라
오면 그때부터 수월히 산책할 수 있어요."라고 달아 놓은 댓글을 그
냥 지나치기란 쉬운 일이 아닙니다.

옆에 바짝 붙어 서서 보호자만 바라보고, 혹은 앞만 바라보고 걷는
개가 행복할까요? 이렇게 산책할 거면 밖에 나올 이유가 없습니다.
그냥 실내에서 걸으면 됩니다. 굳이 번거롭게 하니스 차고 리드줄 채
울 이유도 없죠. 그냥 집 안에서 걸으면 됩니다.

■ 강아지와 함께 산책할 때 중요하지 않은 것

• **거리** 중요하지 않습니다. 우린 '산책'이라는 단어에 얽매여 길게,
그리고 멀리 걸어야 한다고 생각합니다. 그러나 그렇지 않습니다. 물
론 충실한 산책을 하면서 멀리 다녀온다면 그것도 그 나름대로 좋겠
지요. 그러나 멀리 다녀와야 한다고 생각하면 그때부터 강아지를 채근
해 자꾸 걸으려고 하게 됩니다. 하지만 멀리 가는 것이 중요한 건 아닙
니다. 마당 앞에만 나갔다 들어와도 훌륭한 산책을 할 수 있습니다.

• **속도** '거리'와 관련이 있다고 볼 수 있습니다. 우린 산책 코스를
정해 두고 그곳을 찍고 오는 걸 목표로 삼기 쉽습니다. 오늘은 아파
트 한 바퀴 걸어야지. 오늘은 ○○부동산까지 다녀와야지. 이렇게 목
표를 정하면 역시 걷는 것에 치중하기 쉽습니다. 강아지와의 산책에
서는 속도가 별로 중요하지 않습니다. 빠르게 걸을 필요는 당연히 없
고, 계속 걸을 필요도 없습니다. 강아지에게 필요한 산책은 '걷는 산
책'이 아니라 '멈추는 산책'입니다.

• 순서 가장 황당한 부분입니다. 아직도 "강아지가 보호자보다 앞서 나가면 안 된다."라고 주장하는 분들이 많습니다. 전문가라는 분들도 그렇게 말하는 경우가 있습니다. 심지어 "현관을 나갈 때 강아지가 먼저 나서면 안 된다."라고 하는 사람도 있습니다. 대체 왜죠? 산책을 할 때 사람이 앞서가든 강아지가 앞서가든 아무런 상관이 없습니다. 강아지가 걸으면서 저 앞에 냄새 맡고 싶은 게 있으면 앞서 나갈 수도 있는 겁니다. 마트에 아이랑 장 보러 갔는데 아이가 무조건 부모 옆에만 있어야 하나요? 아이와 장난감 코너에 갔는데 아이가 엄마 아빠 뒤에만 있어야 하나요? 아이가 신나면 앞으로 가서 장난감 구경을 할 수도 있는 겁니다. 그걸 '서열'이라는 말로 규정하고 줄을 당겨 가며 강아지를 앞서 나가지 못하게 하는 것은 인간 중심의 편협한 사고이자 착각입니다.

물론 이런 경우는 있습니다. 강아지가 산책에 익숙하지 못해 지나치게 흥분해서 사방팔방 뛰어다니는 경우 말이죠. 리드줄을 했음에도 불구하고 전후좌우 360도 우다다다 뛰어다니는 것은 줄을 맨 산책 자체에 익숙하지 못하기 때문입니다. 이런 흥분은 물론 적절한 교육으로 가라앉혀 줄 필요가 있습니다. 예를 들어 줄당김이 심한 강아지의 리드줄을 잡고 버티며 줄당김을 완화한다든가, 과하게 흥분해 현관 앞으로 먼저 튀어나가려는 강아지를 자제시킴으로서 흥분을 줄인다든가 하는 교육이 있습니다. 그러나 분명 위에서 말씀드린 것과는 다른 문제입니다.

■ 강아지와 함께 산책할 때 중요한 것
• 코 강아지의 산책은 이게 전부라고 해도 과언이 아닙니다. 강아

지에게 있어 코가 어떤 의미인지 알게 되면 개라는 종에 대해 절반은 이해했다고 봐도 지나치지 않을 것입니다.

개는 코로 보고, 코로 듣고, 코로 생각합니다.

강아지와의 산책은 이런 활동을 돕기 위한 과정이지, 걷고 뛰고 그런 것이 중요한 게 아닙니다. 강아지에게 산책의 템포를 맡겨보세요. 강아지가 충분히 냄새 맡을 수 있게 배려해 주세요. 그냥 내버려 두기만 하면 됩니다. 물론 산책하는 내내 한 군데 머물러 있으라는 의미가 아닙니다. 보호자님은 그냥 걸어가세요. 그럼 강아지가 천천히 따라올 겁니다. 대신 강아지가 어떤 곳에 멈추어 냄새를 맡고 싶어하면 그대로 내버려 두세요.

간혹 한 손엔 리드줄을 쥐고 다른 한 손으로는 휴대전화를 귀에 댄 채 통화하며 산책하는 보호자들을 봅니다. 강아지는 냄새 맡고 싶어서 코를 땅에 대는데 그러든 말든 보호자는 깔깔대고 통화하며 앞으로만 걷습니다. 강아지는 하는 수 없이 질질 끌려갑니다. 이러는 건 차라리 안 나오느니만 못합니다. 그럴 거면 그냥 강아지를 집에 두세요. 강아지에게 그런 산책은 그냥 걷기 운동입니다. 강아지에게 산책은 활동이지 운동이 아닙니다.

• **리드줄** 리드줄은 반드시 매야 합니다. 법적인 문제를 얘기할 필요도 없이 리드줄은 첫째 우리 개의 안전을 위해, 그리고 둘째 개를

좋아하지 않는 타인을 위해 매야 합니다. 물론 교육이 잘되어 있는 개는 언제든 보호자의 부름에 답하고 뛰어옵니다. 그러나 모든 강아지는 언제든 다른 관심거리에 정신이 팔릴 가능성을 품고 있습니다. 예를 들어 소리에 예민한 강아지는 삐용삐용 사이렌 소리에 흥분하여 그쪽으로 뛰어갈 수도 있습니다. 99번 잘 오다가도 단 1번 오지 않아서 큰 사고에 휘말리는 경우도 있습니다. 또한 반려인들은 강아지를 무서워하거나 싫어하는 분들을 항상 배려해야 합니다. "안 물어요.", "우리 개는 착해요." 이런 말은 그분들에게 아무런 의미가 없습니다. 타인이 있는 곳이라면 반드시 리드줄을 매야 합니다.

간혹 아이들과 함께 강아지 산책을 하는 모습을 봅니다. 무척 고무적인 일입니다. 다만, 강아지 다루는 법과 산책 시 주의사항을 숙지하지 못한 아이들에게 강아지 산책을 맡기는 경우도 있는데, 이건 바람직하지 않습니다. 잠깐의 실수가 안전사고로 이어질 수 있기 때문입니다. 아이가 혼자서 강아지를 안전하게 다룰 수 있게 되기 전까지는 반드시 부모의 관리 및 감독이 필요합니다.

요즘엔 많은 분들이 그래도 강아지를 데리고 나와서 산책을 합니다. 바람직한 일입니다. 기왕 산책을 하는 거 강아지에게 좋은 산책을 하는 것이 좋겠지요. 우린 출퇴근하느라, 장 보느라 충분히 걷잖아요. 강아지를 데리고 나왔다면 멀리 걷는 게 그렇게 중요하지 않습니다.

• 산책은 매일 해야 하나요?
오늘도 강아지와 함께 산책 다녀오셨나요?

우리는 '산책'이라고 하면 시간이 날 때, 여유가 생길 때 하는 것이라고 생각합니다. 사람에게 산책은 그런 것이기 때문에 그렇게 생각하는 게 당연합니다. 우리는 편안함을 느끼기 위해, 시간을 보내기 위해, 바깥바람을 쐬기 위해 시간이 있을 때 산책을 합니다. 산책을 필수 활동으로 하루 일과에 넣는 분들은 많지 않습니다. 그러나 강아지에게 산책은 그런 의미라고 보기 어렵습니다. 강아지에게 산책은 어떤 의미일까요?

강아지에게 산책은 좀 더 치열한 무엇입니다. 우리 인간에게 산책이 선택이라면 강아지에겐 필수에 가깝습니다. 최근 들어 강조되는 산책의 중요성 덕분에 많은 분들이 실제로 강아지 산책의 빈도를 늘리고 있으며, 그와 동시에 산책의 힘을 느끼고 계시리라 생각합니다. 산책이 만병통치약은 아니지만, 강아지의 여러 행동 문제 해결에 보조적인 역할을 한다는 것은 확실합니다.

산책은 식욕부진이 있는 강아지에게 입맛을 되찾아 줍니다. 배변을 잘 못 가리는 강아지에게 마음 편히 배변할 수 있는 실외배변의 기회를 제공합니다. 가구 등을 물어뜯는 습관이 있는 강아지에게 새로운 세상을 보여 주고 놀잇감을 제공합니다. 하루 종일 무기력하게 있는 강아지들에게 활력을 불어넣어 줍니다. 짖기와 깨물기 등의 문제가 있는 강아지들에게 스트레스 해소의 기회가 됩니다. 무엇보다, 산책은 강아지들로 하여금 '살아 있다'는 느낌을 갖게 합니다.

꼭 한 시간 두 시간 그런 활동이 아니어도 좋습니다. 단 10분만이라도 매일 나오면 분명 차이가 생깁니다. 다시 말씀드리지만, 산책이 모든 문제를 해결해 주는 마법은 아닙니다. 그러나 모든 문제의 해결 방안에 반드시 포함되어야 하는 기본적인 활동임에는 분명합니다.

산책은 선택이 아니라 필수이며 모든 강아지가 마땅히 누려야 하는 기본 권리입니다. 또한 보호자에게는 그런 의미에서 반드시 강아지에게 제공해야 하는 의무가 됩니다.

요즘 강아지 산책의 중요성이 많이 거론되며 많은 분들이 강아지를 데리고 밖에 나오는 것을 볼 수 있습니다. 너무도 긍정적인 모습입니다. 없는 시간을 쪼개어 강아지를 데리고 나오는 분들에게 박수를 쳐 드리고 싶습니다.

PART 3

강아지 교육은 어떻게 시작하죠?

인간과는 전혀 다른 종인 개를 입양하면 몇 가지 교육이 필요합

니다. 이는 강아지를 맘대로 부리기 위해서가 아니라 서로 간의

기본적인 소통, 그리고 안전을 위해서입니다.

이 장에서는 평범한 보호자들이 알아야 할 강아지 교육의 기본

적인 원칙에 대해 다뤄보겠습니다.

01
교육의 기본 원칙

많은 분들이 '강아지' 하면 귀엽고 예쁜 모습을 떠올립니다. TV에는 각종 묘기와 신기한 행동을 보여 주는 강아지들이 나옵니다. 보호자들은 '나도 우리 강아지에게 저런 거 시켜 봐야지.'라고 생각하며 갓 입양해 온 어린 강아지에게 이런저런 교육을 시킵니다.

물론 강아지에게 교육은 필요합니다. 인간 세계에 편입되어 함께 살아가려면 강아지도 인간 세계의 규칙을 알 필요가 있습니다. 개는 인간과 말이 통하지 않기 때문에 긴 언어 대신 간단한 수신호와 짧은 단어로 소통할 필요가 있습니다. 반려견 교육에 관해 말할 때마다 반복되는 이야기이지만, 강아지에 대한 기대치를 낮추는 것이 정말 중요합니다. 우리는 강아지에게 많은 것을 원합니다. 우리 강아지들은 짖지 않아야 하고, 깨물지 않아야 하고, 사고 치지 말아야 하고, 가구도 씹지 말아야 하고, 음식 앞에서 달려들지 않아야 합니다. 말한마디에 칼같이 앉고 엎드리고 심지어는 총 맞고 죽는 척까지 해야 합니다. 생각해 보면 이렇게 무리한 요구를 묵묵히 들어주는 강아지들은 엄청 기특한 겁니다.

반려견 교육에 임하며 염두에 두어야 할 사항이 몇 가지 있습니다.

• 강아지는 즐거운 경험을 반복합니다

두 개의 배변판이 있습니다. 배변판 A에 배변할 때는 간식을 주고 배변판 B에 배변할 때는 보호자가 무시한다면 강아지는 서서히 배변판 A에만 배변하게 될 가능성이 높습니다. 똑같은 배변 활동이지만 한 군데는 간식이 나오므로 그쪽을 조금씩 선호하게 되는 것이지요. 비슷한 관점에서, 만일 배변판 A에 배변할 때마다 혼낸다면(물론 이래선 안 되지만) 강아지는 서서히 배변판 B로 옮겨 갈 겁니다.

강아지는 즐거운 경험을 반복하고 싶어 합니다. 그러므로 강아지에게 무언가를 가르치고 싶다면 즐거운 경험을 짝지어 주면 됩니다.

• 보상은 필수입니다

아주 간단한 비유로, 열심히 일했는데 보수를 주지 않으면 여러분은 무척 화가 날 것입니다. 다시 일하고 싶은 생각이 사라지겠지요. 강아지도 마찬가지입니다. 뭔가를 시켰다면 꼭 보상을 해 주어야 합니다. 위에서 말한 즐거운 경험 중에 하나가 보상입니다.

교육할 때 보상으로 보통 맛있는 간식을 이용하는데, 즐거운 경험이 꼭 간식일 필요는 없습니다. 칭찬이나 마사지도 일종의 보상이 됩니다. 그러나 간식은 즉각적으로 보상할 수 있고 강아지의 기대감을 높일 수 있기에 다른 수단에 비해 훨씬 효과가 좋습니다. 간식은 사람으로 치면 급여와 비슷합니다.

• 타이밍을 잘 잡아야 합니다

예를 들어 강아지에게 '물어와'를 가르치는데 강아지가 물어 온 장난감을 옆으로 치운 후 부엌에서 간식을 가져다주면 강아지는 이 간식을 왜 주는 건지 헷갈릴 수 있습니다. 시간이 벌써 꽤 지났기 때문입니다. 간식을 비롯한 보상은 '강아지가 우리가 원하는 행동을 하는 즉시' 주어야 합니다. 예를 들어 '물어와'를 가르친다면 강아지가 장난감을 물어 온 즉시 간식을 줘야 행동과 보상의 상관관계를 이해합니다.

물론 항상 타이밍 맞춰 간식을 줄 수 있는 것은 아닙니다. 당장 손에 간식이 없을 수도 있지요. 그래서 칭찬이 중요합니다. 교육할 때는 반드시 칭찬을 함께 사용하세요. 예를 들어 강아지가 장난감을 물어 온 순간 "옳지."라고 말한 뒤 간식을 주면 강아지는 이 '옳지'와 간식을 연결시킵니다. 그래서 나중에는 혹여 손에 간식이 없더라도 우선 "옳지."라고 말하면 '아, 간식이 나오는구나. 내가 지금 잘했구나.'라고 생각하게 됩니다.

• 보상을 유지합니다

기본적인 예절교육뿐만 아니라 배변교육 등이 초반에는 잘되다가 갑자기 흐트러지고 잘 안되는 경우가 있습니다. 보통은 보상을 소홀히 했기 때문입니다. 강아지 입장에서는 보호자의 눈치를 보며 똑같은 행동을 하고 있는데 보상을 안 해 주면 그 행동을 점점 하지 않게 되는 것이 당연합니다. 할 이유가 없으니까요. 그러므로 보상은 꾸준히 해 주시는 것이 좋습니다. 물론 앉으라고 할 때마다, 엎드리라고 할 때마다 평생 간식을 줄 수는 없습니다. 초기에는 매번 간식으로 보상을 해 주되, 점점 그 빈도를 줄여 나중에는 불규칙적으로 보상하는 것이 바람직합니다.

• 혼내지 않습니다. 대신 칭찬하고 보상합니다

혼내지 않습니다. 때리지 않습니다. 아무리 강조해도 지나치지 않습니다. 왜 강아지를 혼내고 때리면서 교육해야 할까요? 우리가 멋대로 정해서 멋대로 진행하는 교육에 따라오지 못한다고 강아지를 혼내고 때리는 것은 무척 부당합니다. 강아지는 혼내며 가르치는 것보다 칭찬하고 보상하며 가르치는 것이 훨씬 효과가 좋습니다. 아니, 혼내면서 가르치는 게 더 효과가 좋다고 해도 그렇게 하지 않는 것이 맞겠지요.

• 기대치를 낮춥니다

가끔 우리는 우리가 상대하는 대상이 사람이 아닌 개라는 사실을 잊습니다. 특히 갓 입양해 온 강아지는 사람으로 치면 몇 개월 되지도 않은 어린아이와 같다는 사실을 종종 까먹습니다. 이런 강아지들이 '앉아'를 못하고 '빵'을 못하는 것은 어찌 보면 당연합니다. 오히려 잘하는 것이 이상한 것이지요. 강아지는 무척 멍청합니다. 인터넷에서 강아지 지능 순위 등을 언급하며 푸들이 똑똑하네 보더콜리가 똑똑하네 하지만 그래 봐야 개는 개입니다. 잘하면 기특하고 신기한 것이지 못한다고 이상한 게 아닙니다.

• 진도를 무리하게 잡지 않습니다

블로그에도 종종 올라오는 질문입니다. "우리 개가 이제 앉아, 엎드려, 기다려, 손, 빵, 돌아, 이렇게 하는데 이제 뭘 해야 하나요?" 그래서 강아지가 몇 살인지 여쭤보면 3개월이라고 합니다. 그런데 어린 강아지는 생각보다 스트레스를 잘 받습니다. 물론 간식을 가지고 교육하겠지만, 짧은 기간 내에 너무 많은 것을 가르치려 하면 헷갈리기도 하고 먼저 배운 것을 잊어버리기도 합니다. 기본적인 교육 시스템을 익히지 못한 강아지에게 너무 어려운 것을 가르치려 하면 힘들어할 수 있습니다. 진도를 현실적으로 잡고, 놀이처럼 가르치는 것이 중요합니다.

• 비교하지 않습니다

"TV에 나오는 누구는 하던데….", "인터넷에 올라온 누구는 하던데…." 이런 말은 "옆집 철수는 수학 1등급이던데.", "엄마 친구 아들은 얼굴이 잘생겼던데.", "누구는 대기업 들어갔다던데." 이런 말과 다를 바가 없습니다. 사람과 마찬가지로 강아지마다 능력이 다르고 집중도가 다르고 흥미를 보이는 분야가 다르므로 다른 강아지와 비교하는 것은 큰 의미가 없을뿐더러 부당하기까지 합니다. 엄밀히 말하면 강아지 교육은 강아지보다 가르치는 사람의 역할이 훨씬 중요하므로 이런 얘기는 결국 누워서 침 뱉는 일이 될 수도 있습니다.

우리의 반려견을 가르치는 것은 그 과정을 통해 서로 소통하고 강아지가 인간 세계에 적응할 수 있게 도와주는 데에 그 의미가 있습니다. 강아지도 배움을 통해 스트레스를 해소하고 보호자에 대한 신뢰를 쌓을 수 있을 겁니다.

• 처음부터 올바른 방법으로 교육하자

방문교육이나 블로그 댓글을 통해 많은 반려견 문제를 도와드리고 있습니다. 사소한 문제일 때도 있지만, 어떤 때는 극심한 공격성이나 짖음 등 완화가 무척 어려운 경우도 있습니다. 그럴 때마다 '처음부터 올바른 방법으로 강아지를 대했다면 이렇게까지 되지 않았을 텐데.'라는 생각이 들어 아쉽습니다. 물론 보호자님들을 탓하는 것은 아닙니다. 인간과 전혀 다른 종인 개를 올바르게 기른다는 것은 상식과 짐작만 가지고는 힘드니까요. 사람 아이도 제대로 키우기 힘든데 하물며 강아지는 어떻겠어요. 그러므로 반려견 입양 전후 가장 먼저 접하게 되는 분양샵과 동물병원의 역할이 그만큼 중요합니다.

어린 강아지를 '올바르게' 대한다는 것은 거창하지 않습니다. 항상 말씀드리듯이 기대치를 낮추고, 사소한 실수나 잘못을 가지고 혼내지 않으면 됩니다. 때리거나 불필요하게 큰소리를 내지 않으며, 울타리나 목줄로 강아지의 신체를 억압하지 않으면 됩니다. 작게 키우고 싶다고 해서 밥을 적게 주지 않고 균형 잡힌 식단을 제공하면 됩니다.

교육할 때도 강압적인 방식을 쓰지 않고 과도한 스트레스를 피하는 것이 중요합니다. 3-4개월짜리 강아지의 정서는 사람으로 치면 1-2살 정도라고 할 수 있을 겁니다. 우리는 한두 살짜리 아이들이 뭔가를 하리라 기대하지 않습니다. 딱히 뭔가를 가르치지도 않지요. 하지만 3-4개월 강아지에게는 수많은 개인기를 가르치고 배변교육으로 스트레스를 줍니다.

물론 처음부터 올바른 방법으로 강아지를 대한다고 해서 아무런 문제가 없는 강아지가 되리라는 보장은 없습니다. 아니, 세상에 완벽한 강아지가 있을까요? 완벽한 사람은 있나요? 어쩌면 아무 문제 없이 다 잘하고 말도 잘 듣는 강아지에 대한 환상부터 버릴 필요가 있을지도 모릅니다.

02
강아지 복종훈련은 어떻게 하는 거죠?

강아지 행동 문제로 누군가 질문을 올리면 그에 대한 답변 중에 다음과 같은 내용을 흔히 볼 수 있습니다.

"복종훈련을 하세요.", "주둥이를 잡고 이길 때까지 눈싸움을 하세요.", "배를 까고 강아지가 반항하지 않을 때까지 지그시 누르세요.", "손가락을 튕겨 코를 때리세요."

우선 글을 이어 가기 전에 복종훈련의 개념을 한번 짚어 볼 필요가 있습니다. 우리가 말하는 '복종훈련'이라는 게 대체 뭘까요? 우리는 복종훈련이라고 하면 흔히 개의 몸을 뒤집어 배를 보이게 하고 발버둥을 멈출 때까지 기다리는 것을 의미합니다. 혹은 주둥이를 꽉 쥐고 눈싸움을 하는 훈련(머즐 컨트롤)과 강아지를 엎드리게 한 뒤 위에서 덮치듯 잡고는 역시 움직임을 멈출 때까지 구속하는 훈련(홀드 스틸) 등을 포함하기도 합니다. 이런 종류의 '훈육'은 효과가 적은 반면 부작용이 만만치 않은 최악의 훈련법으로, 아무 문제도 없는 우리 강아지들에게 함부로 사용해서는 안 되는 매우 잘못된 방식입니다. 즉, 현재 우리나라에서 사용하는 복종훈련이라는 용어는 매우 부정적인 의미를 함축하고 있습니다.

원래 '복종훈련'이라는 용어는 영어의 'Obedience Training'을 사전적인 의미 그대로 옮긴 것입니다. 'Obedience'에 '복종'이라는 뜻이 있지요. 그런데 우리나라와는 달리 미국이나 유럽에서 사용하는 Obedience Training이라는 용어에는 딱히 부정적인 뉘앙스가 담겨 있지 않습니다. 왜냐하면 원래 Obedience Training은 '앉아,' '엎드려,' '기다려,' '이리와' 등 보호자와 강아지 사이의 기본적인 명령&실행에 관한 교육을 의미하는 것이기 때문입니다. 다시 말해 우리가 매일같이 시키고 강아지가 따르는 간단한 일들이 모두 복종훈련입니다. 만일 여러분이 오늘 '앉아'를 5분 가르치고 '손'을 5분 가르쳤다면 여러분은 복종훈련을 한 것입니다. 물론 Obedience Training의 범주는 여기에 그치지 않고 도그쇼 등을 대비해 실시하는 조금 더 복잡한 훈련까지 포함하지만, 일반적인 보호자들은 여기까지 신경 쓸 일이 별로 없습니다.

다시 우리나라로 돌아와 보겠습니다. 언제부터 우리나라에서 복종훈련이라는 말이 이렇게 부정적인 의미로 쓰이기 시작했는지는 알 수 없습니다. 그러나 현재 우리나라에서 복종훈련이라는 말은 10번 중에 8-9번은 '배까기(Alpha Roll)'와 동의어로 사용되고 있습니다.

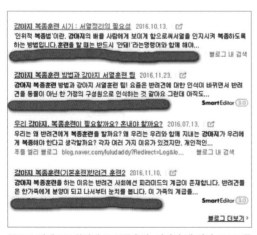

블로그 검색으로 확인해 본 복종훈련. 심지어 맨 위의 포스트를 올린 곳은 유명 동물병원 체인 블로그입니다.

최근 제가 느끼기로는 이런 부분이 조금씩 좋아지는 것 같기는 합니다. 예전보다는 그래도 막무가내로 강압적 복종훈련을 권하는 글이 줄어든 듯합니다. 물론 그렇다고 상황이 180도 바뀐 건 아닙니다. 아직도 이런 복종훈련은 우리나라 반려견 교육의 큰 부분을 차지하고 있습니다.

그 이유가 무엇일까 생각해 보면 다음 몇 가지가 있습니다.

1) **미디어의 힘** 아직도 TV를 켜면 이런 복종훈련을 소개하는 '동물 프로그램'이 있습니다. TV의 힘은 어마어마해서, 저 같은 사람 천 명이 인터넷에 동시에 글을 올려도 TV에 10분 나오는 것만 못합니다. 보호자님들은 예능 프로그램을 보며 그 내용을 너무 맹신하지 않는 것이 좋겠습니다. 나온 지 오래된 책, 혹은 최근 책이라도 잘못된 내용을 담고 있는 애견 서적은 조심히 접근해야 합니다.

2) **분양샵** 분양샵은 보호자들이 가장 먼저 반려견 정보를 접하는 곳입니다. 그렇기에 샵 직원이 올바른 지식을 갖추지 않았다면 잘못된 정보를 전달하기도 쉽습니다. 물론 동물을 사랑하고 강아지 행동학에 관한 지식을 갖춘 샵 직원도 있습니다. 제 블로그에 가끔 질문을 올려 주시고 정보를 주고받는 분도 계십니다. 이런 분들이 점점 더 많아져야 할 것입니다.

3) **동물병원** 동물병원도 사정은 크게 다르지 않습니다. 제 말에 기분이 나빠질 분들도 계시겠지만, 대부분의 수의사는 동물행동학 전문가가 아니라는 사실을 보호자들이 인지해야 합니다. 옆 페이지 사

진에서 보듯 유명 동물병원 블로그에도 배 까고 "안 돼!"라고 외치는 것이 복종훈련이며, 마치 이런 훈련이 의무적인 것처럼 서술해 두었습니다. 분명히 말하지만 이건 사실이 아니며 강아지에게 이런 터무니없는 훈육을 할 이유는 전혀 없습니다. 물론 동물행동학에 정통한 수의사도 있습니다. 외국에서 행동치료를 전공한 수의사도 있습니다. 모두가 잘못된 정보를 전달한다는 것은 아닙니다. 그러나 대학 수의예과 커리큘럼에는 동물행동학이 아예 없거나 매우 적습니다. 이는 당연한 일입니다. 수의사는 동물생리학 전문가이기 때문입니다. 별도로 공부하지 않는 한 생리학 전문가가 강아지 행동학에까지 정통할 수는 없는 일입니다. 그걸 요구할 수도 욕할 수도 없습니다. 그러나 보호자님들은 이를 구분하는 눈을 길러야 합니다. 매번 말씀 드리지만, 사람도 심리와 정신에 문제가 생기면 심리학자나 정신과 의사를 찾지 외과의사에게 상담하지 않습니다.

강아지 행동에 이상이 있을 때 보호자님들이 수의사에게 물으면 그들도 어떻게든 대답을 해 주어야 하니 나름의 조언을 해 줍니다. 그런데 이런 대답 중에 잘못된 내용이 있습니다. 제가 전에 가던 동물병원의 수의사는 강아지의 소변 실수에 '배까기'를 하라는 조언을 해 주었습니다. 이런 조언은 안 하니만 못합니다. 수의사들도 모르는 건 모른다고 해야 합니다. 거꾸로, 훈련사들 역시 강아지 생리학에 대해 함부로 아는 체를 해서는 안 됩니다. 훈련사가 뒷다리를 주무르며 슬개골이 어떻다느니 골반이 어떻다느니 이런 말을 하는 것은 옳지 않습니다. 잘 모르는 분야에 대해서 함부로 조언을 하는 것은 아예 안 하니만 못합니다. 보호자님들도 강아지가 아프면 전문가인 수의사에게 물어봐야지 인터넷의 조언을 함부로 따르면 안 됩니다.

저의 이런 이야기가 동물행동학을 열심히 공부하는 수의사 분들에게 누가 되지 않았으면 하는 바람입니다. 그런 분들도 분명 있습니다.

4) 인터넷   인터넷에서는 누구나 의견을 내놓고 자유롭게 토론할 수 있습니다. 물론 인터넷에는 수많은 전문가가 있고, 그들의 의견과 조언은 금보다 귀합니다. 그러나 사실 인터넷에서 진짜 전문가를 만나기란 쉬운 일이 아닙니다. 많은 보호자님들이 질문 글에 조언을 해 주는데, 알고 보면 위 1, 2, 3 그리고 여기 4번에서 얻어낸 내용인 경우가 많습니다. 물론 이런 글에는 옳은 내용도 있고 틀린 내용도 있습니다. 이를 걸러내는 것은 읽는 이의 몫이겠지요.

또 한 가지 꼭 지적하고 싶은 게 있습니다. 인터넷에서 답변과 조언을 해 주는 분들은 대부분 선의에서 그렇게 하는 것입니다. 누구도 남의 개가 잘못되길 바라며 잘못된 내용으로 조언해 주지는 않을 겁니다. 그러나 그렇다고 해도 잘못된 내용은 잘못된 것입니다. 인터넷상의 질의응답과 조언에서 이게 가장 안타까운 점입니다. 오류의 가능성은 여러분도 저도 그 누구도 피할 수 없을 겁니다.

이제 본론인 복종훈련과 혼내기로 넘어가 보겠습니다. 참고로 이 꼭지에서 말씀드리는 '복종훈련'은 우리나라에서 쓰이는 복종훈련을 말합니다. 저도 이렇게 하고 싶지 않지만 워낙 우리나라에서는 '강압적으로 강아지의 신체를 구속하고 억압하는 훈육'을 복종훈련이라고 부르기 때문에 이곳에서만큼은 다른 방법이 없군요. 일단 여기서는 이런 종류의 훈육을 복종훈련이라고 부르겠습니다.

우리는 왜 반려견에게 복종훈련을 할까요? 왜 우리는 우리와 함께 지내는 강아지가 우리에게 복종해야 한다고 생각할까요? 각자 여러 가지 이유가 있겠지만, 개인적인 이유를 제외하면 학술적인 근거에서 오는 게 크지 않을까 합니다. 다음은 그중 대표적인 내용입니다.

> "개의 조상은 늑대다. 늑대는 서열 중심의 무리 생활을 한다. 늑대 무리에는 모두를 지배하는 대장 늑대(Alpha Wolf)가 있어서 다른 늑대들은 대장 늑대에게 복종한다."

실제로 많은 분들이 인간과 개의 관계를 철저한 상하 관계가 되어야 한다고 말하며 위의 내용을 그 근거로 제시합니다. 훈련사와 행동 전문가들도 위 내용을 근거로 삼는 분들이 많습니다.

위 내용에는 크게 두 가지의 오류가 있습니다. 첫째, 이는 자연 상태의 늑대가 아닌 인간 사회에 편입된 늑대의 행동을 관찰하여 이를 기반으로 정리한 내용입니다. 둘째, 개는 늑대가 아닙니다. 다시 말씀드리지만 개는 늑대가 아닙니다. 그러므로 실제 자연 상태의 늑대가 어떻게 지내는지는 별개의 문제이며, 만에 하나 늑대들의 사회가 저런 식으로 구성되어 있다고 해도 이를 현대의 개에게 적용시키기에는 무리가 있습니다.

늑대와 개의 차이는 많습니다. 예를 들어 늑대는 사냥을 잘하지만 개는 사냥 능력이 형편없습니다. 혹시 들개를 보신 적이 있으신가요? 우리나라에서는 요즘 진정한 '들개'를 보기 힘듭니다. 없다고 봐도 과언이 아닙니다. 길에 다니는 개들은 대부분 동네에 주인이 있는데 줄을 매지 않아 멋대로 돌아다니는 개이거나, 아니면 버려진 개입니다. 이런 개들은 늑대와 달리 사냥으로 삶을 이어 가지 않습니다.

개는 늑대와 같은 사냥꾼이 아닙니다.

간혹 유기견 두세 마리가 함께 다니는 경우가 있지만, 먹이를 사냥해 와서 다른 개체들과 공유하는 늑대와는 다른 행태를 보입니다. 이들은 사람 사는 동네에 어슬렁거리고 음식물 쓰레기를 뒤지며 연명합니다. 개는 늑대와 같은 사냥꾼이 아닙니다. 엄밀히 말해, 개는 구걸꾼에 가깝습니다. 다시 말씀드리지만 이는 너무나 당연합니다. 왜냐하면 개는 늑대가 아니기 때문입니다.

물론 이 정도로는 늑대 무리 개념을 보호자와 반려견의 관계에까지 적용하는 것이 틀렸다는 저의 주장을 납득시키기에 부족할지도 모릅니다. 조금 더 적어 보겠습니다. 늑대 무리는 늑대들끼리 가족을 이룹니다. 그 안에서 구성원이 나뉘는데, 위에서 말씀드린 대로 인간에게 포획당해 동물원 등에서 생활하는 늑대들은 수직적인 구조를 보이기도 합니다. 왜냐하면 먹이나 공간 등이 제한적이기 때문이지요. 사육사가 주는 것이 전부이니까요. 그러나 자연 상태의 늑대들은 그야말로 자연스럽게 친족끼리 무리가 만들어집니다. 동물원의 늑대들보다 좀 더 가족에 가깝죠. 그러니 함께 사냥하고 함께 넓은 공간을 점유하며 평화로운 삶을 살아갑니다. 이런 무리에는 '대장 늑대'가 딱히 필요 없습니다. 딱히 다른 개체의 자원을 탐낼 필요도 없고, 그냥 그렇게 살아갑니다. 조금 더 정확히 말씀드리면, 자연 상태의 늑대를 관찰한 연구 결과는 많지 않습니다. 많을 수가 없지요. 주위에 자연 상태의 늑대가 별로 없으니까요. 그래서 아직 부족한 점이 많습니다. 그럼 이 내용이 틀린 게 아니냐고요? 그렇지 않습니다. 이는 "개의 행태에 관한 근거를 늑대에게서 찾을 수 없다."는 주장을 더욱더 굳건히 할 뿐입니다. 데이터가 부족하니까요.

　논의를 이어 가 보겠습니다. 인간 가족은 구성원끼리 서로를 지배하나요? 아뇨, 그렇지 않습니다. 우린 함께 살아갑니다. 물론 간혹 다른 가족 구성원을 지배하려 드는 사람도 있습니다. 어린아이들이 아무것도 모른다는 이유로 일주일에 7일 학원 뺑뺑이를 돌리거나, 다 큰 성인 아들딸의 자결권을 존중하지 않고 통금 시간 등을 강요하는 시대착오적인 부모도 분명 있습니다. 다 큰 자식이 키우는 강아지를 자식이 곧 출산한다고 버리라고 하는 부모도 있습니다. 그러나 이런 것이 일반적인 가정의 모습은 아니라고 믿고 싶습니다. 가족은 서로를 지배하지 않습니다. 그리고 놀랍게도 관찰된 늑대들 역시 다른 구성원을 지배하지 않습니다. 그럴 필요가 없기 때문입니다. 물론 인간도 가족들 간에 다툼이 있듯이 자연 상태의 늑대들 역시 구성원들끼리 치열하게 다투는 경우가 있습니다. 그러나 흔하게 볼 수 있는 광경은 아닙니다.

자, 이제 개에 대해 이야기해 보겠습니다. 잠시 언급했듯이 개는 사냥 능력이 형편없습니다. 개는 인간에게 삶에 필요한 대부분의 요소를 의존합니다. 그리고 늑대들과는 달리 개는 평생 독립하지 못하고 함께 살아갑니다. 물론 간혹 인간의 변심으로 인해 어쩔 수 없이 독립하게 되는 개들이 있긴 합니다. 그러나 이렇게 강제 독립된 개들은 스스로 살아갈 능력이 부족하기 때문에 대부분 도태되거나 보호소에 갇히는 신세가 됩니다.

이렇게 평생, 죽을 때까지 인간에게 의지 혹은 의존해야 삶을 지속할 수 있는 개는 그렇기 때문에 기본적으로 인간에게 협조적으로 나올 수밖에 없습니다. 미성년자일 때는 부모 말을 잘 듣지만 취직하고 돈 벌면 엄마 아빠 말을 잘 안 듣게 되지요. 독립이 가능해지기 때문입니다. 개는 이게 불가능합니다. 눈 감는 그날까지 보호자가 시간 맞춰 밥그릇에 사료와 물을 담아 주지 않으면 개는 며칠 버티지 못하고 죽습니다. 보호자는 반려견의 밥줄을 쥐고 있는 자입니다. 그리고 개는 뛰어난 관찰력과 눈치를 지닌 구걸꾼입니다. 개는 기본적으로 이런 관계를 인지합니다.

개는 인간의 말을 잘 따릅니다. 우리가 무서운 대장 늑대이기 때문이 아닙니다. 그보다는 우리가 밥줄을 쥐고 있기 때문일 겁니다. 어린 강아지들이 제일 빨리 그리고 잘 배우는 것이 바로 간식을 앞에 두고 기다리게 하는 교육이라는 사실은 우리에게 많은 점을 시사해 줍니다. 우리는 마음만 먹으면 개를 완전히, 정말 놀랍도록 복종시킬 수 있습니다. 경찰견이나 군견을 생각해 보세요. 마약탐지견은 또 어떻습니까? 시각장애인 안내견은 아예 감정을 차단하는 법까지 배웁니다. 어마어마하지 않습니까?

그러나 생각해 보세요. 이 점을 곰곰이 생각해 보세요.

"이런 형태의 복종이 과연 인간과 반려견 사이에 필요한 요소일까요?"

우리는 너무도 당연하다는 듯이 "반려견은 우리 가족이다."라고 말합니다. 그런데 여러분은 가족이 여러분에게 복종하길 원하시나요? 가족을 지배하고 싶으신가요? 가족 중 그 누구도 서로에게 복종하고 지배당할 이유가 없는데, 반려견이 우리에게 무조건적으로 복종해야 하는 이유는 무엇인가요?

전문가들 중에서도 인간과 반려견 사이의 서열을 중시하고 복종훈련의 중요성을 강조하는 분들이 많습니다.(참고로 이는 우리나라뿐만 아니라 서구에도 마찬가지입니다. 대표적인 인물이 바로 얼마 전 동물 학대 혐의로 기소된 시저 밀란입니다. 그러므로 서열 중심의 복종훈련 문제는 "외국에서는 안 하는데." 이렇게 접근할 일은 아니라고 생각합니다.) 그들은 반려견에게 서열과 피지배 의식을 심어 주기 위해 보호자들이 반려견에게 정기적인 복종훈련(배꼽기 등)을 실시해야 하고, 반려견이 잘못이나 실수를 했을 때 혼내야 한다고 주장합니다. 이들은 인간과 반려견의 관계가 위아래 서열이 지배하는 관계가 아닌 사회적 가족 관계라는 사실을 알지 못합니다. 우리는 강아지와 함께 먹고 자고 산책합니다.

우스운 사실이지만, 실제로 가장 강력한 서열 의식이 존재하는 곳은 아시다시피 인간 사회입니다. 특히 군대식 사회 구조가 국가 전체에 깔려 있는 우리나라는 이게 더욱 심합니다. 그리고 우리 보호자들은 그런 틀에 반려견들까지 억지로 욱여넣는 오류를 범합니다. 그러나 반려견들은 우리들과 '경쟁'하기 위해 인간 사회에 편입된 것이 아닙니다.

간혹 "우리 개는 지가 서열이 위인 줄 알아요."라고 말하는 경우를 봅니다. 그럼 여쭙고 싶습니다. 서열상 위에 있고 싶어 하는 보호자 님들은 개들을 혼내는데, 그럼 지들이 인간보다 서열이 위라고 생각 하는 그런 개들도 여러분을 혼내나요? 그런 개들이 여러분을 지배하 려 드나요? 밥을 여러분보다 먼저 먹으려 드나요? "강아지가 자기가 서열이 위인 줄 안다."라고 생각하는 이유는 무엇인가요? 짖어서? 깨물어서? 괴롭히는 게 싫다고 외치는 강아지를 혼내며 억지로 험악한 분위기를 조성했는데 구석에 몰린 강아지가 으르렁대고 '반항'해서?

강아지는 훈육이 아니라 관찰을 통해, 학습을 통해 배웁니다. '인간이 멋대로 정해 놓은 규칙을 지키지 못한다는 이유로' 강아지를 혼내고 때리면 강아지는 소극적이 되거나 아니면 더욱 삐뚤어질 뿐입니다. 혼내고 때려서 강아지가 가만히 있는 것을 "말 잘 들어서 좋다."라고 착각해선 안 됩니다. 혼내고 험악하게 개를 개 잡듯 다뤄야 만 통제할 수 있는 보호자는 그만큼 자신의 부족함을 드러내는 것밖 에 안 됩니다. 그것도 평생 어린 아가나 다름없는 반려 견을 상대로 말입니다.

반려견은 자신이 어떤 행동을 했을 때 보호자들 이 좋아하고 안 좋아하는지를 관찰하고, 이 를 통해 학습합니다. 놀랍게도 강아 지는 24시간 인간을 관찰합니다. 장 담할 수 있는 것은, 인간이 강아지 를 관찰하는 것보다 강아지가 우리 인간을 관찰하는 능력이 몇 배는 뛰어나다는 점입니다.(간식을 주기 위해 냉장고 문을 여는 건지 보호자가 물을 마시기 위해 여는 건지를 구분하는 반려견을 생각해 보세요.) 이런 능력을 가진 강아지들이기에, 우리가 어떤 행동에 칭찬과 간식으로 보상해 주면 강아지는 계속 그 행동을 이어 가려는 태도를 보입니다. 잘못하거나 실수했을 때 혼내고 험악한 분위기를 만들어 이를 교정하려는 것보다는, 강아지의 잘못과 실수는 무시하고 우리가 좋아하고 원하는 행동을 할 때 보상을 해 주면 저울의 추는 점점 기울어집니다. 이를 꼭 명심해 주시면 좋겠습니다.

장기적으로는 '복종훈련'이라는 말에 담긴 부정적인 뉘앙스가 사라지고 원래의 의미를 되찾았으면 합니다. 가능할지 모르겠습니다. 언젠가는 그런 날이 오기를 기대합니다.

03
"안 돼"를 가르칠 수 있나요?

강아지에게 '안 돼'를 가르칠 수 있습니다. 그러나 그렇게 하기 위해서는 우선 "안 돼."라고 말하지 말아야 합니다. 이게 무슨 뜻일까요?

물론 강아지에게 '안 돼'는 가르쳐야 합니다. 그러나 어린 강아지에게 "안 돼."라고 하면 반드시 역효과가 납니다. 우리 생각과 달리 강아지들은 안 된다는 것을 알아듣지 못하고, 오히려 갈수록 말을 안 듣기만 합니다. 왜 그러는 걸까요?

게시판이나 블로그 댓글에 보면 "강아지가 자꾸 달려들고 물어서 안 된다고 혼내는데도 말을 안 들어요.", "아무리 혼내고 안 된다고 해도 소용이 없어요." 이렇게 토로하시는 분들이 많습니다. 그런데 이건 강아지가 이상한 게 아닙니다. 너무나도 당연한 현상입니다. 우리 보호자들이 어린 강아지에게 "안 돼."라고 말하면 말할수록 강아지들은 더욱더 말을 안 듣습니다. 대체 왜 그럴까요?

물론 "안 돼."를 평생 하지 말라는 말씀이 아닙니다. 그런데 잘 생각해 보시면, 어릴 때 안 된다고 하는 게 왜 안 되는지 알 수 있습니다. 어린 강아지는 너무나 당연히도 "안 돼."라는 말을 알아듣지 못합니다. 강아지들은 "안 돼."라는 말을 몰라요. 이 말을 납득하지 못하시겠다면 이렇게 생각해 보세요. 6개월짜리 아가에게 "아빠를 깨물면 안 돼."라고 말하면 알아듣나요? 못 알아듣습니다. 어른이라고 다 알아듣는 것도 아닙니다. 체코인에게 우리말로 "안 돼."라고 말하면 알아들을까요? 못 알아듣습니다. "안 돼."라는 말은 사람 사이에서 쓰는 언어이고, 그것도 한국인들만 알아듣는 소리입니다. 그러니 강아지가 못 알아듣는 건 당연합니다. 그럼 이렇게 생각하실 거예요. '강아지가 모르는 거 안다. 그러니까 안 된다고 말하면서 가르쳐 주면 되는 거 아니냐.'

그렇지 않습니다. 어린 강아지들은 단지 안 된다는 말만 모르는 게 아니라, '안 된다는 개념 자체'를 모릅니다. 이건 정말 중요한 사실입니다. 조금 어려운 듯하지만, 결론은 간단합니다. 강아지들은 안 된다는 개념을 모르기 때문에, 어떤 행동을 했을 때 사람이 "안 돼."라고 말하면 그 "안 돼."라는 소리를 무시하게 됩니다. 보호자들은 하루에도 몇 번씩 강아지에게 "안 돼."를 외쳐대지만, 그 소리의 의미를 모르는 강아지는 점차 그 "안 돼."를 무시해도 되는 소리로 분류하게 됩니다. 그러니 아무리 안 된다고 소리쳐도 강아지들은 알아듣지 못하게 됩니다.

비슷한 예는 또 있습니다. "우리 강아지는 아무리 오라고 해도 안 와요." 이제 이유를 아시겠지요? 강아지에게 "이리 와."라는 개념이 없는데 계속 "이리 와.", "이리 와."라고 말하기 때문에 점차 강아지들에게 "이리 와."는 무시해도 되는 말이 됩니다. 아니, 정확히 말해 무시해도 되는 소리가 됩니다. 이런 식으로는 제대로 된 교육이 이루어지지 않습니다.

이를 극복하는 방법은 이렇습니다. 흔히 시도하시는

신호("앉아") → **행동**(앉는다) → **보상**

이게 아니라

행동 유도(앉게끔 유도) → **행동**(앉는다) → **포착**("옳지!") → **보상**

이걸 먼저 한 다음에 행동과 보상의 관계가 어느 정도 연결이 되면 그때 가서 신호 명령을 입히는 것입니다. 이것이 강아지 교육의 기본입니다.

예를 들어 강아지에게 '메롱'을 가르친다고 해 보겠습니다. 처음부터 강아지에게 "메-롱.", "메-롱." 해 봐야 아무런 의미도 없고 효과도 없습니다. 그러니 혀 내미는 것을 유도하거나 아니면 그 순간을 포착해서 보상해 줍니다. 그리고 그런 행동을 유도할 수 있게 되면 그때 가서 명령을 입힙니다.

이 QR코드를 찍어 보세요.

예전에 잠깐 시도해 보았던 겁니다. 그냥 같이 노는 거라서 그렇게 중요한 교육은 아니에요. 안 해도 그만이죠. 하지만 위 본문의 좋은 예가 됩니다.

이제 강아지에게 '안 돼'를 가르치는 법을 말씀드리겠습니다. 예를 들어 강아지가 전선을 물어뜯습니다. 그럼 많은 분들이 강아지에게 "안 돼! 하지 마!"라고 소리칩니다. 만일 이게 먹힌다면 좋겠으나 대부분의 어린 강아지들에게는 말이 먹히지가 않습니다. 대신, 강아지는 '공간을 점유하는 것'에 약합니다. 즉, 전선과 강아지 사이에 사람이 끼어들면 강아지는 물러서게 됩니다. 물론 처음에는 계속 전선을 물기 위해 이리저리 달려들 테지만, 그 사이에 끼어들어 꾸준히 막아 주시면 어느 시점에서 포기하게 됩니다. 이걸 꾸준히 반복해 주세요. 그러다 보면 언젠가는 이런 일이 벌어집니다. 또 전선을 깨물려고 해서 보호자님이 그 사이에 끼어들려 하면 굳이 끼어들지 않고 근처에만 가도 강아지가 물러서는 것이죠. 이 시점이 되면 끼어들기를 하면서 "안 돼."라고 말해 주세요. 강아지가 보호자의 움직임에 맞춰 물러서는 시점에서 "안 돼."라는 신호를 입히는 것입니다. 이 과정을 꾸준히 해 주시면 나중에는 "안 돼."라는 말만으로 강아지를 제지할 수 있게 됩니다. 물론 '안 돼'를 가르치는 방법은 이게 전부가 아닙니다. 여러 방법 중의 하나일 뿐입니다.

주의할 점이 있습니다. 우선 이런 식으로 강아지를 제지했다면 장난감 등으로 놀아 주세요. 다른 방식으로 풀어 주지 않고 못하게만 하면 강아지는 다른 놀잇감을 찾고, 전선은 안 물어뜯지만 대신 가구를 물어뜯게 됩니다. 가구를 못하게 하면 이번에는 장판을 물어뜯습니다. 그러니 매번 못하게만 하지 말고 다른 것으로 풀어 주셔야 합니다. 또한, 이 '안 돼'가 어느 정도 통한다고 너무 남용하지는 않는 게 좋습니다. 강아지는 거절과 통제보다는 허락과 여유를 통해 빨리 배우고 보호자와 가까워지기 때문입니다.

04
양치질과 귀 청소 등 싫어하는 것을 하기

이번에는 강아지가 싫어하는 것을 (좋아하게 만들진 못하더라도) 싫어하지 않게 만들기에 대해 알아보겠습니다. 우선 먼저 이해해 주셨으면 하는 게 있습니다. 강아지에게는 위생이나 미용에 대한 개념이 없습니다. 우리는 강아지를 위하는 마음에 눈물을 닦아 주고 눈곱도 떼어 주고 발톱도 깎아 주지만, 강아지는 그런 마음을 이해하지 못합니다. 강아지는 아마도 그저 가만히 있는데 자꾸 사람이 눈을 문지르고 이상한 물건(빗, 발톱깎이 등)을 갖다 댄다고 생각할 겁니다. 그래서 아마도 대부분의 강아지들이 그런 행동을 싫어할 겁니다.(물론 빗질에 익숙해지면 마사지처럼 좋아하기도 합니다.) 그래서 싫다고 계속 거부하는데 억지로 빗 등을 특히 얼굴에 계속 갖다 대면 공포심까지 가질 수 있습니다. 그 결과는 많이들 아실 겁니다. 으르렁대고 물기까지 합니다.

그러므로 집에서 미용적인 접근을 할 때는 그저 덜 싫어할 수 있게 만들어 주는 것이 가장 효과적인 방법이 되겠지요. 어린아이를 생각해 보면, 아이들은 아마도 치과 가는 게 죽는 것만큼 싫을 겁니다. 공포 그 자체일 겁니다. 그런 아이들에게 "야, 오늘은 치과 가자!" 하면 룰루랄라 갈 아이는 없을 겁니다. 그러므로 아마도 사탕 사 준다고 꼬셔서 아이를 데려가야 할 겁니다. 여기서 중요한 것은, 치과에 다녀온 다음에 어머니가 목표를 달성했으니 '그걸로 끝' 했으면 아이는 앞으로 치과에 가지 않을 것이며 웬만한 걸로는 또 속지 않을 것이라는 점입니다. 치과에 다녀온 후에는 반드시 약속대로 사탕을 사 주어야 합니다. 혹은 마트의 장난감 코너에 들러야 합니다. 그럼 아이들은 치과의 안 좋은 기억을 이후의 보상으로 어느 정도 중화시킬 겁니다.

사실 원리나 방법은 단순합니다.

<u>싫어하는 일을 참아준다 → 칭찬하고 보상한다 → 끝</u>

싫어하는 것을 하기

너무너무 단순하죠? QR코드를 통해 나오는 동영상을 참조해 보세요. 당연히 하루아침에 되지 않습니다. 얼마나 해야 되냐 하면, 될 때까지 해야 됩니다. 하지만 천천히 접근하시면 반드시 됩니다.

그런데 많은 분들이 실패하는 원인이 있습니다. 바로, '걔들이 싫다고 의사표시를 하는데 자꾸 쫌만 더 쫌만 더' 하시는 겁니다. 물론 누구나 이런 마음을 품기 쉽고, 그것이 선의에서 하는 행동이라는 것도 너무나 잘 압니다. 하지만 우리가 아는 건 아무 상관이 없습니다. 강아지가 모른다는 게 중요합니다. 개가 싫다는 표시를 하면 가급적 바로 중단하는 것이 좋습니다. 눈곱 하나 안 뗀다고, 빗질 한 번 안 한다고 강아지가 탈이 나진 않습니다. 강아지가 저렇게 부자연스러운 터치에 자연스럽게 반응하기 위해서는 시간이 걸립니다. 장기적으로 보고 천천히 접근하시는 것이 좋습니다.

실패하는 원인은 또 있습니다. 지금도 많은 분들이 하고 계시는 '주기적 머즐 컨트롤'을 생각해 보세요. 사실 말이 머즐 컨트롤이지 그냥 주둥이 잡고 눈싸움하는 겁니다. 개가 그걸 좋아할 리가 없지요. 그런 식으로 사람 손에 대한 거부감을 심어 주면 강아지가 보호자의 손이 오는 데 가만히 있고 좋아할 리가 없습니다.

강아지 머즐 컨트롤…. 네, 때로는 해야 합니다. 살다 보면 강아지 입을 만져야 할 일이 많기 때문입니다. 하지만 그렇게 강압적인 방식 말고, 보호자의 손에 천천히 익숙해 질 수 있게 접근해야 합니다.

엘리가 특출나게 차분한 개라서 가만히 있는 거 아니냐 싶으실 수도 있지만, 전혀 그렇지 않습니다. 엘리는 너무 활발해서 문제인 개입니다. 저한테도 막 "크허러엉 크르릉!!!" 막 이럽니다. 그리고 저는 엘리의 그런 모습이 너무너무 좋습니다.

마지막으로 한 말씀 더 드리겠습니다. "간식을 주면서 하는데도 싫어하고 안 돼요."라고 말씀하는 분들도 계십니다. 맞습니다. 분명히 그럴 수 있습니다. 그만큼 평소 강아지와의 소통과 교감이 중요합니다. 뜬구름 잡는 소리 같지만 꼭 그렇지만도 않습니다. 평소에 계속 강아지와 대화하고, 뭔가를 시키고 보상하고, 보호자가 안정되게 일관성 있는 모습을 보여 주면 강아지는 생각하게 됩니다. '아, 이 사람이 하는 건 웬만하면 내가 참아도 되겠구나.'

하루 이틀 해 보고 안된다고 하는 건 하루 이틀 영어 공부하고 "아, 영어가 안돼요." 이러는 거랑 똑같습니다. 저는 지금도 제가 볼 때 배변판에 쉬하거나 응가하면 엄청 칭찬하고 꼭 사료 알갱이를 줍니다. 강아지가 제 말에 집중하거나 착하게 행동하면 "옳지, 착하지, 잘한다, 그렇지!" 말하면서 쓰다듬어 줍니다. 사소한 일이지만 분명 의미가 있는 일입니다. 진심으로 사랑해 주고 이를 표현하면 강아지는 분명, 반드시 이를 알아줍니다.

• 신호 명령에 관한 팁

앉아/기다려 등의 교육을 할 때, 처음에는 옆에 보상(사료, 간식 등)을 두고 교육을 할 수도 있어요. 그런데 어느 정도 교육이 되면 그때부터는 보상을 치우고 명령을 먼저 해 주세요. 만일 매번 "우리 엘리 앉아 좀 해 볼까?" 하면서 간식부터 꺼내는 모습을 보이면 명령이 아닌 간식 때문에 말을 듣는 것처럼 될 수가 있어요. 간단히 말해 간식을 먼저 보여 줌으로써 '간식으로 낚는 상황'이 되는 것이지요. 이런 식으로 길들여지면 나중에는 간식 보상이 없으면 말을 안 듣는 경우도 생기게 됩니다. 흔히 말씀하시는 "이 녀석이 똘똘해서 간식이 없으면 안 해요." 이런 상황이 되는 것이지요.

이런 사태를 방지하려면 초반에는 철저히 보상하되, 강아지가 익숙해지면 두 번에 한 번, 세 번에 한 번 이런 식으로 그 빈도를 조금씩 줄이고, 어느 시점이 되면 보상으로 먼저 유도하는 교육을 아예 피하시는 것이 좋습니다. 대신 중요한 게 있습니다. 먹는 걸로 유도하거나 보상하지 않는 경우에도 언제나 말로 칭찬을 해 주세요. 원래 교육 과정은 이렇게 됩니다.

명령 → 행동 → 잘했다는 신호("옳지!" 혹은 클리커 딸깍) → 간식

나중에 맨 마지막의 간식을 빼게 되더라도 잘했다는 신호는 꼭 해 주셔야 합니다. 그렇게 하지 않으면 강아지에게 혼동이 오거든요. 간과하기 쉽지만 정말 중요한 부분입니다.

또한 즉각적인 보상에 가장 좋은 방법은 손 닿는 곳에 항상 보상용 간식을 비치해 두는 겁니다. 부엌 아일랜드나 거실 테이블 위에 사료나 간식을 조금씩 놓아두시면 그때그때 바로 보상할 수 있어 좋습니다.

05
원하는 행동을 만들기

제가 이 책을 쓰면서 다짐한 게 하나 있습니다. 이 책은 전문 훈련사가 아닌 평범한 보호자를 위해 썼기 때문에 가급적 어려운 용어를 넣지 않겠다는 다짐입니다. 저는 보호자들이 어려운 공부를 하지 않아도 강아지를 편안하고 행복하게 키울 수 있다고 믿으며 그렇게 되는 것이 바람직하다고 생각합니다. 무슨 학과 공부하듯 강아지를 공부해야 한다면 제대로 키울 수 있는 사람은 몇 되지 않을 겁니다.

그러나 가끔은 어쩔 수 없이 조금 어려운 말을 해야 하는 경우가 있습니다. 또한, 간단한 용어를 몇 개 알아 두면 분명 도움이 되기도 합니다. 이 꼭지에서는 강아지를 교육할 때, 특정한 행동을 만들고자 할 때 알아 두면 좋은 개념을 소개하려 합니다. 어려운 용어가 몇 개 나옵니다.

하나는 '캡처링(capturing)'입니다. 강아지 교육에서 '캡처(capture)한다'라는 말은 쉽게 옮기면 '순간 포착한다'라는 의미가 됩니다. 용어에서 볼 수 있듯이 우리가 원하는 어떤 행동을 강아지가 스스로 보여 줄 때 이를 순간적으로 포착해 칭찬하고 보상하여 그 행동을 강화하는 교육 방법입니다. 예를 들어보겠습니다. 산책을 할 때 강아지가 길에 있는 배수구를 뛰어넘는다면, 보호자는 이를 포착해 '뛰어'를 가르칠 수 있습니다. 뛸 때마다 보상해서 뛰는 행동을 강화하고 거기에 '뛰어'라는 명령을 입히면 되는 것이지요. 앞 페이지의 QR코드를 참고해 보세요.

다른 하나는 '셰이핑(shaping)'입니다. 영어에서 shape이라고 하면 기본적으로 '모양, 형태를 만들다'라는 의미에서 나아가 '형성하다'라는 뜻이 있습니다. '셰이핑'은 강아지가 어떤 동작을 하도록 천천히 유도해서 결과적으로 원하는 행동을 만들어내는 것입니다. 일반적으로 조금 복잡한 동작을 교육할 때 그 동작을 여러 단계로 나누어 한 걸음 한 걸음 밟아 나가는 방법입니다. 예를 들어 강아지에게 '돌아'를 가르친다면 처음부터 강아지가 빙그르르 도는 것을 기대하기보다 우선 강아지가 고개를 옆으로 꺾기만 해도 보상하고, 그다음에는 90도 도는 것을 보상하고, 그다음에는 180도 도는 것을 보상하는 식으로 동작을 쪼개어 점진적으로 보상하며 행동을 형성해 가는 것이 '셰이핑'이라고 할 수 있습니다.

위 두 가지 교육 방식은 공통점이 있습니다. 바로 강아지가 스스로 하는 동작을 잡아내고 형성한다는 것입니다. 우리는 강아지에게 억지로 행동을 요구하지 않고 우리 손을 이용해 강제로 움직이지 않습니다. 예전에는 강아지에게 '앉아'를 가르칠 때 한 손으로 턱을 들게 하고 다른 손으로 엉덩이를 눌러서 앉게 했습니다. '엎드려'는 이 상태에서 팔을 앞으로 빼며 어깨를 눌러 엎드리게 했습니다. 그러나

'캡처링'과 '셰이핑'은 이런 강제적인 교육이 아닙니다. 강아지가 어떤 행동을 할 때 이를 포착해 보상하고(캡처링) 행동을 쪼개 점차적으로 형성함으로써(셰이핑) 강아지가 스스로 깨우치게끔 하는 교육입니다.

캡처링과 셰이핑 말고도 강아지 교육에 참고할 만한 개념이 있습니다. 몇 가지 더 소개해 봅니다.

'모방(imitation)'은 자연계에서 가장 강력한 교육 도구입니다. 동물은 서로를 관찰하며 살아가기 위한 방법을 배웁니다. 어린 강아지역시 모견을 보며 많은 것을 배웁니다. 집에서 새끼를 본 보호자는 누구나 알 수 있는데, 엄마 강아지가 대소변을 잘 가리면 어린 강아지들도 비교적 빨리 배웁니다. 엄마 강아지가 신경질적으로 짖으면 어린 강아지들도 쉽게 짖습니다. 물론 개는 인간을 자신들의 일원으로 생각하지 않기 때문에 인간의 행동을 보며 모방하는 경우는 보기 힘듭니다. 하지만 다른 강아지를 보고 뭔가를 모방할 때 우리가 이를 포착하고 보상해 준다면 그 행동을 강화할 수 있겠지요.

'꾀기(luring)'는 어쩌면 우리가 가장 많이 사용하는 기법일지도 모릅니다. 용어에서 보듯이 간식 등을 이용해 특정 행동을 유도하고 보상해 가며 강화하는 것을 '꾀기'라고 부릅니다.(보통은 '루어링'이라고 부릅니다.) 강아지를 교육할 때 간식을 보여 주고 이를 움직여 행동을 유도

하는 식으로 뭔가를 가르친다면 여러분은 이미 이 기법을 이용하고 있는 것입니다. 강아지 입장에서는 당장 눈앞의 간식을 먹기 위해 여러 가지 시도를 하고, 그러면서 조금씩 배우게 되지요. 한 가지 주의하실 점은, 간식을 이용해 어떤 행동을 강화하고 만들어냈다면 그 행동에 대해서는 꾀기를 점차 줄여 최종적으로는 중단하는 것이 좋다는 점입니다. 궁극적으로 우리는 강아지가 그 행동을 자연스럽게 하길 원하지 간식이 눈앞에 있을 때만 하는 것을 바라지는 않으니까요. 이를 위해서는 우선 간식으로 꾀어 교육을 한 다음 나중에는 간식 없이 바로 똑같은 행동을 시켜 보세요. 그리고 따라 주면 칭찬 후 보상, 따르지 않으면 무시하고 넘어가는 방식으로 강아지에게 가르칠 수 있습니다.

마지막으로 '본뜨기(modeling)'가 있습니다. 우리말 용어는 제가 맘대로 붙인 것이니 착오 없으시기 바랍니다. '본뜨기'는 위에서 잠깐 언급했던 기존의 방식입니다. 우리가 손으로 혹은 발로 때로는 도구를 이용해 강아지의 행동을 억지로 만들어내는 것을 '본뜨기'라고 합니다. 손으로 엉덩이를 눌러 앉게 하고 어깨를 눌러 엎드리게 하는 것이죠. 물론 거칠게 팍팍 밀고 그럴 필요는 없습니다. 부드럽게 만지고 살살 눌러서 동작을 만들 수 있습니다. 그러나 어쨌든 강아지가 스스로 뭔가를 하는 게 아니라 우리가 억지로 시킨다는 것은 다르지 않습니다. 그러므로 교육 효과는 전반적으로 떨어질 수밖에 없고, 강아지에게도 교육이 그다지 즐겁지 않은 과정이 될 가능성이 높습니다.

이런 여러 교육 기법에 대해 여러분도 한번 생각해 보세요. 어떤 방식이 우리 강아지에게 적합할지, 교육적인 효과가 좋을지, 강아지의 정서적인 면에도 좋을지…. 이런 고민은 꼭 강아지를 교육하는 전문가가 아니더라도 모든 보호자들이 해 봐야 할 고민일 겁니다.

• 집에서는 잘하는데 밖에만 나가면 안 해요

간혹 방문교육이나 블로그, 인터넷 커뮤니티 등에서 이야기를 주고받다 보면 이런 말씀을 듣게 됩니다. "우리 강아지가 집에서는 말을 잘 듣는데 밖에서는 안 들어요.", "집에선 오라고 하면 잘 오는데 바깥에만 나가면 절대 불러도 안 와요.", "산책하다가 줄을 풀어 줬는데 아무리 불러도 안 오는 바람에 큰일 날 뻔했어요."

그런데, 강아지가 밖에 나갔을 때 말을 듣지 않는 것은 매우 당연한 일입니다. 실외에는 실내에 비해 강아지의 주의를 끄는 사물이 많

실외에는 강아지의 주의를 끄는 게 많아서 강아지가 보호자의 말에 집중한다는 건 어려운 일입니다.

기 때문입니다. 집 안에 있는 사물은 대부분 강아지에게 이미 익숙한 것들입니다. 하지만 일단 밖에 나가면 냄새를 비롯해 강아지의 주의를 끄는 게 무척이나 많고, 그렇기 때문에 보호자의 말에 집중한다는 건 정말 어려운 일이 됩니다.

어린아이들을 생각해 보시면 쉽습니다. 집에서 말을 잘 듣는 아이들도 마트 장난감 코너에 가면 눈이 휘리릭 돌아가 엄마 아빠 말에 전혀 반응하지 않는 아이들이 많습니다. 강아지도 비슷합니다. 실외에는 강아지의 관심을 끄는 게 많고, 워낙 다양한 변수가 언제 어디서 튀어나올지 모르기 때문에 말을 잘 듣지 않는 것이 당연합니다.

그러나 실외에서 강아지를 불러 오게 하는 건 무척이나 중요합니다. 안전과도 직결된 문제이기 때문입니다. 그러므로 가능하다면 평소에 실외에서도 조금씩 교육을 해 주시는 것이 좋습니다.

 QR코드를 참고해 보세요.

모 쇼핑몰에 갔을 때 잠시 찍어 본 것입니다. 분수 소리가 무척이나 시끄럽고 엘리도 처음 와 본 곳이어서 집중이 잘 안되는 상황입니다. 다만, 팁을 드리기 위한 영상이지 본격적으로 '이리와'를 가르치는 영상은 아닙니다.

06
클리커 트레이닝은 무엇인가요?

반려견 교육에 크게 관심이 없는 분들도 TV나 인터넷에서 훈련사가 손에 뭔가를 쥐고 딸깍딸깍 소리 내며 강아지를 가르치는 장면을 보신 적이 있을 겁니다. 이 딸깍이를 '클리커(clicker)'라 부르고, 클리커를 이용한 교육을 '클리커 트레이닝'이라고 합니다. 그냥 말로 하면 될 것을 왜 굳이 클리커를 쓰는지 궁금하실 수도 있습니다. 하지만 한번 시도해 보시면 왜 클리커 트레이닝, 클리커 트레이닝 하는지 아실 수 있습니다. 제대로만 사용하면 클리커의 효과는 절대적이기 때문입니다. 간단히 클리커 트레이닝의 원리를 말씀드리겠습니다.

우선, 전통적인 교육의 순서는 이렇습니다.
① 행동 요구("손") → ② 행동 이행(손을 준다) → ③ 보상

강아지에게 보상을 해 줌으로써 같은 조건에서의 행동을 지속적으로 유발하는 거죠. 쉽게 말해, 보호자가 "손"이라고 말하며 수신호를 줄 때마다 손을 주게 만드는 것입니다. 이런 전통적인 훈련법에서 가장 중요한 부분은 ②번에서 ③번으로 이어지는 부분입니다. 강아

지에게 '이러한 행동을 하면 간식을 준다.'라는 걸 인식시키는 것이지요. 강아지 입장에서 생각하면 '이 사람이 왜 나한테 간식을 주지? 내가 뭘 했나? 이건가? 아니면 이건가?' 이렇게 생각하면서 보호자의 손에 든 간식을 얻기 위해 갖은 애를 쓰거든요. 간단한 교육을 해 본 분들은 이걸 쉽게 알 수 있습니다. 그런데 강아지 입장에서 가장 어려운 부분은 바로 이겁니다. '내가 한 행동 중에 정확히 어떤 부분이 인간으로 하여금 내게 간식을 주게 한 것이지?'

'손'을 예로 들면 훈련사가 강아지 손을 슬쩍 건드리고 "옳지."라고 말한 뒤 간식을 줍니다. 바로 이게 강아지에게 내가 원하는 행동을 인식시키는 방법입니다. 강아지는 간식이 나오기 직전에 "옳지."가 반복되기 때문에 이 '옳지'라는 말이 간식으로 가는 중간 과정이라는 사실을 인식하게 됩니다. 일단 이것을 인식하면 강아지는 훈련사로부터 "옳지."라는 말을 끌어내기 위해(즉, 간식을 먹기 위해) 훈련사가 원하는 행동에 조금씩 다가오게 됩니다.

그렇다면 여기서 클리커가 하는 역할은 무엇일까요?

몇 가지가 있지만 그중 딱 하나, 가장 중요한 역할을 짚어 보겠습니다. 클리커는 위 과정에서 "옳지."라고 말하는 대신에 "딸깍" 하고 누르는 역할을 합니다. 즉, '옳지'라는 신호를 "딸깍"이라는 클리커 소리로 대신하는 것입니다. 이게 왜 효과가 좋을까요? 클리커 소리는 사람 목소리에 비해 소리가 일관적이고 반응이 즉각적이기 때문입니다. 클리커 트레이닝의 핵심은 여기에 있습니다. 클리커 트레이닝에 익숙해지면 강아지는 딸각 소리가 났을 때의 자기 행동을 포착하게 되고, 이는 보호자가 원하는 목표지점으로 한걸음 나아간다

'옳지'라는 신호를 "딸깍"이라는 균일한 클리커 소리로 대신하여 보호자가 원하는 행동을 하도록 유도합니다.

는 것을 의미합니다. 물론 사람이 "옳지."라고 말해도 되지만, 사람의 목소리는 개인별로 차이가 있고 상황에 따라 높은 톤이 될 수도, 낮은 톤이 될 수도 있지요. 말이 빨라질 수도 있고 느려질 수도 있습니다. 하지만 클리커는 이런 차이 없이 언제나 균일한 소리를 냅니다. 그렇기에 강아지 입장에서는 조금 더 일관적인 기대를 하게 됩니다. 그리고 그 효과는 엄청납니다.

여기까지 읽으셨으면 바로 클리커 트레이닝을 시도하고 싶다는 생각이 들겠지만, 주의하실 점이 있습니다. 클리커는 잘못 사용하면 오히려 일반적인 교육법에 비해 효과가 떨어집니다. 가장 주의하실 점은 클리커를 누르는 타이밍입니다. 클리커는 '원하는 행동이 이루어지는 바로 그 순간'에 정확히 눌러야 합니다. 이게 정확히 되지 않아서 타이밍이 어긋나게 되면 오히려 강아지는 혼란스러워합니다. 또한 클리커를 누른 후에 간식으로 보상해야 하는데, 클릭과 동시에 보상을 하는 경우도 많습니다. '딸깍'은 어디까지나 '곧 간식이 나온다.'라는 알림이 되어야지 클릭과 간식이 동시에 나오면 강아지는 뭐가 뭔지 헷갈리게 됩니다. 많은 분들이 실수하시는 부분이 여깁니다. 이렇게 되면 클리커를 쓰지 않느니만 못하는 일이 됩니다.

또한 아무 때나 클리커로 개의 주의를 끌어선 안 됩니다. 클리커

트레이닝을 시작하면 강아지가 클리커 소리에 굉장히 민감하게 반응하고 보호자에게 달려옵니다. 그래서 개의 주의를 끌 용도로 클리커를 누르는 경우도 있는데, 일부 예외적인 상황을 제외하면 이렇게 해서는 안 됩니다. 클리커는 사용 목적이 분명한 도구이므로 그 목적을 위해서만 사용해야 혼동을 피할 수 있습니다.

클리커 트레이닝은 반려견 교육의 필수 과정은 아닙니다. 저도 평소에 저희 강아지를 교육할 때 클리커를 잘 쓰지 않습니다. 그렇게 효과가 좋은데 왜 쓰지 않는지 궁금하실 수도 있습니다. 사실 클리커 트레이닝은 준비가 필요합니다. 클리커도 항상 손닿는 곳에 있어야 하고요. 클리커 트레이닝은 '작정하고 실행하는' 교육입니다. 클리커를 쓰지 않아도 일상생활을 하는 데에는 전혀 지장이 없습니다. 다만, 말씀드린 대로 본격적인 교육을 생각하고 계신다면 클리커는 무척이나 강력한 도구입니다. 직접 시도해 보시면 아마도 깜짝 놀라실 겁니다. 관심 있으신 분은 유튜브 등에서 관련 영상을 찾아보시길 권해드립니다.

PART 4

배변교육의 모든 것

● ● ● ● ● ● ● ● ● ● ● ● ● ● ● ● ● ●

강아지를 처음 키워 보는 분들은 마냥 예쁘고 귀여운 인형인 줄로만 알았던 강아지가 집에 온 순간부터 곳곳이 대소변 범벅이 되는 집을 보며 점점 멘탈이 붕괴되기 시작합니다. 사실 생각해 보면 어린 강아지가 대소변을 잘 가릴 이유는 없는데, 누구도 데려오면서 그런 걱정을 하지 않습니다. 대소변은 당연히 금방 가려 줄 거라고 기대하지요. 하지만 현실은 그렇게 녹록지 않습니다. 강아지가 대소변을 가리기까지는 상당한 노력과 인내가 필요합니다. 이 장에서는 배변교육에 필요한 모든 것을 다루어 보겠습니다.

01
배변교육의 기초

　많은 보호자분들이 매일같이 어려움을 호소하는 게 바로 이 배변 문제입니다. 저 역시 이 문제에서 자유롭지 못하고요. 아마도 개를 키우는 분이라면 모두가 배변 문제로 골머리를 썩이실 겁니다.

■ 우선 알아야 할 사항들

1) 개의 배변 책임은 보호자에게 있다.

　아무리 개가 사람 눈치를 잘 보고 말을 잘 알아듣는다지만 그래도 개는 사람과 말이 통하지 않는 동물입니다. 당연히 인간의 화장실 문화를 이해해 줄 리도 없지요. 하지만 개는 습관의 동물이므로 제대로만 한다면 규칙적인 배변 습관을 형성해 줄 수 있습니다. 이는 물론 보호자의 몫입니다. 개가 애먼 곳에 똥오줌을 싸는 건 개의 잘못이 아닙니다. 집 안에서 키우는 개의 배변 책임은 전적으로 보호자에게 있습니다. 조금 심하게 말해 개에게는 사실 우리가 정한 배변판이나 배변패드에 대소변을 볼 이유가 없습니다.

2) 개의 습성을 이해하자.

개는 기본적으로 자신의 거주지를 더럽히지 않고자 하는 습성이 있습니다. 물론 인간의 기준으로 볼 때 상당히 고개가 갸우뚱해지는 경우도 있습니다만 기본적으로는 그렇습니다. 그러므로 거주지와 배변 장소는 어느 정도 거리가 떨어져 있어야 합니다. 물론 너무 멀리 떨어져 있어도 곤란하지만, 강아지 집 바로 옆에 배변판을 두면 안 됩니다. 가끔 "우리 강아지는 자기 집에 싸요."라는 고민 글도 자주 올라옵니다만, 이런 경우는 대부분 강아지가 너무 어려서 그런 것입니다.

3) 배변 타이밍을 기억하자.

대부분의 개에겐 공통적인 배변 타이밍이 있습니다. 이를 기억하는 것이 배변교육 성공의 지름길입니다. 다음의 배변 타이밍을 잊지 마세요.

- 자고 일어났을 때(낮잠 잤을 때 포함)
- 놀이 후
- 물을 잔뜩 마신 후
- 식사 15분 전후(규칙적인 식사를 한다면 이때 대변을 보는 경우가 많습니다.)
- 기타 배설 욕구에 코를 킁킁댈 때

특히 어린 강아지의 경우에는 방광의 크기가 작고 괄약근의 발달이 더디기 때문에 소변을 오래 참지 못합니다. 보통 한 시간에서 90분마다 한 번씩 소변을 보게 됩니다. 강아지가 어리고 물을 많이 마셨다면 한 시간에 대여섯 번 소변을 보는 경우도 흔합니다. 그러므로 어린 강아지 시절은 배변교육을 하기에 아주 좋습니다. 자주 싼다고 싫어할 것이 아니라 오히려 반가워해야 합니다. 가급적 배변교육은 이 시기를 놓치지 않는 것이 좋습니다. 하지만 성견이라고 배변교육을 못 하라는 법은 없습니다. 단지 어린 강아지보다 조금 더 끈기와 인내가 필요할 뿐입니다.

■ 준비물

- **배변판** 배변판은 두 개 이상을 써도 좋습니다. 집이 넓다면 곳곳에 배변판을 마련해 주는 것도 좋은 방법입니다. 아니, 집이 넓다면 배변 장소는 여러 군데에 있는 것이 필수일 수도 있습니다. 패드 갈아 주기에 조금은 귀찮겠지만, 개에게는 좀 더 안정감을 줄 수 있습니다.
- **배변패드** 어릴 때는 저렴한 제품을 자주 갈아 주는 것도 좋습니다. 그러나 나중에는 좋은 패드를 쓰시는 것이 좋습니다. 저렴한 패드는 너무 얇아서 흡수력이 떨어지고 금방 냄새가 심해져서 강아지가 기피하게 됩니다.
- **두루마리 휴지** 어릴 때는 정말, 저엉~말 많이 필요합니다. 하루에 2롤 이상 쓰는 경우도 흔합니다.
- **탈취제** 샵에서 파는 제품을 써도 좋고, 물과 식초를 1:1로 섞어 써도 좋습니다. 하지만 식초물은 대변 냄새를 지워 주진 못합니다. 도수 높은 담금주용 소주를 쓰는 것도 나쁘지

않습니다.

- **사료 알갱이**　배변판에 배변할 때마다 칭찬과 함께 사료 알갱이로
  보상해 주어야 합니다. 시중에서 파는 간식류는 어린 강
  아지에겐 추천하지 않습니다. 집에서 만든 닭가슴살 간식
  정도는 괜찮습니다.
- **울타리**　절대 강아지를 가두어 두려는 것이 아닙니다. 하지만 울
  타리를 쓰면 편한 타이밍이 있습니다.

■ 배변교육 방법

1) 적극적 방법

위에서 말씀드린 배변 타이밍 기억하고 계시지요? 이때 강아지를
들어서(잘 따라온다면 유도해서) 배변판 위에 올려놓습니다. 이미 싸고 있을
때는 늦습니다. 반드시 그 전에 옮겨야 합니다. 다시 강조합니다만,
강아지가 대변이든 소변이든 이미 자세를 취했다면 절대로 건드려
서는 안 됩니다. 자칫 사람 앞에서 배변을 참는 경우가 생길 수 있습
니다.

일단 강아지가 배변판에 위치하면 배변할 때까지 기다립니다. 여
기서 울타리를 쓰면 편합니다. 평소 배변판 주위에 울타리를 '열린
상태'로 살짝 쳐 두고 강아지를 그 안으로 유도한 후 기다려 주면 됩
니다. 이때 배변을 유도하는 신호를 말하면 나중에 배변 유도하기 편
해집니다.("쉬~." 혹은 "화장실~." 등)

이렇게 해서 배변에 성공하면 즉시 칭찬과 함께 사료 알갱이로 보

상해 줍니다. 먹을 것을 주지 않고 말로만 칭찬하는 것은 어린 강아지에겐 큰 효과가 없습니다. 반드시 먹을 것을 함께 주어야 합니다.

만일 2-3분 기다려도 배변할 낌새가 안 보이면 그대로 내버려 두고 계속 관찰합니다. 다시 배변할 낌새가 보이면 위 과정을 반복합니다.

2) 소극적 방법

조금 덜 적극적으로 개입하는 방법도 있습니다. 바로, 강아지가 자주 배변하는 곳에 여기저기 패드를 깔아 두고 조금 마음 편히 배변할 수 있게 배려해 주는 방법입니다. 강아지는 기본적으로 '생활 공간과 다른 질감의 바닥'에 배변하려는 습성이 있습니다. 즉 평소에 거실 마루에서 생활한다면, 구석 이곳저곳에 배변패드를 깔아 두면 강아지는 마루를 피해 패드에 배변할 가능성이 높아집니다. 이렇게 여기저기 패드를 깔아 두고 강아지가 사용하지 않는 배변패드를 하나씩 치우는 방법도 있습니다. 이때 주의하실 점은 안 싸는 것 같다고 바로 치우시면 안 되고, 최소한 몇 주는 두고 보셔야 한다는 점입니다.

배변교육의 기초

QR코드의 영상은 엘리가 집에 온 지 3일째 되는 날 촬영한 것입니다. 급하게 찍느라 앞부분이 없는데, 자고 일어나서 배변할 곳을 찾아 킁킁대길래 촬영을 시작했습니다.

■ 주의할 점과 문제 해결

1) 절대 혼내지 않는다.

원치 않는 곳에 배변했다고 해서 절대로 개를 혼내선 안 됩니다. 특히 싸 놓은 곳에 개를 끌고 가서 코를 박고 "이게 뭐야? 이게, 이게, 이게!!"라고 혼내거나 손가락으로 콧잔등을 때리는 것은 절!대! 로! 효과가 없습니다. "혼내지 말라니, 그럼 안 되는 걸 어떻게 가르치지?"라고 반문하실 수 있습니다. 하지만 배변 문제로 개를 혼내게 되면 개는 '똥오줌 싸는데 이 사람이 막 화내네? 음, 그럼 안 보이는 곳에 몰래 싸야겠다.'라고 생각하기 쉽습니다. 그럼 배변교육은 더욱 어려워지기만 합니다. 잘했을 때 칭찬과 간식으로 보상하며 습관을 형성하는 방법이 가장 정석이고 빠르고 효과적인 방법입니다. 다시 강조하지만, 실수했다고 해서 절대 강하게 질책해선 안 됩니다.

2) 실수했을 경우 대처법

원치 않는 곳에 강아지가 배변했다면 그냥 아무 말 없이 치웁니다. 소변의 경우 휴지로 닦고 탈취제 혹은 물과 식초를 1:1로 섞은 식초물을 뿌려 냄새를 지웁니다. 위에 언급한 것처럼 담금주용 소주도 좋습니다. 대변은 전문 탈취제가 아니면 냄새를 제거하기 어렵습니다. 강아지를 분양받는 순간 두루마리 휴지를 잔뜩 사 두시길 추천합니다.

3) 특정한 곳에 자꾸 실수하는 경우

예를 들어 쿠션 같은 곳에 자꾸 실수를 한다면 해결 방법은 두 가지입니다. 하나는 쿠션을 치우는 것이고, 다른 하나는 먹거나 자는 곳에는 배변하지 않는 개의 습관을 이용하는 것입니다. 자꾸 실수하는 곳에서 계속 밥을 먹여 보세요. 물론 강아지가 너무 어리다면 조금 더 기다려 주시는 것도 하나의 방법입니다.

4) 배변교육이 된 것 같은데 또 딴 데다 싸는 경우

배변교육은 위 방법으로 어느 정도 가닥이 잡히지만, 이게 확실히 자리 잡는 데는 몇 개월이 걸립니다. 1년 넘게 배변교육으로 힘들어하는 분들도 많습니다. 잘하다가 또 실수하면 위에서 말씀드린 것처럼 절대 혼내지 마시고 다시 처음부터 한다는 생각으로 신경을 쓰셔야 합니다. 아참, 배변패드를 자주 갈아 주는 것도 잊지 마세요. 배변판이 깔끔하지 않으면 배변하기 싫어하는 개들도 많습니다.

5) 배변 장소를 바꿔도 되나요?

나중에 생각해 보니 배변판의 위치가 마음에 안 들 수도 있습니다. 하지만 그렇다고 해서 배변판의 위치를 바꾸면 강아지는 매우 혼란스러워합니다. 개는 배변판을 기억할 뿐만 아니라 배변 장소, 그리고 거기까지 가는 길 역시 기억합니다. 배변판의 위치를 바꾸는 것은 강아지의 기억에 혼란을 초래합니다. 강아지는 사람이 아니라는 걸 잊어선 안 됩니다. 가급적 배변판의 위치를 바꾸지 마시되, 만일 바꾸셨다면 한동안은 처음부터 다시 한다는 생각으로 교육하셔야 합니다. 장소 바꾸기는 다른 꼭지에서 조금 더 자세히 다뤄 보겠습니다.

6) 울타리를 쓸 것인가?

수많은 분양샵에서 울타리의 사용은 필수라고 얘기합니다. 그리고 가로세로 1미터 남짓한 크기의 울타리 안에 쿠션과 배변판, 물그릇을 두고 며칠간 강아지를 그 안에 넣어 두라고 합니다. 앞에서도 강조했듯이 가두는 용도의 울타리는 필요 없습니다. 아니, 가두기 위한 울타리라면 차라리 없는 게 낫습니다. 인터넷 반려견 카페에는 "개가 똥오줌을 못 가려서 울타리 안에 넣었더니 낑낑대더라. 대체 뭐가 문제냐?"라는 글이 하루에도 수십 개씩 올라옵니다. 해결책은 매우 간단합니다. 울타리를 치우면 됩니다. 울타리 사용이 무조건 나쁜 건 아니지만, "울타리를 쓰세요."라는 조언 이후의 방법론이 없는 게 문제입니다. 차라리 울타리를 치우세요. 그게 낫습니다.

자꾸 반복하는 말이지만, 강아지에 대한 기대치를 낮추세요. 여러분의 강아지가 너무 완벽하길 기대하지 마세요. 만일 여러분의 개가 100% 배변을 가린다면 그보다 좋을 순 없겠지요. 하지만 개는 우리와 말이 통하지 않는 생물입니다. 특히 배변교육은 잘 잡힌 듯하다가도 다시 엉망이 되는 경우가 부지기수입니다. 실수를 용납해 주세요. 끈기를 가지고 사랑과 칭찬으로 돌봐 주세요.

02

울타리에 가두지 않는 배변교육

아직도 수많은 강아지들이 입양되자마자 좁은 울타리에 갇혀 살아 갑니다. 분양샵에서는 배변교육을 위해 이렇게 해야 한다고 신신당 부합니다. 그러나 강아지를 가두지 않고도 얼마든지 대소변을 가르 칠 수 있습니다. 어린 강아지를 좁은 울타리에 구속하지 않고 자유 롭게 가르치는 법을 알려 드리겠습니다.

오늘의 시범 조교는 동네 이웃 리트리버 나나 가 낳은 다섯째, 파랑이입니다. 잠깐 저희 집에 놀러 왔지요. 활발한 동시에 착하고 귀여운 강 아지입니다.

먼저, 앞에서 짚어 보았던 기본 원칙을 다시 한 번 살펴보겠습니다. 어린 강아지 배변훈련·배변교육에서 무척 중요 한 내용이니 몇 번이고 곱씹어야 합니다.

1) 혼내지 않습니다.

강아지가 실수한 후에는 물론이고, 다른 곳에 싸고 있는 도중에도 절대로 혼내지 않습니다. 강아지가 실수할 때 큰소리로 혼내거나 강아지 코를 갖다 대고 "이게 뭐야!"라고 소리치거나 위압적인 분위기를 만드는 것은 금물입니다. 사람도 대소변 볼 때 누가 큰소리로 뭐라고 하면 스트레스를 받습니다. 강아지는 우리 생각보다 예민합니다. 언제나 편안한 마음으로 배변할 수 있게 배려해 주세요.

2) 동선을 짧게 합니다.

어린 강아지는 대소변을 오래 참지 못합니다. 그러므로 너무 먼 곳에 배변 장소를 만들어 주면 그만큼 실수할 가능성이 커집니다. 배변 장소를 한 군데만 마련하는 것 또한 실수할 여지를 주는 셈입니다. 생활 반경에서 너무 멀지 않은 곳에, 여러 군데 배변 장소를 마련해 주세요. 집이 넓다면 그만큼 여러 곳에 패드 혹은 배변판을 깔아 주세요.

3) 정성이 필요합니다.

원하는 곳에 패드 하나 깔아 놓고 가만히 있는다고 강아지 혼자서 대소변을 가리진 않습니다. 배변 타이밍 때마다 살살 패드 혹은 배변판으로 유도해서 배변하게 배려해 주거나 강아지가 배변하기 좋아하는 곳에 여러 장의 패드를 깔아 주세요.

4) 매번 보상해 주세요.

보상은 '칭찬' 그리고 '간식'이 함께 제공되어야 합니다. 배변하는 순간 간식으로 보상해 주면 가장 좋으나 타이밍 잡기가 만만치 않으니 그 둘 사이에 다리 역할을 해 줄 칭찬을 더해 주세요. 배변 장소로 유도하여 배변에 성공하면 부드러운 말투로 "옳지.", "아이, 잘한다.", "착하네." 등으로 칭찬하면서 꼭 맛있는 간식을 주세요. 작은 조각 하나면 충분합니다.

이곳은 쉬는 곳(쿠션) 근처에 마련해 준 배변 장소입니다. 자다가 깨서 어슬렁거리자 배변패드로 살살 유인해서(잘 오지 않는다면 살짝 들어다 놓아서) 배변을 유도했습니다. 그 결과가 저 패드 위에 찍힌 동그란 자국입니다.

이곳은 노는 곳 근처에 마련해 준 배변 장소입니다. 제 아내가 한참 파랑이와 놀아 준 다음 배변을 유도하여 패드에 노란 자국을 찍었습니다. 옆 사진은 잘했다고 칭찬해 주는 순간을 포착한 것입니다. 물론 칭찬과 함께 '간식 보상'은 필수입니다.

파랑이는 이렇게 단 한 번의 배변 실수도 없이, 마련해 준 배변 장소에 배변했습니다. 덕분에 맛있는 간식을 얻어먹었고, 우리들이 바라는 행동이 무엇인지 조금씩 배우고 있습니다.

보시다시피 비좁은 울타리에 강아지를 가두지 않아도 얼마든지 배변훈련/배변교육이 가능합니다. 파랑이뿐만 아니라 여러분의 강아지도 울타리에 가두지 않고 배변훈련이 가능합니다. 물론 실제로 오랜 시간 어린 강아지를 데리고 있다 보면 실수할 수도 있을 겁니다. 데려오자마자 100% 가려 주면 좋겠지만 그런 강아지는 없지요. 강아지에 대한 기대치를 낮춰 주세요. 우리가 6개월짜리 사람 아가를 대할 때처럼, 한 살짜리 아가를 대할 때처럼 기대치를 낮춰 주세요.

강아지를 불편하게 하지 않고, 혼내지 않고, 가두지 않고도 얼마든지 활발하고 말 잘 듣고 이쁘고 사랑스러운 강아지로 키울 수 있습니다. 그렇다고 강아지가 완벽해진다는 의미는 아니지요. 그런 강아지는 없어요. 그런 사람도 없는걸요. 혼내지 않고 칭찬으로 강아지를 대하면 어느 순간 여러분의 강아지가 자신을 표현하고 여러분의 말에 귀 기울이는 모습을 보시게 될 겁니다.

03
배변 신호를 만들어 배변판과 친숙해지기

강아지가 어느 정도 대소변을 잘 가리게 되면 이런 교육이 가능해집니다. 우선 QR코드를 확인해 보세요. 확인이 어려우신 분을 위해 설명해 드리자면, 장소와 무관하게 "쉬하자."라는 말을 통해 소변을 유도하는 장면입니다.

이 "쉬하자."라는 신호와 함께 배변판으로 유도해 쉬를 하게 하려면 전제 조건이 있습니다. 강아지가 어느 정도는 배변판 혹은 배변패드에 배변을 하는 단계에 있어야 합니다. 다시 말해 갓 입양한 강아지나 아직 이곳저곳 아무 데나 배변하는 강아지에게는 이 교육을 시도하지 않는 것이 좋습니다.

'쉬하자' 신호를 입히는 방법은 이렇습니다. 먼저, 강아지가 배변판에 소변보는 타이밍을 보호자가 알아야 합니다. 예를 들면 자고 일어난 직후라든가, 물을 다량으로 마신 후라든가, 장난감 놀이를 한참 하고 중단한 직후라든가…, 여러분의 강아지가 거의 확실히 소변을 보는 타이밍을 잘 관찰해 두어야 합니다. 그리고 강아지가 배변하기 위해 배변 장소로 갈 때 그곳을 가리키며 "쉬하자."라고 말합니다. 물론 신호는 어느 것이든 상관없습니다. "쉬하자."는 단지 제가 쓰는 신호일 뿐입니다. 가급적이면 확실히 배변할 때 "쉬하자."를 입혀야 합니다. 그렇게 하지 않고 아무 때나 "쉬하자."를 말하면 강아지는 배변 활동과 신호를 연관 짓지 않습니다. 그럼 오히려 교육이 잘 이루어지지 않는 결과를 낳을 수 있습니다. 그렇기에 이 교육은 어느 정도 배변판에 가서 배변하는 강아지에게 유용하며, 평소 보호자가 자기 강아지의 배변 타이밍을 잘 관찰해 두어야 성공할 수 있습니다.

이걸 오랜 기간 반복해서 강아지에게 익숙하게 해 줍니다. 이렇게 되면 강아지가 먼저 배변판에 오지 않아도 "쉬하자."라는 신호에 배변판에 와서 배변하게 됩니다. 무척 놀라운 결과이지요.

그럼 여기서 한 가지 의아한 점이 있을 겁니다. 알아서 자기가 잘 배변하는 강아지에게 굳이 "쉬하자."라는 신호를 입혀서 배변을 유도하는 이유가 뭘까요? 그냥 두어도 잘하는데? 이 교육은 위 QR코드의 영상처럼 낯선 곳에 갔을 때 빛을 발합니다. 저는 저희 부모님 댁에서도, 장모님 댁에서도, 여타 친척들 댁이나 친구네 집 등 어딜 가도 이렇게 배변을 유도합니다. 이렇게 교육해 두면 어딜 가든 배변 때문에 난감할 일이 없습니다. 물론 평소에 집에서도 무척 유용합니다. 자기 전에 소변을 보게 하고, 외출 전에 미리 소변을 보게 하는 데에도 효과 만점입니다.

주의하실 점이 있습니다. 다른 장소에 갈 때는 평소 집에서 쓰는 배변판(패드만 쓴다면 패드)을 가져가시는 것이 좋습니다. 물론 꾸준히 교육해 주시면 평소 쓰지 않던 배변판이나 신문지 등에서도 배변시킬 수 있지만, 이건 강아지에게 조금 지나친 요구일 수도 있습니다. 성공적인 교육의 비결은 '실수의 여지를 줄이는 것'입니다. 평소 배변판과 배변 패드 모두에 익숙해지게 해 둔다면 배변판을 갖고 다닐 필요 없이 패드만으로도 배변을 하게 할 수 있어 유용합니다.

한 가지 더, 이렇게 다른 장소에서 "쉬하자."라는 신호에 따라 배변을 하면 반드시 간식으로 보상해 주세요. 집에서는 당연히 보상을 하지만, 밖에선 정신이 없어 보상을 안 하는 경우도 있습니다. <u>보상은 강아지의 행동을 강화시킵니다.</u> 엘리는 4살이나 됐지만 저는 아직도 제가 보는 앞에서 배변하면 꼭 사료 알갱이를 하나씩 줍니다. 너무너무 고맙고 기특하거든요. 물론 이쯤 됐으면 보상하지 않아도 배변을 실수할 일은 없습니다만, 그냥 제가 고마워서 줍니다.

QR코드가 하나 더 있습니다.

이 영상에는 몇 가지 다른 상황이 담겨 있습니다.

동영상을 보시면 번호가 매겨져 있는데, 1번은 그냥 혼자 가만히 있는데 쉬가 안 마려운 상황입니다. 많은 분들이 목격하신 '배변판에 올라가서 쌀 것처럼 해 놓고선 안 싸는 경우'입니다. 엄청 착하고 귀엽죠. 2번은 1분 전에 쉬했는데 또 쉬하자고 꼬시는 경우입니다. 3번은 딱히 쉬가 마렵지 않았으나 두 번 꼬셨더니 쉬하는 경우입니다. 4번은 배변판에 달려가는 속도부터 다릅니다.

많은 분들이 배변교육의 어려움으로 질문을 주십니다. "앉아, 손, 빵은 잘하는데 똥오줌만 못 가려요."라고 말하는 분들도 많습니다. 충분히 이해가 되는 말씀입니다. 명령으로 시키는 교육은 잘되는 것 같은데 똥오줌을 못 가리면 정말 이상하다고 생각하기 쉽습니다. 어떤 땐 강아지가 나한테 복수하는 건가, 심술을 부리는 건가…, 이렇게 말씀하시기도 합니다. 그런 분들께 제가 드리는 말씀이 있습니다.

배변교육은 앉아, 엎드려 등과는 아예 차원이 다른 교육입니다. 습성을 바꾸는 과정이기 때문입니다. 강아지도 우리와 마찬가지로 자기가 편하게 생각하는 곳에 배변하고자 합니다. 이는 너무도 당연한 일인데, 우린 종종 이런 사실을 간과합니다. 왜 우리가 정해 준 배변 장소에 대소변을 보지 않는 것인지 의아해하고, 때로는 화를 냅니다. 강아지가 다른 곳에 대소변을 보면 등가죽을 움켜쥐고는 코를 오줌 싼 데 갖다 대고 소리를 지르기도 합니다.

그러나 거꾸로 스스로에게 물어보세요. 왜 강아지가 우리가 정해 준 배변 장소에 똥오줌을 '싸 주어야' 하나요? 강아지에겐 그럴 이유가 전혀 없습니다. 강아지는 우리말을 알아듣지 못합니다. 강아지는 한국어도, 영어도, 독일어도, 일본어도, 중국어도 못 알아듣습니다. 그러므로 "여기에 싸."라는 말을 알아듣지 못합니다. 우리는 기대치를 낮추고 끈기 있게, 꾸준히, 오래달리기 하듯 한 걸음 한 걸음 강아지에게 가르쳐 주어야 합니다.

또한, 배변교육이 어떤 것의 '조건'이 되어서는 안 됩니다. "아직 배변훈련이 안 돼서 울타리에 가둬 키워요.", "배변을 못 가려서 다른 데로 보내야 할 거 같아요." 등등 이런 말은 너무도 부당합니다. 강아지는 유전자에 인간이 정해 주는 화장실에 배변하는 습성이 새겨져 있지 않습니다. 그런 강아지를 대소변 못 가린다는 이유로 가둬 키우고 묶어 키우고 다른 곳에 보낸다는 것은 너무도 무책임한 행위이며 강아지에게는 못할 짓입니다. 지금보다 조금 더 여유 있고 지금보다 조금 더 강아지를 포용할 줄 아는 보호자가 되어 준다면 강아지도 보답할 겁니다. 사실, 강아지는 그 어떤 조건도 없이 여러분을 따르고 사랑합니다. 그런 강아지에게 부끄럽지 않은 가족이 되어 주세요.

04
잘하던 배변이 갑자기 흐트러졌어요

블로그에서 배변교육 관련 매우 자주 올라오는 질문이 바로 "잘하던 강아지가 갑자기 잘 못 가려요."입니다. 간단히 말해, 잘하던 강아지가 배변을 못 가리는 경우는 크게 세 가지가 있습니다.

• 강아지가 어린 경우

3-6개월 정도의 강아지를 키우면서 "갑자기 개가 똥오줌을 못 가려요."라고 하는 경우는, 사실 아직 배변 습관이 제대로 잡히지 않은 겁니다. 그 시기에는 배변교육이 되었다 안 되었다를 말하기 힘듭니다. 3개월짜리 강아지가 배변을 완벽히 가린다는 것은 기적에 가깝습니다. 이 시기의 강아지들이 잘 가리다 못 가리다 하는 것은 아직 교육이 부족한 것이니 원래 하던 대로 꾸준히 가르쳐 주면 됩니다. 매번 강조하듯이 절대 혼내지 않는 것이 중요합니다.

• 급작스런 환경의 변화와 스트레스

강아지는 우리가 생각하는 것보다 스트레스에 약합니다. 급작스런 스트레스로 나타나는 증상은 다양한데, 눈물 급증, 배변 이상, 불안,

수면 장애 등입니다. 그리고 스트레스를 받는 원인 역시 다양합니다. 이사, 생리, 발정, 목욕, 누군가의 방문, 사료 교체, 혼냄, 보호자의 심경 변화 등…. 예를 들어 집에서 목욕하고 갑자기 침대에 쉬를 한다든가 하는 경우가 있습니다. 이런 경우의 배변 이상은 일시적일 때가 많으니 조금만 신경 써서 돌봐 주시면 다시 원래대로 돌아옵니다. 역시 절대로 혼내지 않는 게 중요합니다.

가끔 이렇게 순간적으로 배변이 흐트러진 것을 "개가 나한테 보복한다."라고 말하는 분들도 계십니다. 예를 들어 "휴지를 먹어서 혼냈더니 내가 빤히 보는 앞에서 오줌을 쌌어요! 이거 나한테 앙갚음하는 거죠?" 이렇게 말이죠. 그러나 이건 대표적인 스트레스 반응 중 하나입니다. 강아지가 밥 주는 사람에게 앙갚음하는 일은 없습니다. 개를 의인화하는 것이 참고가 될 때도 있고 애정을 강화하는 수단이 되기도 하지만, 개가 대소변으로 보복하거나 앙갚음한다는 것은 대표적인 의인화의 오류로 보시면 될 것 같습니다. 이런 <u>배변 실수는 그냥 아무 말 없이 무시하시고, '아, 우리 강아지가 이 정도로 스트레스를 받았구나.' 이렇게 생각하고 넘어가시면 됩니다.</u>

• 성견의 배변 흐트러짐

배변을 잘 가리는 강아지를 키우는 많은 분들이 간과하고 계신 것은, 우리는 강아지가 가진 원래의 배변 습관을 깨고 우리가 편한 방식으로 길들였다는 점입니다. 강아지는 처음에 자기가 좋아서 배변판과 배변패드에 배변을 하게 된 것이 아닙니다. 우리가 간식과 칭찬으로 그렇게 길들인 것이지요. 이렇게 길들여진 습관은, 물론 몇 년이고 꾸준히 유지되기도 하지만, 조금씩 그 각인이 옅어지기도 합니다. 그리고 강아지는 어느 순간 갑자기 안 싸던 곳에 똥오줌을 싸기 시작합니다.

이를 방지하는 방법은 매우 간단합니다. 계속 보상을 해 주는 것입니다. 물론 못 보고 넘어가는 경우도 있을 테니 매번 보상하긴 어렵습니다. 그러므로 볼 때만 해 주면 됩니다. 여기서 보상이라 함은 간식과 칭찬을 모두 포함합니다. 저는 엘리가 성견이 된 후에도 제가 볼 때 배변판에 배변하면 반드시 칭찬해 주고 사료 알갱이를 하나씩 줍니다. 그러기 위해 손닿는 곳에 간식 그릇을 하나 마련해 두고 있습니다. 놀랍게도 이 간식 그릇은 엘리 입 닿는 곳에 있지만, 절대로 맘대로 입을 대는 일이 없습니다. 대신 엘리는 자기가 어떻게 하면 이 알갱이를 하나씩 얻을 수 있는지 잘 알고 있습니다.

다시 강조하지만 매번 주지 않아도 됩니다. 일단 배변 습관이 제대로 잡혔다면, 이후로는 가끔씩만 보상해 주셔도 됩니다. 그러나 저는, 얼마든지 아무 데나 쌀 수도 있는데 매번 이렇게 배변판에 가서 쉬하고 응가하는 녀석이 고맙고 기특해서 보상을 합니다.

다시 강조하지만 배변이 흐트러졌다고 해서 혼낼 일은 없습니다. 일시적인 문제일 가능성이 높고, 강아지는 칭찬과 간식만으로 모든 교육이 가능하니까요. 잘 가리던 강아지도 한두 번 실수에 크게 혼나면 갑자기 사람 앞에서 배변을 참거나 몰래 숨어 싸게 되는 경우가 있습니다. 이렇게 되면 고치기가 너무나 힘들어지니 혼내지 않는 것이 중요합니다.

05
소변볼 때 조준이 자꾸 어긋나요

강아지가 일단 배변판이나 패드에 가서 배변하지만 조준이 잘못되어 여기저기 걸쳐 싸는 경우가 많습니다. 보호자 입장에서는 참 난감하죠. 이건 잘하는 것도 아니고 잘못하는 것도 아닌, 정말 애매한 경우니까요. 이럴 때 쓸 수 있는 방법이 있습니다.

소변볼 때 조준이 어긋나는 강아지를 위해 배변판 주변에 울타리를 세우고 입구를 열어 놓았습니다.

옆에 사진처럼 입구를 만들고 담을 세우면 됩니다. 다만 저 안까지 유도하는 것은 보호자의 몫입니다. 저대로 두고 알아서 하라고 하면 강아지는 가리지 못합니다. 특히 잘못된 곳에 배변을 한 다음에 "왜 여기다 쌌니. 엄마가 여기에 싸랬잖아." 이러는 것은 전혀 도움이 되지 않습니다.

사진의 강아지는 잠시 저희 집에 놀러 왔던 강아지입니다. 조준에 실패하는 문제가 있었지요.

강아지가 배변하기 전에 먼저 이렇게 유도해 주어야 합니다. 보호자의 노력 없이 대소변을 가리는 강아지는 없다고 보셔야 합니다. 물론 노력만으로도 안 되지요. 올바른 방법과 끈기가 동반되어야 합니다. 매번 이렇게 유도해 주셔야 합니다. 강아지가 배울 때까지, 그것이 평생이라면 평생 해 주셔야 합니다.

"제가 없을 때는 또 걸쳐 싸요." 보호자님이 없으니 그런 것

강아지가 배변하기 전에 먼저 유도를 해줍니다.

강아지가 배변할 때까지 기다려 줍니다.
(옆에서 엘리도 함께 기다려 주고 있습니다.)

입니다. 될 때까지, 강아지가 혼자서도 잘할 때까지 평생 가르쳐 주셔야 합니다.

강아지를 키우는 데 있어서 이해심은 필수입니다. 늘 잘할 거라는 기대를 놓아야 하지요. 강아지에게 배변을 가려 달라는 것은 요구가 아니라 부탁입니다. 동물로서 강아지는 배변패드에 대소변을 볼 이유가 없으니까요. 배변은 억지로 가리게 하는 게 아니라 가릴 때까지 기다려 주는 것입니다.

이 외에 다른 방법도 있습니다. 아예 이런 용도로 만들어진 제품도 있습니다. 3면이 막힌 배변판도 시중에 출시되어 있고, 다소 높이가 있어서 강아지가 그 위에 올라가서 배변하게 만들어진 제품도 있습니다. 이런 배변판을 사용하시는 것도 한 가지 방법이 됩니다.

• 대변을 자꾸 배변판 주위에 싸요

실제로 대변을 배변판 옆에 싸는 강아지들이 많습니다. 인터넷에도 자주 올라오는 글이고 블로그 댓글로도 종종 언급됩니다. 보호자들은 "소변은 배변판에 잘 싸는데 대변을 꼭 옆에 싸서 힘들어요."라고 호소합니다. 그럴 때마다 저는 "그래도 소변을 옆에 싸는 것보다는 낫잖아요."라고 이야기하는데, 이건 농담이 아닙니다. 대변보다 소변을 훨씬 자주 싸는데, 소변을 자꾸 배변판 옆에 싼다면 엄청 난감할 겁니다.

배변판 위에 대변이 있어서 강아지가
배변판 주변에 소변을 본 모습입니다.

왼쪽의 사진을 봐 주세요.

어떤 상황인지 아시겠지요? 바로, '대변을 먼저 싸 놨는데 치워 주지를 않아서 배변판에 올라가지 못한' 상황입니다. 그래서 하는 수 없이 쉬를 아래에 했습니다.

저희는 거의 바로바로 치워 주는 편이긴 한데, 집에 사람이 없을 때는 부득이하게 대변이 배변판에 방치되기도 합니다. 그런 경우를 몇 번 겪으며 강아지도 학습을 한 것이죠. '아, 응가 때문에 내가 쉬를 못 싸는구나.'라고. 그러고는 똥을 아래쪽으로 조준…. 얼마나 기특합니까. 그래도 완전히 다른 곳에 싸지 않고 배변 장소에 가서 이렇게 싸 주는 것이 말이죠. 응가 치우는 거야 그냥 휴지로 집으면 그만이니 일도 아니고, 그저 고맙기만 합니다.

흔히들 말씀하시는 "우리 강아지는 대소변 배변판이 따로 있어요." 가 이런 경우일 가능성이 있습니다. 실은 그래서 배변판을 2개 이상 쓰면 좋습니다. 이때 주의하실 점은, 두 개를 딱 붙여 놓으면 좋지 않습니다. 경계에 쉬를 하면 치우기 힘듭니다.

사실 강아지가 배변판 위에 올라가서 대변을 그 위에 조준해 싼다는 건 무척 힘든 일입니다.

대변보는 모습을 잘 관찰해 보세요. 생각보다 조준하기가 참 어렵습니다. 그 위에 올라가 준다는 것만으로도 너무나 고맙고 기특한 겁니다. 이걸 혼내는 건 말도 안 됩니다.

저는 그저 저희 강아지에게 고맙습니다. 강아지들은 완벽하지 않잖아요. 가끔 실수할 수도 있고, 뭔가 잘못할 수도 있지만, 얼마나 기특하고 예쁘고 사랑스럽습니까. 사고 좀 치면 어때요.

06
배변 장소를 바꾸고 싶어요

배변교육이 어느 정도 완성된 강아지를 대상으로 배변 장소를 바꾸고자 하는 분들이 많습니다. 다용도실 앞의 배변판을 사람 화장실로 옮긴다거나, 거실의 배변패드를 베란다로 옮기는 것이죠. 어떤가요? 이렇게 배변 장소를 옮기고 나서 강아지들이 잘 가리던가요? 아마도 잘 못 가리게 되는 경우가 더 많을 겁니다. 배변 장소를 옮길 때는 주의하실 점이 있습니다.

처음 엘리를 데려왔을 때, 제가 마련해 준 화장실은 사람 화장실 입구였습니다. 이곳에서 대소변 교육을 했지요. 그런데 집 안 전체를 강아지에게 내주다 보니 엘리는 여기저기 돌아다니며 부엌에도 싸고 옷방에도 싸고 그랬지요.

그래서 우선 옷방 문을 닫아 두었습니다. 그리고 아래 사진처럼 부엌에 엘리가 자주 배변하는 곳에는 배변판을 하나 더 깔아 두었습니다.

주방에 마련한 배변판

그리고 약간의 교육을 했더니 자연스럽게 두 군데 모두 배변했습니다. 그리고 사실 저는 두 군데 중 어디에 배변하든 상관이 없었기 때문에 두 군데 모두 배변할 때마다 보상을 해 주었습니다. 시간이 흐르며 자연스럽게 엘리는 부엌 쪽 배변판에 더 자주 배변하게 되었습니다. 결국 제가 처음 골라 준 배변 장소보다 본인이 스스로 선택한 곳에 더 자주 배변한 것이지요.

자, 여기서 이 꼭지의 주제인 '배변 장소를 우리가 원하는 곳으로 고정하기'에 대한 말씀을 드리겠습니다. 만일 위와 같은 상황에서 부엌이 아니라 화장실 앞으로 배변 장소를 정하고 싶다면, 부엌에 배변할 때는 무시하되 화장실 앞에 배변할 때는 충분히 보상해 주면 시일이 지나며 이쪽으로 고정됩니다. 이게 배변 장소를 바꾸는 방법입니다.

많은 분들이 배변 장소를 바꾸실 때 '기존의 장소를 없애고' 한 번에 새로 장소를 만듭니다. 거실의 배변판을 없애고 화장실로 옮기거나 베란다로 옮겨버립니다. 하지만 이렇게 하면 강아지는 혼란스러울 수밖에 없습니다. 어느 날 출근했는데 사무실이 서울에서 양평으로 옮겨 간 것과 마찬가집니다. 배변 장소를 바꾸고 싶다면 일단은 기존의 배변 장소를 유지한 채 새로 배변 장소를 만들고, 그곳에 새로 배변교육을 해야 합니다. 그리고 원래 장소에는 배변하든 말든 그냥 두고 새 장소에 배변할 때에만 보상해 주세요. 그럼 조금씩, 조금씩 장소가 바뀝니다.

사실 가급적 배변 장소는 바꾸지 않는 것이 좋습니다. 아무래도 습성에 관련된 것이기에 바꾸면 강아지가 많이 혼란스러워합니다. 그리고 만일 우리가 원하는 장소와 강아지가 원하는 장소가 다르다면, 웬만하면 강아지가 원하는 장소로 해 주는 것이 아무래도 강아지에겐 편합니다. 물론 그 장소가 너무 안 좋다면야 하는 수 없이 바꿔야 하겠지만요. 예를 들어 거실 한가운데를 화장실로 정할 수는 없지요.

또한 베란다를 배변 장소로 정하시는 분들이 많습니다. 언뜻 납득이 가는 결정입니다. 아무래도 사람들의 눈에 잘 안 띄고 좀 더럽혀도 괜찮으니 말이죠. 그러나 베란다는 배변 장소로 무척 안 좋습니다. 왜냐하면 일반적으로 베란다는 1년 365일 하루 24시간 개방해 두지 않기 때문입니다. 날씨나 계절에 따라 닫아 놓는다든가 하지요. 비슷한 이유로, 베란다는 강아지 집으로도 좋지 않습니다. 간혹 베란다에 키우면서 거실 출입은 못하게 막아 두는 경우도 있는데, 이건 좀… 그렇습니다. 강아지는 동물원에 갇힌 것이 아닙니다. 우리가 원할 때만 개를 풀어 주고 그 외의 시간에는 가둬 두는 것, 이건 강아지와 함께하는 길이 아니라고 생각합니다.

07
성견을 입양했는데, 배변교육은 어떻게 하죠?

먼저, 유기견이나 파양견 등을 입양하신 분들께 진심으로 감사의 말씀을 드리고 싶습니다. 여러분은 꺼져 갈 수 있었던 소중한 생명을 구해 주신 아주 고마운 분들입니다. 유기견이나 파양견을 데려오신 분들의 댓글을 접할 때마다 저는 제가 다 행복해지는 마음이 들고, 그래도 세상이 따뜻하구나 하는 생각을 합니다.

하지만 한편으로는 어린 강아지를 데려올 때와는 또 다른 문제들로 인해 힘들어질 것을 생각하면 마음이 무거워지기도 합니다. 유기견이든, 파양견이든, 성견을 입양한다는 것은 어린 강아지를 입양하는 것 이상의 책임감과 인내심과 이해심이 요구됩니다. 성견에 대한 이상한 선입견을 말씀드리려는 것이 아닙니다. 버려지거나 파양되는 성견들에게 공통적으로 어떤 문제가 있다고 말하면 그것은 잘못된 편견을 심는 일이 될 겁니다. 물론 문제가 있는 강아지들도 유기되거나 파양되지만, 아무런 문제가 없는 강아지들도 단순히 보호자의 변심이나 개인적 사정으로 인해 버려집니다.

그러나 어떤 형태로든 '버려지는' 강아지들은 그 과정 자체에서 오는 스트레스로 인해 없던 문제도 생기는 것이 정상입니다. 그러므로 유기견이나 파양견 등 성견을 입양한다는 것은 그 강아지가 가지고 있을지 모르는 모든 문제까지 떠안는다는 의미가 되고, 그럴 각오가 되어 있어야만 합니다. 예를 들어, "누가 못 키운다고 해서 데려왔는데 자꾸 짖고 똥오줌을 아무 데나 싸서 못 키우겠어요." 이런 상황은 결코 바람직하지 않다는 것입니다. 조금 극단적으로 말해, 이런 예상치 못한 이유로 인해 다시 강아지를 버린다면 이는 처음 버린 사람보다 더 나쁩니다. 이미 상처를 받은 강아지를 두 번 죽이는 셈이기 때문입니다. 그러므로 성견 입양 시 그 무엇보다 중요한 것은 어떤 일이 있어도 강아지를 끝까지 책임지겠다는 단호한 마음가짐과 책임감입니다.

사람이 강아지를 버릴 때의 상황을 상상해 보면, 아마도 아무 문제 없는 강아지보다는 어떤 종류든 사람 기준으로 문제를 지닌 강아지일 확률이 높을 거라고 예상합니다. 어떤 문제가 있을까요? 배변, 짖음, 깨물기, 공격성, 하울링, 분리불안, 기물파손… 혹은 질병에 따른 병원비 문제로 버리는 경우도 있겠지요. 지금 언급한 각종 문제들은 보호자의 노력과 올바른 교육으로 어느 정도는 극복 가능합니다. 물론 분리불안이나 하울링 등 정말 쉽지 않은 문제도 있죠. 그러나 오랜 기간 꾸준한 교육을 통해 어느 정도 극복이 가능합니다. 성견을 입양하신다면 이런 문제가 있을 것이라고 예상하고 입양하시는 편이 좋습니다. 그래서 문제가 없으면 다행이고, 그렇지 않다면 그때부터 보호자가 강아지와 함께 노력하며 상황을 개선시켜 보아야 합니다.

아무래도 성견 입양 후 가장 난감해하는 부분이 바로 배변이 아닐까 합니다. 제 블로그에도 자주 올라오는 질문이고요. 대부분의 성견은 이미 자신의 배변 패턴을 가지고 있습니다. 선호하는 장소도 있고요. 그런데 환경이 바뀌고 가족이 바뀌면서 이게 흐트러질 수밖에 없습니다. 다 큰 강아지를 입양한 보호자 가족은 강아지가 대소변을 못 가리면 답답하고 번거롭고 힘듭니다. 하지만 그 강아지 입장에서는 환경이 완전히 뒤바뀐 것이므로 대소변을 올바른 장소에 하는 것이 중요하지 않을 겁니다.

아래 문답은 제 블로그에 올라온 사연을 가져온 것으로, 성견을 입양한 분들이 흔히 겪는 배변교육의 어려움과 현실적 한계를 그대로 보여 줍니다. 글을 주고받은 날짜와 시간을 자세히 보시기 바랍니다.

푸들엘리님, 안녕하세요! 제가 1년 정도 된 파양당한 푸들 여자아이를 어제 데리고 왔는데 배변훈련을 어떻게 해야 할 지 모르겠어요.

저희 집에 오기 전에 제 친구집에서 이틀 정도 지냈고 거기에서는 80퍼센트 정도 가렸다고 하는데 저희 집에서는 쇼파에도 싸고 장소를 안 가리고 막 싸요. 그래서 인터넷에서 본 방법대로 패드 위에 올라가면 간식을 주는 식으로 해서 배변패드를 거실에 4개, 제 방에 2개를 깔았어요. 거실에 있는1, 2번째 패드는 강아지가 먼저 올라갔는데 잘 할 듯하다가 바로 바닥에 싸네요. 그래도 강아지가 혼자 자면 불안할까 봐 침대에 강아지 쿠션 올려놓고 같이 자는데 강아지가 침대에 실수할까 봐 잠을 못잤어요. 강아지가 오늘 아침 일어나 방에 있는 배변패드에 쉬를 쌌어요. 우연인지 강아지가 스스로 싼 건지 모르겠네요(싸고 칭찬도 해줬어요). 또 얘가 볼일을 볼 때 냄새를 맡거나, 뱅뱅 돌지도 않고 그 자리에 바로 싸서 더 힘들어요.

집에 온 지 이틀이 됐는데 배변을 한 번도 안했어요. 그리고 애가 겁이 너무 많아서 소리에 예민하고 청소하려고 청소기만 들어도 엄청 크게 짖네요. 답답한 마음에 질문이 많아졌네요.

△△△△. △. 8. 12:42

안녕하세요? 반갑습니다.

남겨주신 글 잘 읽었어요. 제가 볼 때 지금은 훈련보다는 새 환경에 적응할 시간을 조금 주시는 것이 좋을 것 같습니다. 강아지가 편안한 상태가 되지 않으면 배변교육도 잘 통하지 않습니다. 강아지는 생각 외로 무척 예민한 동물이에요. 지금은 때 되면 밥을 주면서 며칠 편안히 쉴 수 있게 해주시는 것이 필요하지 않나 합니다.

△△△△. △. 8. 21:47

다행히도 일요일부터 배변을 시원하게 하네요. 그리고 애기가 1년 정도 됐다는데 앞니 뒤쪽에 중간이가 아직 나고있는 거 같아요. 1년도 안되 보여요.

적응하면 배변훈련을 시키려고 하는데 1년 정도면 배변훈련이 힘들겠죠? 기다려, 먹어는 시켜보니까 하루만에 하더라고요. 근데 배변훈련을 어떻게 시켜야 할지 모르겠어요.

△△△△. △. 10. 20:56

배변교육은 아래 포스트를 한번 참고해 보세요.

강아지 배변교육 총정리

http://blog.naver.com/luludaddy/220412723319

본문뿐만 아니라 댓글까지 꼼꼼히 읽어 보세요. 필요하신 내용은 본문과 댓글에 모두 담겨 있을 거예요. 배변교육은 아래 포스트를 한번 참고해 보세요.

△△△△. △. 10. 22:03

울타리에서 배변교육을 시키라고 해서 하고 있는데 그럼 울타리를 치워야겠네요. 또 배변패드를 거실에 많이 깔아놓고 얘가 잘 안싸는 곳은 천천히 없애는 방법도 많이 쓰던데 이런 방법도 괜찮을까요?

△△△△. △. 11. 17:27

네, 이곳저곳 패드를 깔아두고 하나씩 치우시는 방법 좋아요. 다만, 안 싸는 것 같다고 너무 빨리 치우지 마시고 최소 몇 주는 지켜보시는 것을 권합니다. 위 링크 보시면 배변장소 바꾸기에 관한 포스트가 링크되어 있는데, 그 글을 보시면 참고가 될 거예요.

△△△△. △. 11. 17:30

울타리는 치웠고요! 울타리쪽 정리하다 배변판을 울타리에서 빼고 우연히 거실탁장 옆에 뒀는데 강아지가 먼저 올라가서 배변을 봤어요. 그거 보고 진짜 가족끼리 춤추고 간식도 줬어요. 지금 패드 12장 깔고 배변판은 2개 정도 뒀는데 더 깔아줘야 할까요?

△△△△. △. 11. 22:29

패드가 몇 장 깔려 있는가 보다도 강아지가 편안히 여길 위치에 충분히 깔려 있으면 될 거예요.

△△△△. △. 12. 01:38

패드를 깔아 놓았는데 하나도 안싸요. 그냥 패드를 다 걷고 며칠 동안 관찰해서 얘가 많이 싸는 곳에만 깔아놓으면 어떨까요? 그리고 얘가 자주 싸는 곳이 없어요. 싸는 위치가 다 달라요. 혹시 싸는 위치가 다른 이유가 수요일 저녁에 울타리를 없애서 강아지가 마음에 드는 배변장소를 아직 못 찾은 걸까요?
그리고 어제 강아지가 직접 배변판에 올라가서 쉬를 싸길래 바로 간식 주고 칭찬했더니 한 시간 뒤에 자기가 쌌던 배변판 냄새를 맡고는 그냥 배변판 옆에 싸요(배변판 안에 있던 패드에 오줌을 4번 정도 쌌는데 더러워서 그런 걸까요? 냄새 맡고 여기에다 싸는 거라고 인식시켜 주려고 일부러 패드교체를 안했는데, 제가 잘못한 건지요) 또 배변판이나 패드 위에 자주 올라가게끔 패드나 판 위에서 간식을 주면 그때만 올라가 있고 볼일은 땅바닥에 봐요. 너무 답답해서 질문이 많네요. 죄송해요.

△△△△. △. 13. 00:08

배변판 안에 패드는 매일 갈아주세요. 제가 보기에 지금 너무 급하세요. 강아지에게 천천히 여유를 주세요. 제가 맨 처음 달았던 댓글로 돌아가 다시 한 번 읽어 보시고요. 배변훈련은 여유, 안정감, 일관성이 중요합니다. 답답하다고 자꾸 이랬다저랬다 하면 강아지 역시 얼마나 답답하고 혼동되겠어요.

△△△△. △. 13. 00:13

네! 주변 사람들이 성견은 배변훈련이 많이 힘들다 해서요. 제가 너무 성급했나 보네요. 천천히 여유를 가지고 해볼게요.

△△△△. △. 13. 14:49

맞아요. 성견은 배변교육이 좀 어려운 게 사실이에요. 힘내시고 우선 강아지가 편안히 집에 적응할 수 있게 배려해주면서 조금씩 가르쳐주세요.

△△△△. △. 13. 17:32

엘리님! 저희 가족이 외출을 하고 와도 베란다 배변패드에 똥이랑 오줌도 잘 가리네요. 아직은 절반 정도 밖에 못 가리지만 저희 가족도 여유를 가지고 기다려 주고 있어요. 근데 애기가 가끔 쇼파나 사람옷, 침대에 쉬를 하는데 이런 거는 어떻게 고쳐야 할까요?

△△△△. △. 17. 06:52

이럴수가. 제 생각보다 훨씬 빨리 좋아지고 있는데요?
소파와 옷 침대 등에 쉬야 하는 건 아예 완전히 무시하시고 그냥 묵묵히 치워주세요. 대신 원하시는 배변장소(패드 등)에 배변을 하면 칭찬과 함께 간식을 주세요. 이런 식으로 교정하게 되는데, 물론 며칠 몇 주 걸릴 수도 있어요.
그리고 저는 베란다 말고 실내에도 배변 장소가 필요하다고 생각해요. 베란다는 변수가 많습니다. 겨울에는 닫아 놓아야 할 수도 있구요.

△△△△. △. 17. 12:47

감사해요! 저희 가족도 이렇게 빨리 좋아질 줄은 몰랐데요. 방금 집에 왔는데 자기 혼자서 베란다 배변판이랑 패드에 쉬 쌌더라고요. 그럼 베란다 말고 화장실은 어떨까요? 그리고 실내에 볼일 보게 하고 싶은데 얘가 폐쇄된 베란다 같은 곳 빼고 개방되어 있는 배변판이나 패드에는 간식으로 유인하면 그 순간에만 올라오고 도망가서 엄한 데에다 싸요. 이런 경우는 어떻게 가르쳐야 할까요?

△△△△. △. 17. 17:54

○○님, 안녕하세요? 교육은 잘 되어가고 있나요?
혹시 괜찮으시다면 이 댓글 문답을 제가 활용해도 될까요? 다른 분들에게도 좋은 정보가 될 거 같아서요. 물론 아이디와 날짜는 지울 겁니다.
성견 입양 후 겪는 일반적인 문제와 그에 대한 교육 과정이 잘 나와 있어서 다른 분들이 보시면 크게 참고가 될 거 같아요.

△△△△. △. 20. 12:58

네! 도움이 된다면 저야 감사하죠. 그리고 저희 강아지는 5일 전부터 거실패드랑 베란다패드에서 응가랑 쉬도 잘 가린답니다. 그리고 베란다 데리고 가면 알아서 3분 안에 무조건 쉬랑 응가 싸네요!

△△△△. △. 20. 17:25

　　유기견이나 파양견처럼 성견을 입양한 경우, 무엇보다 가장 우선시되어야 할 것은 새로운 환경에 적응하는 것입니다. 이보다 더 중요한 것은 없습니다. 대소변은 습성입니다. 어느 정도 참을 수는 있다고 해도 한계가 있습니다. 모든 강아지는 마음 편한 곳에서 배변을 하고 싶어 합니다. 이제 막 집에 와서 여기가 어딘지 이 사람들은 누구인지 난 어떻게 해야 하는지 아무것도 모르는 강아지, 이미 스트레스를 받고 있는 강아지에게 자꾸 대소변 가지고 스트레스를 한층 더 얹어 주는 것은 바람직하지 않습니다.

모든 교육은 강아지가 편안해진 이후에 실시해야 효과도 좋고 무리가 없습니다. 물론 이 과정이 얼마나 걸릴지는 알 수 없습니다. 하루일지, 일주일일지, 한 달일지 말이지요. 만일 이 강아지가 이전에도 대소변을 일정하게 잘 가렸다면 그렇게 오래 걸리지 않을지도 모릅니다. 하지만 혹시라도 이전 집에서 혼나면서 살았거나 대소변 때문에 스트레스를 받으며 지냈다면 또다시 환경이 바뀌자마자 대소변 문제로 강아지를 힘들게 하는 것은 결코 긍정적으로 볼 수 없을 것입니다.

섣부른 가정이자 얼토당토않은 일반화라는 것을 인정하고 말씀드리면, 버려진 강아지가 이전 집에서 행복하게 지냈을 가능성이 과연 얼마나 될까요? 이전에 살던 곳에서 올바른 방법으로 대소변 교육을 받고 긍정 교육으로 행복하게 살았지만 이제 와서 버려졌을 확률이 얼마나 될까요? 저는 많이 회의적입니다. 그래서 블로그 댓글이나 방문교육 시 성견을 입양하신 분께 가장 먼저 말씀드리고, 그 무엇보다 중요하게 강조하는 것이 바로 이겁니다.

그 모든 교육에 앞서 강아지를 편안하게 해 주십사 하고 말입니다.

그리고 그렇게 귀찮을 정도로 잔소리를 드리고 제가 먼저 연락도 드리고 하면서 계속 강아지의 안부를 묻고, 조금씩 좋아지고 있다는 말을 들으면 안도의 한숨을 쉬게 됩니다. 보호자님들에게도 참 고맙고요.

사실 강아지를 편안하게 해 주는 것은 어린 강아지를 입양했을 때도 마찬가지입니다. 당연한 이야기이지요. 그러나 성견의 경우 더욱 중요합니다. 그동안 강아지가 받아 왔을 스트레스, 새로운 환경에서의 두려움, 그동안의 잘못된 기억 등을 해소하고 이제부터 올바른 길로 이끌어 주는 것은 보호자님의 몫입니다.

• 전 보호자가 말한 거랑 달라요

파양되는 강아지를 입양하신 분들이 올리는 글을 보면 이런 내용이 많습니다. "전 주인이 대소변도 잘 가리고 짖지도 않는다고 했는데, 저희 집에서는 전혀 못 가리고 짖기도 엄청 짖어요." 이런 경우, 일시적인 불안감에서 오는 스트레스 반응일 수 있습니다. 그렇다면 시간이 흐르며 점차 좋아집니다. 하지만, 전 보호자가 거짓말을 했을 수도 있습니다. 음, 제가 너무 노골적으로 말했나요? 그러나 그런 일도 비일비재합니다.

이런 가정을 해 보겠습니다. 제가 강아지를 키우는데, 이 강아지가 대소변도 못 가리고 분리불안도 심하고 시끄럽게 짖기도 합니다. 공격성도 있고요. 그래서 파양을 하고 싶어졌습니다. 아니면 진짜 피치 못할 사정이 생겨서 파양을 하게 됐습니다. 그래서 분양글을 올리면서 이렇게 적었습니다. "저희 강아지는 대소변도 못 가리고 분리불안도 심하고 아무 때나 짖어대고 공격성도 있습니다. 혹시 데려가서 키우실 분?" 누가 데려갈까요? 아무도 안 데려가겠지요. 그래서 대신 이렇게 적습니다. "저희 강아지는 배변패드 깔아 주시면 배변도 잘하고 사람 없을 때도 얌전하게 있어요. 사람도 잘 따르고 강아지도 좋아해서 키우시기 편할 거예요."

블로그나 카페 등을 통해 상담을 하다 보면 이런 경우가 실제로 허다합니다. 이렇게 강아지를 파양하는 사람들은 언젠가 천벌을 받겠지만, 그건 그때고 일단 그런 강아지를 입양한 보호자들은 당장 삶이 너무나 고단해집니다. 그러니 강조합니다. 성견, 파양견을 입양할 때는 전 보호자의 말을 걸러 들으시는 것이 좋습니다. 전 보호자가 강아지에게 아무 문제도 없고, 대소변도 잘 가리며, 짖지도 않는다고 말하더라도 우리는 강아지가 대소변을 못 가리고 짖을 거라고 예상하고 데려오는 것이 좋습니다.

그리고 일단 입양하셨으면 위와 같은 이유로 재파양하는 일은 없어야겠습니다. "파양견을 데려왔는데 대소변도 못 가리고 너무 짖어서 못 키우겠어요. 다시 보내야 할 거 같아요." 이런 글도 종종 봅니다만, 애초에 배변이나 성격이 완벽한 강아지는 있지도 않습니다. 별거 아닌 이유로 남에게 보내는 보호자라면 강아지 교육은 똑바로 했을까요? 그러니 파양되는 강아지를 데려오시는 분들은 그 강아지에게 여러 가지 문제가 있을 거라고 예상하고 데려오시는 것이 좋을 것입니다. TV나 인터넷에 나오는 모범적인 강아지를 예상하고 데려오지 마세요. 부디 현실적이 되세요. 꼭 부탁드립니다. 그렇게 데려왔는데 문제가 없다, 그럼 운이 좋은 겁니다. 그렇지 않고 이런저런 문제가 있다면 그게 당연한 거라고 생각하고 지금부터 사랑으로 인내로 돌봐 주세요.

QR코드를 확인해 보세요.
잠시 임보했던 강아지 배변을 가르치며 쉬하자를 활용하는 장면입니다.

08
실외배변을 실내배변으로 바꿀 수 있나요?

실외배변에 대한 문의도 자주 받습니다. 특히 어렸을 때부터 키운 강아지들보다는 성견을 입양하신 경우에 실외배변으로 고민하는 분들이 많습니다. 그런 고민을 잘 들어 보면, 결국 원하시는 것은 '실외배변을 실내배변으로 바꾸는 방법'입니다. 얼마 전 친척 강아지가 열흘간 저희 집에 머무른 적이 있습니다. 이 친구들의 이야기를 하면 자연스럽게 이 문제에 대한 답이 될 듯합니다.

• **모카** 모카는 10살 정도 된 닥스훈트로, 지난 추석 명절 때 10박 정도 저희 집에 와 있었습니다. 원래 미국에 살았던 강아지이며, 미국 살 때 원주인이 사정상 키우지 못해 당시 그곳에서 유학하던 지금의 보호자가 데리고 왔습니다. 미국은 주택에 사는 강아지들 대부분이 실외배변을 합니다. 어려서부터 자연스럽게 그렇게 키우고, 그렇기에 실내에 배변 실수를 거의 하지 않습니다. 미국에서 쓴 반려견 훈련 책을 보면 배변교육이 거의 이런 식으로 기술되어 있습니다. "생활 공간에 두다가 때가 되면 밖으로 데리고 나와 배변을 유도한다." 미국 쪽 강아지 교육 책이 우리나라 실정에 다소 맞지 않는 게 바로 이런 부분이죠.

평소 아파트에 사는 모카의 배변 패턴은 매우 단순합니다. 아침에 일어나서, 자기 전, 그리고 낮에 두세 번 정도 베란다에 마련한 장소에 데려가서 배변을 시킵니다. 실외배변에 익숙한 모카를 위해 최대한 실외배변 느낌을 낼 수 있게 별도로 마련해 준 공간인데, 그나마 이곳에 배변해 주면 다행이지만 간혹 아예 밖으로 나가겠다고 우길 때에는 어쩔 수 없이 데리고 나갑니다. <u>배변판이나 배변패드 등, 일반적인 실내배변은 안 합니다.</u> 너무도 당연합니다. 어려서부터 그렇게 해 왔기 때문이지요. 마치 사람이 남자는 남자 화장실에, 여자는 여자 화장실에서 배변하는 것과 마찬가지입니다. 그냥 이게 당연한 일이 되었습니다. 사람의 경우 간혹 이런 패턴이 깨지는 경우가 있죠. 예를 들면 명절 때 고속도로 휴게소에서라든가…. 강아지는 이틀이나 사흘 정도 집에 가두면 어쩔 수 없이 실내배변을 하기도 합니다. 그러나 여자 화장실에 아무리 사람이 많아도 남자 화장실에 가지 않는 사람이 있듯이 강아지도 끝까지 실내에서 대소변을 참는 강아지가 있습니다.

자, 이걸 실내배변으로 바꿀 수 있을까요? 결론부터 말하면 가능은 합니다. 그러나 바람직하냐고 물으면… 글쎄요. 사람도 강아지도 배변은 습성이고, 가장 편안한 곳에서 가장 편안한 마음으로 배변하고 싶어 합니다. 그런데 이미 몸에 익은 화장실 패턴을 바꾸려 하면 강아지들은 무척 힘듭니다. 강아지들은 사람의 상황을 이해하지 못하고 그저 몸에 익은 습성대로 배변하려 합니다. 그리고 그런 상황이 되지 못하면 그로 인해 상당한 스트레스를 받습니다.

- **엘리** 엘리는 저희 강아지입니다. <u>엘리는 어려서부터 실내배변</u>

을 가르쳐서 실내에서 실수 없이 배변을 합니다. 더불어 산책 시에도 자유롭게 배변 및 마킹을 하고 있습니다. 일반적인 우리나라의 실내 견입니다. 배변판과 배변패드 모두에 배변을 할 수 있고, 남의 집에 가서도 패드를 깔아 두면 그곳에 배변하며 혹은 '쉬하자'를 통한 배변 유도가 가능합니다. 다만, 다른 집 혹은 애견카페 등에서 다른 강아지들이 쓴 배변패드에는 잘 배변하려 하지 않습니다. 물론 시키면 하지만, 편안해하지는 않습니다. 그래서 저도 엘리가 싫다면 굳이 시키지는 않습니다.

• **앰버** 앰버는 모카 동생으로, 같은 집에서 함께 키우는 강아지입니다. 보호자의 말에 의하면 앰버는 실내외 배변을 모두 하며, 대부분 모카의 배변 패턴을 따르지만 집에서도 배변한다고 합니다.

하지만 막상 저희 집에 온 앰버는 전혀 그 패턴을 따르지 않고 있습니다. 첫날 앰버 보호자와 함께 있을 때는 패드에 소변을 보았는데, 그다음 날부터는 집 안에서 대소변을 모두 참기 시작했습니다. 문제는 밖에 나가서도 배변을 하지 않았다는 점입니다. 산책을 할 때도 전혀 대소변을 보지 않고 마킹도 하지 않았습니다.

그렇다면 보호자가 저에게 거짓말을 한 걸까요? 아뇨, 그렇지 않습니다. 아참, 모카와 앰버의 보호자는 저희 친척입니다. 강아지들을 맡기기 전에 A4 2장 분량으로 모카와 앰버의 평소 생활 습관과 식습관, 배변에 대해서 자세히 적어 주었는데 이런 걸로 거짓말할 이유가 없지요. 더군다나 저희 집은 실내외 배변이 모두 가능한 상황이고, 만일 대소변을 못 가린다면 제가 가르치면 되니까 배변 때문에 거짓말을 할 이유는 전혀 없습니다.

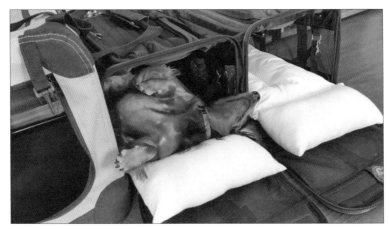
편안하게 누워 있는 엠버의 모습입니다. 이 정도 편안함은 기본입니다.

그럼 앰버는 왜 배변이 이상해졌을까요? 답은 너무나도 간단합니다. 첫째, 환경이 심하게 바뀌었으며 둘째, 앰버가 배변이 예민한 친구이기 때문입니다. 저희 엘리도 예민한 편이라 이해할 수 있습니다. 앰버 입장에서는 집이 바뀌었고 가족이 바뀌었습니다. 앰버는 가족이 언제 올지 모르고, 아예 올지 안 올지도 모를 겁니다. 앞으로 계속 여기 살아야 하나… 하고 걱정하고 있을지도 모릅니다. 그런 스트레스가 가장 먼저 오는 곳이 먹고 배설하는 부분입니다. 가장 원초적인 영역이기 때문입니다. 생각보다 이런 친구들이 많습니다. 위에서 말씀드렸듯이 사람도 강아지도 배변은 꽤나 예민한 문제입니다. 참, 앰버는 처음 하루 이틀간 거의 먹지도 않았습니다. 그 이후로는 잘 먹었습니다만.

이런 강아지에게는 딱히 교육을 시도할 필요가 없습니다. 그냥 두면 됩니다. 편안하게 두고, 배변을 유도할 필요도 없고 '쉬~, 쉬~.' 이런 것도 시도하지 않는 게 좋습니다. 패드로 자꾸 데려가지 마시구

덕분에 앰버의 실내배변은 안정을 찾았습니다.

요. 그냥 두세요. 참다 보면 쌉니다. 실수하더라도 그냥 아무 말 없이 치워 주세요. 앰버 역시 참다가 몰래몰래 숨어서 쌌습니다. 그러다가 다른 곳에 싸는 모습이 제 눈에 띄어도 저는 그냥 무신경하게 닦아 주었습니다. 이렇게 아무 데나 편안하게 배변하는 것이 우선이고, 장소는 그다음입니다. 이게 가장 중요한 원칙입니다. 그러다가 만일 적절한 곳에 배변하면 칭찬과 간식으로 보상해 주면 됩니다. 또한 배변 외적으로도 자꾸 강아지를 만지거나 귀찮게 굴지 말고, 그냥 내버려 둡니다.

다시 강조합니다. 강아지가 편안해지는 것이 가장 중요합니다. 편안한 마음으로 실내에서 배변하고, 배변판이나 패드를 이용하는 건 그다음 일입니다. 이 우선순위를 혼동하시면 강아지가 힘들어지고, 그 결과 배변교육은 갈수록 어려워져만 갑니다. 패드에 배변하는 것, 물론 중요하죠. 그러나 강아지가 편안한 마음으로 대소변이 마려울 때 그 즉시 배변하는 것보다 중요한가? 아뇨, 절대 그렇지 않습니다.

무엇이 중요합니까? 편안한 배변이 중요합니다. 특히 성견을 입양하신 후에 대소변 못 가린다고 스트레스 받으시는 분들을 보면 대개 데려오자마자 대소변이 가장 중요하다며 집 안에 정해 둔 배변 장소로 자꾸 데려갑니다. 마려워도 데려가고 안 마려워도 데려갑니다. 잘못된 곳에 싸면 혼냅니다. 혼내지 않는다고 해도 "어어어! 거기 아냐!" 이렇게 외치면 강아지 입장에서는 혼내는 것과 다를 바가 없습니다. 예민한 강아지라면 스트레스를 받지 않을 수가 없지요. 앰버처럼 평소에는 잘했어도 환경이 바뀌면 배변을 참거나 혹은 흐트러지는 경우는 흔히 있는 일입니다.

어디에 배변하든 내버려 둔다, 우리 사람 입장에선 이게 어렵습니다. 그래서 사는 집이 바뀌고 가족이 바뀐 강아지를 배변판에 자꾸 데려가고 다른 데에 싸면 혼내고 막 뭐라고 합니다. 절대 금물입니다. 소파에 싸도 "안 돼!!" 이러지 마세요. 이미 소파에 싸고 있습니다. 이제 와서 소리친다고 해서 강아지가 배우는 건 '이 사람 앞에선 참아야겠구나.'가 될 가능성이 높습니다.

자, 그럼 이제부터 실외배변을 실내배변으로 바꾸는 교육에 대해 말해 보겠습니다. 결론부터 얘기하자면 이 교육은 불가능하지 않습니다. 그러나 무척이나 힘들며 오랜 시간이 걸립니다. "우리 강아지는 밖에서만 싸는데, 집 안에서 싸게 하고 싶어요." 사실 방법 자체는 간단합니다. 그러나 쉽지가 않습니다. 이 글을 시작하며 이 방법부터 말씀드리지 않고 위처럼 길게 장광설을 늘어놓은 이유를 이제 아실 겁니다. 실외배변을 실내배변으로 바꾸려면 강아지의 배변에 대한 이해와 무한한 인내심이 필요합니다.

• 실외배변을 실내배변으로 바꾸는 방법

1. 우선 산책을 자주 나가서 배변을 하게 합니다. 초반에는 교육의 기회를 늘리기 위해 산책을 자주 나가야 하며, 후반으로 가면서 산책 횟수를 줄이게 됩니다.

2. 강아지가 소변을 볼 때마다 동시에 "쉬~." 이렇게 신호를 입힙니다. 그리고 소변을 마치면 강아지가 좋아하는 간식을 작게 잘라서 줍니다.

3. "쉬~."의 타이밍은 실제로 쉬가 나올 때보다는 쉬하려고 자세를 취하려는 순간이 좋습니다.

4. 1-3을 반복합니다. 언제까지 반복하냐면, 보호자가 강아지의 배변을 거의 예측하며 "쉬~."라고 할 수 있을 때까지, 그리고 강아지가 이에 맞춰 소변을 볼 때까지 계속합니다.

5. 그러다 보면 강아지가 먼저 쉬하려고 하지 않는데 보호자의 "쉬~." 소리에 자리를 잡고 배변할 때가 옵니다.

6. 매번 간식 보상하는 거 잊으시면 안 됩니다. 여기까지의 기간을 짧게 잡으시면 절대 안 됩니다. 최하 3개월은 걸리리라 예상하시고, 반년이 걸릴 수도, 1년이 걸릴 수도 있습니다.

7. 이게 100%다 싶으시면 이제 실내에서 이를 유도해 봅니다. 먼저, 실외배변 시 강아지가 본 소변을 닦은 휴지를 버리지 말고 잔뜩 모아서 준비해 둡니다.

8. 이 휴지를 원하시는 배변 장소에 툭툭 던져둡니다. 그리고 며칠 분위기를 봅니다.

9. 실내에서 리드줄을 매고 집 안 산책을 합니다. 그리고 배변 장소에서 냄새를 맡게 합니다. 그리고 "쉬~."로 유도해 봅니다.

10. 이 시기가 되면 산책을 줄이거나 아예 하지 않습니다. 대신 실내에서 리드줄을 매고 집 안 산책을 계속합니다.

기대치를 많이 낮추세요. 이게 될 수도 있고, 안 될 수도 있습니다. 안 될 가능성도 분명 있고, 된다 해도 기간이 오래 걸릴 겁니다.

• 최악의 경우 : 실내배변으로 바꾸는 데 실패했을 때

아무리 노력해도 안 되는 경우가 있습니다. 이럴 때는 최대한 많은 횟수를 나가서 편안히 배변할 수 있게 해 주세요. 낮에 집이 빈다면 아침저녁 2회의 실외배변은 어떻게든 확보해 주세요. 성견은 하루 2회 배변으로 어떻게든 살아갈 수 있습니다. 하루 2회 배변이 바람직한가 하면 그렇지는 않습니다. 하지만 다른 방법이 없는 경우이지요.

책 출간을 준비하는 사이에 모카와 앰버에게는 작은 변화가 생겼습니다. 우선, 실외 배변만 고집하던 모카는 보호자의 끈기와 인내 덕분에 실내 배변을 시작했습니다. 또한, 앰버는 저희 집에 몇 차례 놀러 오며 그만큼 편안해졌습니다. 덕분에 더 이상 저희 집에서 대소변을 참지 않고 편안히 배설합니다. 이 모든 과정에서 그 누구도 모카와 앰버에게 우리가 원하는 배변 패턴을 강요하지 않았습니다.

09
배변교육 FAQ

별도의 꼭지로 다루지 않은 내용 위주로 질문과 답변을 정리해 보겠습니다.

Q 강아지는 먹고 자는 자리에 배변하지 않는다고 하는데, 왜 우리 강아지는 자기 쿠션에 대소변을 보고 거기 누워 자기까지 하는 걸까요?

번식장과 분양샵을 떠올려 보시면 쉽게 이해가 됩니다. 어린 강아지들은 열악한 번식장에 살다가 경매장을 거쳐 분양샵으로 옵니다. 대부분의 분양샵은 좁은 칸막이에 배변패드를 깔아 놓고 24시간 강아지를 방치하지요. 이런 강아지들은 거기서 먹고, 자고, 배변합니다. 그런 생활에 익숙해진 강아지는 집에 와도 한동안 비슷한 습성을 보이기 쉽습니다. 이 문제는 일부 시간이 해결해 주며, 꾸준히 배변교육을 병행해 주시는 수밖에 없습니다.

Q 대변보는 곳과 소변보는 곳이 달라서 지금 배변판을 두 개 써요. 하나

로 합칠 수는 없나요?

타이밍에 맞춰 장소를 인식시키면 가르칠 수는 있을 겁니다. 하지만 웬만하면 그냥 두시길 권합니다. 강아지는 대변과 소변을 별도로 보기 때문에 장소가 다른 것이 이상하지 않습니다. 잘 가리고 있는 강아지의 습성을 섣불리 바꾸려고 하다가 더 심하게 흐트러지는 경우도 많습니다.

Q 사람 있을 때는 잘 가리는데 낮에 사람이 없거나 다들 자는 새벽 시간에 다른 데 싸요.

새벽에 배변한다는 건 둘 중 하나입니다. 강아지가 어리거나 숨어 배변해야 하는 심리가 있거나. 배변교육 중에 강아지에게 불편함을 준 것이 아니라면 이 문제 역시 꾸준히 보상하며 교육하면 시간이 해결해 줍니다. 제2의 천성으로 굳어지지요.

Q 패드는 대체 몇 개나 깔아야 하죠?

정답은 없습니다. 사실, 방문교육을 가서 놀랄 때가 많습니다. 집은 무척 넓은데 어린 강아지 배변 장소를 한두 군데에만 마련해 둔 집이 많거든요. 이는 마치 거대한 쇼핑몰 전체에 화장실이 한두 군데밖에 없는 것과 같습니다. 어린 강아지는 대소변을 오래 참지 못합니다. 그러니 배변교육에 성공하려면 배변 장소를 생각보다 많이 마련해 주어야 합니다. "패드를 많이 깔았더니 집이 지저분해져서요." 똥오줌으로 지저분해지는 것보다는 낫습니다. 강아지가 실수하면 할수록 교육 효과도 떨어집니다. 배변교육은 실수의 여지를 줄여야 성공할 가능성이 높습니다.

Q 오늘 강아지를 입양했어요. 바로 배변교육을 해도 되나요?

강아지가 스트레스를 받지 않는다면 괜찮습니다. 하지만 강아지가 구석에 숨어 나오지 않거나 끙끙 앓거나 하면 대소변 문제로 힘들게 하지 않는 것이 좋겠지요. 별문제 없어 보이더라도 하루 이틀 지켜보는 것도 나쁘지 않습니다. 배변교육은 장거리 레이스입니다.

Q 순간적인 보상이 중요하다고 하는데요, 그럼 응가가 나오고 있을 때 간식을 주나요?

물론 배변교육에는 보상이 중요합니다. 그렇다고 응가가 나오는데 그 순간 간식을 입에 넣어 줄 수는 없지요. 배변판에 배변하면 잠시 기다리다가 내려오면 "옳지." "아이, 잘하네." 등으로 칭찬한 후 간식을 주세요. 이렇게 하면 "옳지."와 간식을 연결시키기 때문에 그 순간 보상하지 않아도 됩니다.

Q 자꾸 화장실 앞 발매트랑 거실 깔개에 소변을 봐요. 어떻게 고치죠?

이대로는 고치지 못합니다. 강아지가 정해진 배변 장소를 인식하고 그곳에 배변하는 습성이 잡힐 때까지 깔개를 치우셔야 합니다. 배변 장소에 배변하는 습성이 잡히고 다시 깔개를 간 다음에는 그곳에 실수하지 않게 유심히 살피셔야 합니다. 깔개류는 배변패드와 다를 바가 없습니다. "우리 집은 카페트를 치울 수가 없는데요." 그럼 어쩔 수 없습니다. 강아지를 너무 과대평가하지 마세요. 어린 강아지에게 깔개와 배변패드를 구분하라는 것은 무리한 요구입니다.

Q 바닥에 배는 게 싫어서 소변 실수할 때 배변패드를 갖다 댑니다. 이렇

게 해도 되나요?

입장을 한번 바꾸어서 생각해 보시면 어떨까요. 아무리 동물이라 해도 대소변을 볼 때 건드리는 것은 좋지 않습니다. 이미 나오고 있다면 그냥 두시는 게 가장 좋습니다. 편안하게 배변하지 못하면 숨어서 배변하게 되는 경우가 있는데, 이렇게 되면 고치기가 정말 어렵습니다.

Q 배변 유도제를 사서 뿌렸는데 거기에 안 하고 자꾸 엉뚱한 곳에 배변해요. 왜 이러죠?

배변은 냄새뿐만 아니라 배변 장소의 '위치' 역시 영향을 끼칩니다. 우리도 건물 내의 화장실 위치를 기억했다가 가는 것과 비슷합니다. 대부분의 배변 유도제가 냄새를 이용해 강아지를 유인하는 방식인데, 그렇다면 강아지의 소변을 조금 묻히는 것보다 그다지 나을 게 없겠지요.

Q 대소변을 못 가려서 혼냈더니 제 앞에서 보란 듯이 오줌을 갈겼어요. 상상도 못한 저희 강아지의 앙갚음에 너무 화가 나서 엉덩이를 때려 줬는데, 대체 왜 이렇게 못되게 굴까요?

잘 생각해 보시면 보호자님의 말씀은 앞뒤가 안 맞는다는 것을 알 수 있습니다. 일부러 앙갚음을 하는 거라면 그 결과(혼남)를 뻔히 알고 있다는 얘긴데 그럼 되게 명청한 겁니다. 그런데 그렇게 명청한 짐승이 '배변으로 앙갚음'을 할 리가 없지요. 앙갚음은 무척 고차원적인 행위입니다. 강아지는 보호자가 화를 내거나 하면 그 상황을 피하기 위해 이런저런 방법을 시도합니다. 소변을 지리는 것도 그중 하나일 수 있지요. 또한 강아지에게 대소변은 정서적인 흔들림이 겉으로 표출되는 수단이기도 합니다. 간단히 말해 혼내거나 때려서 고칠 문제가 아니라는 것입니다.

Q 딴 곳에 배변하면 그 순간 혼나라고 해서 인터넷에서 본 대로 실수하는 즉시 뽕망치로 바닥을 팡팡 치고 있습니다. 이 방법은 안 좋은가요?
만일 그런 방법을 계속하신다면 강아지는 자신의 배변 활동과 듣기 싫은 팡팡 소리, 그리고 보호자의 존재를 연결시킬 가능성이 높습니다. 그렇다면 보호자 앞에서 배변을 참게 되겠지요. 이렇게 하여 숨어서 배변하는 강아지, 밤에만 몰래 배변하는 강아지가 만들어집니다.

Q 인터넷에 나온 방법은 다 해 봤어요. 배변 타이밍에 맞춰 옮겨 보기도 하고, 실수할 때 신문지로 바닥을 쳐 보기도 하고, 울타리에 가둬 보기도 했어요. 패드마다 간식을 올려놓는 순회공연도 해 봤고요. 그런데 아직까지 대소변을 못 가리고, 오히려 낌새도 모르겠고 엉망진창이에요. 대체 왜 이러죠?
인터넷에 나온 방법을 다 해 보셨기 때문입니다. 배변교육은 습성을 바꾸는 것이기 때문에 꾸준함이 중요한데 이 방법 잠깐 해 봤다가 안 된다고 저 방법을 쓰고, 또 안 된다고 다른 방법을 썼기 때문에 강아지도 혼란스러운 것입니다. 이런 식으로 강아지가 대소변을 가릴 리가 없습니다.

Q 강아지가 한 번 소변 본 패드에는 절대 다시 안 싸요. 매번 갈아 주기가

귀찮고 돈도 많이 드는데, 더 싸게 가르치는 방법을 알려 주세요.

패드에 배변해 주는 것만으로도 엎드려 절할 일입니다. 보호자들은 강아지가 못 가리면 못 가린다고 힘들어하고 깔끔 떨면 깔끔 떤다고 불만을 갖습니다. 사람의 욕심과 기대는 끝이 없지요. 하지만 상대는 인간이 아니라 강아지입니다. 그 점을 잊지 말아야 합니다. 질문에 답변을 드리면, 깔끔한 강아지들이 있습니다. 소변이 묻은 패드에 잘 올라가지 않으려는 친구들이 있지요. 이런 강아지를 키우신다면 패드를 넓게 여러 장 깔아 주시는 것이 좋습니다.

Q 저희 강아지는 앉아, 엎드려, 빵, 손, 돌아, 하이파이브 다 하는데 대소변을 못 가려요. 똑똑한 거 같은데 왜 대소변을 못 가릴까요?

말씀하신 교육은 간식이 있다면 금방 가르칠 수 있는 간단한 개인기입니다. 하지만 대소변은 습성이지요. 화장실 위치를 인식하는 것은 개인기와는 차원이 다릅니다. 상당한 인내심이 필요하고 시간도 오래 걸리는 것이 당연합니다. 말씀하신 걸로 보아 강아지는 아마도 똑똑할 테고, 보호자님도 잘 가르치는 분일 겁니다. 그렇다면 이제 남은 것은 시간과 끈기이지요.

Q 제가 혼자 사는데요, 아침이랑 밤에는 제가 있으니까 교육을 하겠는데 낮에는 어떡하죠? 낮에는 여기저기 싸니까 분양샵에서 시킨 대로 울타리에 가뒀는데 CCTV를 보니 자꾸 낑낑대요. 어떻게 하면 좋을까요?

혼자 사시면 현실적으로 뾰족한 수가 없습니다. 혼자 살거나 맞벌이라면 낮에는 어쩔 수 없이 교육을 포기해야 합니다. 대신 집에 계실 때 열심히 가르쳐 주세요. 낮에도 교육할 수 있는 환경에 비해 더 오랜 시간이 걸릴 테지만, 결국 시간의 문제입니다. 만일 집 안 곳곳 대소변 보는 게 싫어서 강아지를 좁은 울타리에 가둔다면 배변과 자유를 저울질해서 배변이 더 무거웠다는 의미가 됩니다. 이건 보호자 각자의 선택입니다만, 저는 옳지 않다고 생각합니다.

Q 배변패드를 쓰다가 배변판이 뒤처리에 편할 거 같아서 바꿨는데 갑자기 못 가려요. 그래서 다시 패드로 바꿨는데 계속 못 가리고 엉뚱한 데 싸요. 어떡하죠?

강아지는 우리가 생각하는 것보다 예민합니다. 우리는 강아지를 보며 '배변판이나 배변패드나 그게 그거겠지.'라고 생각하기 쉬우나, 실제로 함께 살다 보면 알게 됩니다. 배변판과 배변패드를 철저히 구분하는 강아지들이 있다는 사실을 말이지요. 배변 장소도 바꾸지 않는 게 좋지만, 도구 역시 웬만하면 바꾸지 않는 것이 좋습니다. 만일 배변판을 패드로, 혹은 패드를 배변판으로 바꾸고 싶으시다면 처음부터 다시 교육하듯이 천천히 가르쳐 준다는 각오가 되어 있어야 합니다.

Q 저희 강아지는 수컷인데 중성화를 늦게 해서인지 집 안 곳곳 마킹을 해요. 어떻게 해야 고칠 수 있을까요?

마킹은 중성화와 무관하게 얼마든지 나오는 습성입니다. 실외 마킹은 자신의 정보를 남기고 소통하는 수단이 되지만, 실내 마킹은 대부분 실내견으로서 어쩔 수 없는 스트레스를 발산하는 통로가 됩니다. 보호자님들은 강아지가 실내에 마킹을 하면 혼내거나 하지만, 그럼 그 스트레스로 또 마킹이 늘어나는 악순환에 빠집니다. 실내 마킹을 완화하려면 최대한 자주 밖에 데리고 나가야 합니다. 집 밖에 나가서 충분히 마킹하면 실내에는 거의 마킹을 하지 않게 됩니다.

Q 패드를 많이 깔아 두고 쓰다가 안 쓰는 패드가 있길래 치웠는데 갑자기
거기에 소변을 눠요. 어떻게 하죠?
강아지가 배변하지 않는 패드가 있으면 치워도 됩니다. 다만 조
금 길게 보고 서서히 진행해야 합니다. 며칠 안 쓴다고 치우지 마
시고 최소한 주 단위로 보고 항상 깨끗이 유지되어 있다면 천천
히 치우시는 것이 좋습니다.

Q 어린 강아지를 분양받아 왔어요. 그런데 배변패드를 깔아 뒀더니 자꾸
패드를 물어뜯고 노네요. 어떻게 하죠?
어린 강아지는 뭐가 됐든 물어뜯고 놀아야 합니다. 패드를 물어
뜯는다면 다른 놀잇감이 없다는 의미가 되지요. 실내에서도 열심
히 놀아 주셔야 합니다. 또한, 패드 주변에 간식을 넣은 종이를 뿌
려 두어 패드보다 더 즐겁고 맛있는 장난감과 간식이 있다는 것
을 알려 주는 방법도 있습니다.

Q 하라는 대로 다 하고 있는데 강아지가 대소변을 못 가립니다. 어떤 때
는 패드에 싸다가 어떤 때는 또 그냥 바닥에 쌉니다. 강아지가 싸려고
하면 패드 위에 올려 두고 계속 유도하고 있는데 제가 못 볼 때는 그냥
여기저기 마구 쌉니다. 낌새가 보여서 유도하려 해도 잘 안 옵니다. 참
고로 2개월하고 열흘 된 강아지입니다.
2개월 강아지는 못 가립니다. 지금처럼 꾸준히 가르쳐 주시고, 4
주 후에 뵙겠습니다.

PART 5

먹거리와 입을 거리

강아지를 오래 키운 분이라면 기본적으로 필요한 용품은 다 갖춰 놓고 계시겠지만, 처음 입양하는 분들은 뭘 먹여야 할지 또 뭘 입혀야 할지 혼란스럽습니다. 이번 장에서는 반려견 용품 중에서도 논란의 중심에 있는 사료와 옷에 대해서 특히 중점적으로 다루어 보겠습니다.

01
옷을 입혀도 되나요?

많은 보호자들이 강아지에게 옷을 입힙니다. 저도 저희 강아지에게 옷을 입힙니다. 강아지에게 옷을 입힌다는 행위에 대해 이야기하려면 무엇보다 먼저 근본적인 질문을 던져야 합니다.

강아지에게 옷이 필요한가요?

아무리 봐도 저는 개에게 옷이 필요하다고 생각되지 않습니다. 이와 관련한 이야기가 나올 때마다 말하지만 개의 털 혹은 털가죽을 영어로는 보통 'coat'라고 부릅니다. 말장난이라고 생각할 수도 있지만, 개에게는 이미 외투가 있는 셈입니다. '필요성'만을 두고 이야기한다면 저는 개에게 옷을 입힐 필요성을 그다지 느끼지 못합니다.

저는 날씨가 추워도 개에게 딱히 옷이 필요하다고 생각하지 않습니다.

단모종이라고 해서 옷을 입혀야 한다고 생각하지도 않습니다.

소형견이라고 해서 옷이 필요하다고 생각하지도 않습니다.

오해의 소지가 있으니 덧붙이면, 그렇다고 해서 실내견을 겨울 동안 마당에 키워도 된다는 식으로 생각하는 것은 아닙니다. 우리가 키우는 실내견들은 이미 평생을 그 환경에 적응해서 살아온 존재입니다. 그러니 그런 강아지를 한순간에 마당에 키우는 건 바람직하지 않습니다. 그러나 우리가 평소에 "추워서 옷을 입혀야 돼요."라고 말하는 건 길어야 한두 시간 산책하는 경우입니다. 그 정도 시간 동안 밖에 나가 있는 것은 아예 밖에 내놓는 것과는 다를 겁니다. 그렇다면 자연스럽게 다음 질문으로 넘어갑니다.

필요가 없다 해도… 입혀도 괜찮은 거 아닌가요?

블로그에 농담처럼 올린 사진입니다. 그러나 어쩌면 옷이 강아지에게 미치는 영향을 가장 잘 보여주는 사진일지도 모릅니다.

개와 인간은 모두 오감을 활용해 세상을 인지합니다. 그러나 둘 사이의 결정적 차이점은 인간은 지식과 경험을 활용하는 정도가 개에 비해 훨씬 높다는 점입니다. 사람은 오감이 조금 불편하거나 기존의 상식에 맞지 않아도 이를 이해, 납득하고 넘어갈 줄 압니다. 그러나 개는 그렇지 않습니다.(혹은 그 정도가 약합니다.) 개는 그때그때의 본능과 감각에 크게 의존하며, 이에 방해를 받으면 그 순간 큰 스트레스를 받습니다.

이를 잘 보여 주는 예가 신발입니다. 많은 보호자님들이 강아지에게 신발을 신기고 뒤뚱대는 모습을 보며 귀엽다고 좋아합니다. 그러나 그 순간 강아지는 전혀 귀엽게 보이고자 하는 의도가 없습니다. 강아지는 그저 불편할 뿐입니다. 불편함을 넘어서 괴롭습니다. 한번 생각해 보시기 바랍니다. 강아지에게 신발을 신고 벗을 자유가 있다면 그걸 신을까요, 벗을까요?

옷도 어느 정도는 비슷한 작용을 합니다. 옷을 입힘으로써 강아지는 온몸에 압박을 받고 이물감을 느낍니다. 얇은 면 옷 같은 것은 그나마 나을 수 있으나 두꺼운 패딩류, 신축성 없이 조이는 올인원 등은 강아지를 매우 불편하게 만듭니다. 분명히 말씀드릴 수 있습니다만, 우리나라 같은 기후에는 한겨울에도 강아지에게 패딩이 필요하지 않습니다.(물론 썬더셔츠 등 불안감을 완화시키기 위해 입히는 옷도 있습니다. 텔링턴 터치에서는 압박붕대를 활용하기도 합니다. 이렇게 특정 목적을 가진 경우는 논외로 합니다.) 아이러니하게도 더욱더 예쁘게 보이기 위해 뭐 하나라도 덧대는 순간 그 옷은 그만큼 강아지를 더욱더 불편하게 만듭니다. 그럼 다음 질문입니다.

왜 그럼 다들 개에게 옷을 입히나요? 왜 옷의 부정적 영향을 누구도 말하지 않나요?

그럼 왜 우리는 강아지에게 옷을 입힐까요? 이 질문에 대한 답은 너무도 간단합니다. 우리가 강아지를 사랑하기 때문입니다. 우리는 우리가 키우는 강아지를 사랑합니다. 인간은 자신이 좋아하고 사랑하는 대상에게 너무도 당연하게도 잘해 주고 싶어 하는 경향이 있습니다. 우리는 우리 자신이 좋은 것을 먹고 싶어 하기 때문에 강아지에게도 좋은 것을 먹이고 싶어 합니다. 마찬가지로, 우리는 우리 스스로 예쁜 옷을 입고 싶어 하기 때문에 우리가 사랑하고 아끼는 강아지에게도 예쁜 옷을 입히고 싶어 합니다. 우리는 우리 강아지가 예쁘게 보이길 원합니다. 저희도 외국 여행 가면 이리저리 구경도 하고 반려견 문화도 공부하면서, 저희 옷은 안 사도 엘리 옷은 삽니다. 이게 자연스러운 보호자, 보호자 그리고 부모의 마음이 아닐까요? 그리고 그 마음은 알게 모르게 왜곡되어 있습니다.

이야기가 조금 재미없는 쪽으로 흘러갑니다만, 다들 아시다시피 현대 사회는 돈이 지배합니다. 기업은 어떻게든 소비자의 돈을 긁어와야 하며, 그러다 보니 강아지를 사랑하는 보호자들의 마음, 강아지에게 조금이라도 더 잘해 주고 싶은 그 마음을 활용해 여러 가지 상품을 만듭니다. 옷을 입히는 것이 실질적으로 강아지에게 좋은가 좋지 않은가는 기업 입장에서 크게 신경 쓸 필요가 없습니다.

그렇다고 해서 기업을 비난할 수 있느냐? 글쎄요. 자본주의 사회에서 기업이 이윤을 추구하는 것은 너무나 당연한 일이고 그러므로 상품을 만드는 것만으로 뭐라 하기는 어렵습니다. 물론 최근에는 소비자를 위하는 듯한, 소비자 입장을 생각하는 듯한 기업이 조금씩 늘어나는 것 같기도 합니다만, 그럼에도 자본주의 사회에서 기업의 목적은 돈을 버는 데 있습니다. 이윤 추구 없이 사회적 활동만 하는 기업은 애초에 그 존재를 이어 갈 수가 없습니다.

"저는 우리 개에게 옷도 입히고 신발도 신겨요. 그럼 저는 우리 개를 사랑하지 않는 건가요?"

아뇨, 전혀 그렇지 않습니다. 오히려 우리는 개를 너무나 사랑해서 옷을 입힙니다. 내가 사랑하는 우리 강아지가 남의 눈에도 이쁘게 보이면 좋겠습니다. 그래서 이쁜 옷을 찾아 입힙니다. 마찬가지 이유로 여러 의류 브랜드에서 키즈 라인을 출시하는 거겠지요. 우리 아이가 예쁘게 보이면 좋겠으니까요. 그리고 그런 마음을 잘 이용하면 장사가 되니까요.

그렇게 기업은, 산업은, 자본은 너무나 당연하게도 이윤 창출 행위를 하고 우리 소비자는 거기에 장단을 맞춥니다. 조금 더 부드럽게 말하면, 기업은 우리가 우리 강아지를 사랑하는 그 마음을 표현할 수단을 마련해 줍니다. 강아지들은 옷을 원한 적이 없습니다. 원하기는커녕 필요하지도 않습니다. 강아지들에게 선택할 권리를 준다면 옷을 입을 강아지가 많을까요, 입지 않을 강아지가 많을까요. 그게 의류 브랜드 키즈 라인과 강아지 옷의 차이점입니다.

지금은 예전에 비해 소비자가 큰 목소리를 내는 시대입니다. 반려견 산업도 엄청나게 커지고 있지요. 우리 소비자들은 우리가 강아지를 위해 옷을 입히고 신발을 신기고 있다고 착각하고 있으며, 그런 착각은 기업에게는 큰 힘이 됩니다. 그렇게 시간은 흘러 이제는 반려견 의복 산업이 성장하는 요인, 이런 트렌드를 이끄는 원동력이 산업인지 소비자인지 구분하기 힘든 상황이 되었습니다.

비슷한 예로 퍼피용 사료를 들 수 있습니다. 시중에 판매되는 퍼피용 사료라는 것을 성견용 사료와 비교 분석해 보면 큰 차이가 없거나 둘을 교차 급여해도 상관이 없는 경우가 많습니다. 물론 품질 자체가 어느 정도 보장되는 브랜드의 사료에 한합니다. 좋은 회사에서 만든 사료는 성견용을 어린 강아지에게 먹여도 아무런 상관이 없고 오히려 품질이 떨어지는 다른 회사의 퍼피용 사료에 비해 훨씬 낫습니다. 그렇다면 왜 퍼피용 사료를 제조해 판매하는 것일까요? 성견과 자견을 구분해 제품 라인업을 두는 것과 전 연령용만 판매하는 사료 중에 어느 것이 더 신뢰성을 보이고 소비자 입장에서 끌릴까요? 아마도 대부분의 소비자들은 전자를 구입하실 겁니다. 그러니 기업에서는 당연히 그렇게 구분지어 판매하게 되고, 소비자는 또다시 그런 패턴을 따르기 쉽습니다.

많이들 먹이시는 유명 브랜드인 R사료의 경우 전 제품 라인업을 보면 30가지도 넘습니다. 강아지 사이즈별로, 시기별로, 심지어 견종별로 구분지어 사료를 만들어 판매합니다. 이럴 필요가 있을까요? 우리 강아지는 '작은 사이즈의 시추'이니 '작은 사이즈의 시추'용으로 나온 사료를 먹여야 할까요? 자신 있게 말씀드리지만 전혀 그럴 필요가 없습니다. 그러나 우리는 그렇게 합니다. 가장 큰 이유는 그런 상품이 존재하기 때문입니다.

강아지 옷을 입히는 문제에서 우리 보호자들이 할 수 있는 선택은 세 가지 정도가 있습니다.

> • 아무 옷이나 내 눈에 예쁘면 입힌다.
> • 신중히 고르고 가급적 적게 입히며 강아지의 기분과 스트레스를 이해하려 노력한다.
> • 아예 입히지 않는다.

저도 저희 강아지에게 옷을 입힙니다. 사실 저는 3번에 가까운 사람이지만 엘리는 저만의 반려견이 아니므로 제게도 타협이 필요합니다. 대신 저는 '과한 옷'에 대한 기준을 나름 잡아 두고 그 선을 지킵니다. 또한 예민한 성격의 엘리가 옷을 입을 때 받는 스트레스를 이해해 주려고 하고 앞발을 소매에 넣거나 할 때 싫다고 앙앙대며 예민하게 굴면 그냥 내버려 두고 받아 줍니다. 물론 예민하지 않게 받아들이는 강아지들도 많습니다. 많은 강아지들이 옷을 잘 입습니다. 오래 되면 어느 순간부터는 자연스럽게 받아들이기도 합니다. 그리고 그렇게 옷을 입고 있는 모습은 정말 귀엽고 예쁩니다. 그렇다고 해서 예민하게 받아들이고 반항(?)하는 강아지들이 잘못된 것은 아닙니다. 오히려 매번 말씀드리지만 강아지들은 싫으면 싫다는 표현을 할 줄 알아야 합니다. 싫을 때 싫다는 표현을 하지 못하면 그게 쌓여서 더 큰 배출구를 찾습니다.

옷을 입은 엘리의 모습

　반려견 옷을 만드는 브랜드는 무척이나 많습니다. 그런데 그 기업들의 옷이 모두 강아지에게 그나마 편하고 견체공학적일까요? 그렇지는 않습니다. 그러므로 강아지 옷을 구입할 때는 재질과 구조를 면밀히 살피고 강아지가 불편하지 않게 신경을 써 주셨으면 합니다. 특히 올인원과 같은 구조의 옷은 뒷다리 쪽이 불편하게 만들어집니다. 이런 옷은 나름 재질에 신경 써서 만들어도 구조적 한계상 강아지에게 어느 정도는 불편함을 주게 마련입니다. 웬만하면 강아지의 자연스러운 움직임을 방해할 수 있는 옷은 피해 주시는 것도 강아지를 위하는 동시에 우리의 마음도 만족시키는 절충안이 될 것이라고 생각합니다. 옷 만드는 업체도 기왕 강아지 옷을 만드는 거 견체공학을 최대한 신경 써서 가급적 불편하지 않은 옷을 만들어 주면 우리들 보호자에게도 크게 도움이 될 거라고 생각합니다.

TIP _ 장난감은 뭘 사야 하나요?

강아지를 입양하면 열심히 놀아 줄 생각에 장난감도 종류별로 여러 개 구비해 두기 쉽습니다. 그런데 장난감 종류가 너무 많고 또 그걸 항상 강아지 입 닿는 곳에 두면 그만큼 흥미가 떨어지기 쉽습니다. 처음에는 터그 놀이를 위한 밧줄 형태의 장난감, 씹고 뜯을 고무 재질의 장난감, 공놀이용 공이나 던지고 놀 인 형 정도만 있어도 충분합니다. 사료나 간식을 넣어 줄 콩(KONG) 장난감도 추 천할 만합니다. 시일이 지나면서 하나씩 늘려 주세요. 많은 분들이 "장난감을 사 주었는데 안 갖고 놀고 꼭 저한테 와서 깨물깨물해요."라고 말씀하시는데, 강아지 장난감은 스마트폰이 아닙니다. 보호자가 함께 놀아 줘야 하지요. 특히 강아지에게 물게 하고 밀고 당기는 터그 놀이는 놀이를 통해 자연스럽게 보호 자와의 신뢰를 쌓고 '물어,' '뱉어' 등의 간단한 교육을 할 수도 있는 좋은 기회 가 됩니다. 장난감에 관해 주의하실 점이 하나 있습니다. 강아지 장난감을 집 안 곳곳에 늘어놓는 것은 좋지 않습니다. 평소에는 혼자 씹을 수 있는 고무 재 질의 장난감 한 개 정도만 보이는 곳에 두고, 나머지는 치워 두었다가 놀이를 시작할 때 우리가 가져온 후 놀이가 끝나면 다시 치우는 것이 좋습니다.

TIP _ CCTV가 있으면 좋나요?

기술의 발전은 반려견 문화에도 큰 변화를 가져왔습니다. 맞벌이 혹은 혼자 사 는 분들은 집에 CCTV를 설치해 두고 사람이 없는 동안 강아지를 살피거나 때 로는 목소리를 들려주기도 합니다. 강아지의 사생활을 전혀 몰랐던 분은 분리 불안으로 힘들어하는 강아지를 보며 발을 동동 구르기도 하고, 하루 종일 잠만 자는 모습을 보며 '퇴근하면 열심히 놀아 줘야지.'라고 다짐하기도 합니다. CCTV는 이렇게 우리 강아지에 대해 알려 주는 수단이 됩니다. 있으면 나쁠 게 없 지요. 다만, 목소리를 들려주는 것은 신중해야 합니다. 강아지가 분리불안으로 인 해 하울링을 하거나 짖는데 CCTV를 통해 "괜찮아."라고 말하면 강아지는 괜찮아 지기는커녕 오히려 더 혼란스러워할 가능성이 있습니다. 목소리는 들리는데 사람 이 없으니까요. 그러므로 관찰은 하시되 소통은 시도하지 않으시길 권합니다.

02
사료는 어떻게 선택해야 하나요?

강아지 입양 후 사료를 구매하기 위해 용품샵이나 마트에 가면 제품이 너무나 많아 그중 무엇을 선택해야 할지 판단하기가 어렵습니다. 사료는 어떤 제품 하나를 추천받는 것보다 전반적으로 제품을 판단하는 눈을 기르는 것이 좋다고 생각합니다. 무척 긴 글이므로 당장 급하지 않다면 넘어가셔도 좋습니다.

01 강아지에게 필요한 영양소 분석 및 그 배합

강아지에게 필요한 영양소 이야기를 하려면 강아지가 육식동물인지 잡식동물인지를 먼저 따져 봐야 합니다. 연구는 대학이나 연구소의 전문가들이 할 일이고, 우리 보호자들은 그 결과에 의해 나온 상품을 선택하기만 하면 됩니다. 물론 시대에 따라 무엇이 옳고 그른가는 바뀔 수 있습니다. 개는 한때 잡식동물이라고 했지만, 지금은 육식동물이라는 주장도 꽤나 공감을 얻고 있습니다.

1) 육식 vs 잡식

개는 육식일까요 잡식일까요. 기존에 개는 잡식동물로 여겨졌습니다. 그리고 사료 역시 그렇게 제조되었습니다. 우리나라에서 전통적으로 개라고 하면 마당에 묶어 놓고 밥으로는 잔반을 먹이는 게 일반적이었습니다. 그리고 시중에 판매되는 사료는 각종 동물 부산물과 곡류 등으로 만들었습니다. 왜 처음에 개를 잡식이라고 여겼을까요. 아마도 역사적으로 개가 인간과 가장 가까운 동물이며 오랜 시간 함께하면서 인간이 먹는 것을 공유했기 때문이겠지요. 사람이 먹을 것도 없는데 개에게 생물학적으로 적합한 밥을 먹였을 리는 없을 겁니다. 개는 전통적으로 사람이 먹고 남은 잔반을 먹었을 것입니다. 그리고 생존을 위해 개들은 그저 먹었을 겁니다. 그렇기 때문에 개가 잡식이라는 인식이 퍼졌을 겁니다. 하지만 제 생각에 개는 육식동물에 가깝습니다. 그 이유는 다음과 같습니다.

a. 개는 육식동물의 치아구조를 가졌습니다.

개의 이빨을 보면 질긴 고기를 찢기 위한 송곳니와 가위 형태의 어금니가 보입니다. 곡류와 채소를 섭취하는 동물들은 일반적으로 뾰족한 이와 함께 뭉툭한 이빨(인간의 경우 어금니)이 있습니다. 더불어, 개의 턱관절은 좌우로 짓이기는 동작을 하지 못합니다.

b. 위산이 강력하고 소화 기관이 짧습니다.

다들 아시다시피 육식동물은 초식동물에 비해 소화 기관의 길이가 짧습니다.(간혹, 그 진실 여부를 떠나, 인류학적으로 이를 가지고 동서양인의 차이를 구분하는 주장도 종종 볼 수 있지요.) 그리고 육류를 분해하는 산의 분비력이 뛰어납니다. 그래서 사료를 씹지 않고 그냥 삼켜도 웬만해선 소화 장애를 일으키지 않습니다.

c. 침에 아밀라아제를 함유하고 있지 않습니다.

아밀라아제는 아시다시피 녹말을 분해하는 효소입니다. 초식동물과 잡식동물은 침에 아밀라아제가 들어 있어 곡물의 소화를 돕습니다. 그러나 개는 침에 아밀라아제가 없고, 췌장에서 분비하는 아밀라아제에 의존합니다. 이것은 곡물이 다량 함유된 사료를 소화하기 위해서는 췌장에 무리가 갈 수도 있다는 뜻이 됩니다.(제 개인적인 생각입니다만, 췌장이 안 좋은 개들은 곡물이 많은 사료 혹은 잔반을 주는 문화 때문이 아닌가 합니다.) 최근 개의 침에서 아밀라아제가 발견되었다는 주장도 있습니다. 그러나 사람과는 달리 개는 입 안에서 음식물을 부수고 열 번 스무 번 으깨어 씹어 넘기는 동물이 아니므로 큰 의미는 없을 거라고 생각됩니다.

그렇다면 여기서 궁금한 게 생깁니다. 그럼 왜 애초에 개 사료에 곡물이 들어갔을까요? 제 생각입니다만, 이건 단순히 흐름의 문제가 아닌가 합니다. 산업이라는 게 참 묘합니다. 소비자의 요구에 따라 1분 단위로 바뀌는 것이 기업과 시장인데, 강아지 사료의 경우 그 선택을 사람이 한다는 이유로 그렇게 빠르게 변화하지 않았습니다. 처음에 인간은 개가 잡식성 동물이라고 생각하고 아마도 사료를 만들었을 겁니다. 그리고 그 흐름이 지금까지 이어져 오고 있을 겁니다. 이것은 단백질·탄수화물·지방의 비율을 봐도 쉽게 알 수 있습니다. 저렴한 사료의 영양 구성에는 탄수화물이 가장 많습니다. 이것이 인간의 식단을 따라서 사료를 만들었다는 증거가 될 수도 있을 겁니다.

하지만 최근에는 곡물이 들어 있지 않은 사료, 소위 그레인 프리 (Grain Free) 사료가 시중에 나와 있습니다. 그레인 프리 사료는 곡물을 제외하고 그만큼 육류의 비중을 높인 사료입니다. 만일 지금 당장 사료를 구매해야 하는데 뭘 사야 할지 모른다면 아주 간단한 방법이 있습니다. 현재 국내에서 판매 중인 그레인 프리 사료 중에 아무거나 골라잡으면 됩니다. 그만큼 우리나라에 수입되는 그레인 프리 사료는 거의 다 검증된 품질의 제품만 들어오고 있습니다.

그레인 프리 사료라고 해서 아예 풀(탄수화물)이 없는 건 아닙니다. 곡물이 없을 뿐이지 그레인 프리 사료에도 당연히 탄수화물이 포함되어 있고, 특히 어떤 형태든 전분 종류는 보통 들어갑니다. 이 성분이 없으면 사료 알갱이 모양을 잡기가 힘듭니다. 동그랑땡 만들 때 전분이나 밀가루를 넣어야 잘 뭉쳐지는 원리와 같습니다.

곡물에 대해 한 말씀만 추가하겠습니다. 간혹 곡물이 필요한 강아지도 있습니다. 예를 들어 간이나 신장에 문제가 있는 강아지들이 그렇습니다.(당연히 수의사의 진단이 필요합니다.) 그러므로 그레인 프리가 모든 강아지를 위한 해답은 아닙니다. 이런 경우 강아지의 건강 상태에 따라 수의사가 판단을 내려 줄 것입니다. 다만 수의사에 따라 사료에 관한 정보가 부족한 경우도 있습니다. 이건 수의사를 꼭 탓할 문제만은 아닌 게, 워낙 다양한 종류의 사료가 있고 사료마다 원료 배합과 영양 성분이 다르기 때문에 수의사라고 모든 것을 알 수는 없을 겁니다.

2) 탄수화물, 단백질, 지방

어쩌면 앞 단락(가. 육식 vs 잡식)에서 그대로 이어지는 내용이 될 수도 있습니다. 강아지 사료에 이상적인 탄수화물, 단백질, 지방의 배합 비율은 어떻게 될까요? 그리고 강아지에게 적합한 단백질원은 무엇일까요? 위에서 언급한 경제적, 문화적, 어쩌면 인류학적 이유로 대부분의 중저가 사료에는 탄수화물이 가장 많고 그다음 단백질, 그리고 지방 순으로 들어 있습니다. 혹은 탄수화물, 지방, 단백질 순서인 사료도 있습니다. 그러나 개가 육식동물임을 감안하면 이 순서는 아마도 옳지 않을 것이라는 결론을 내릴 수 있습니다. 육식동물인 개에게 가장 중요한 요소는 바로 단백질입니다. 그것도 아무 단백질이나 다 좋다고 볼 수도 없습니다.

a. 단백질

사료를 고르실 때 단백질 비중은 높을수록 좋습니다. 만일 단백질이 30퍼센트라고 하면 사람이 먹는 식단에서는 높은 편이지만, 개의 식단에서는 높다고 할 수 없습니다. 그 이유는 자연 상태에서 개가 먹는 식단을 살펴보면 짐작하기 어렵지 않습니다.

개와 늑대는 해부학적으로 무척 흡사합니다. 늑대가 현미나 귀리를 먹는 장면을 상상하기란 쉬운 일이 아닙니다. 단백질은 근육 등을 만드는 기본 요소로서도 중요하지만 에너지원으로서도 큰 역할을 합니다. 우리는 탄수화물만이 에너지원이며 단백질은 근육 등 신체 구조를 만들 때만 쓰인다고 생각하기 쉽습니다. 에너지원으로서 탄수화물과 단백질의 차이점은, 잉여 칼로리가 생겼을 때 몸에 쌓이기 쉬운 탄수화물과 달리 단백질은 체외로 배출되는 경우가 많다는 점입니다. 이런 이유로 성장기의 강아지뿐만 아니라 체중 조절이 필요한 노견에게도 탄수화물보다 단백질이 더욱 중요하다는 것을 짐작할 수 있습니다. 많은 분들이 노령견은 저단백질 식사를 해야 한다고 생각하시는데, 실은 그 반대입니다. 물론 신장에 심각한 문제가 있는 강아지라면 이야기가 다르지만, 그런 강아지들에게는 처방식이 필요하므로 그건 아예 다른 이야기가 됩니다. 반복해서 말씀드리지만 수의사와의 상담이 무척 중요합니다.

당연한 이야기이지만, 같은 비율의 단백질이 들어 있다고 해서 같은 품질의 사료라고 볼 수 없습니다. 우선, 식물성 단백질은 동물성 단백질보다 아미노산 구성에서 그 품질이 몹시 떨어집니다. 개는 동물성 단백질원으로 만든 사료를 먹는 것이 좋습니다. 우리나라에는 많지 않으나, 간혹 채식주의 식단으로 만든 사료를 먹이는 경우가 있습니다. 개체가 가진 알레르기 등으로 인해 어쩔 수 없다면 모를까 그런 게 아니라 단지 보호자의 선택으로 채식을 시킨다면 그것은 옳지 않습니다. 개는 육식동물에 가까우며 최대한 육식으로 식단을 구성하는 게 좋습니다. 내가 비건(vegan, 엄격한 채식주의자)이라고 개까지 억지로 비건을 만드는 것은 지나친 욕심이며 개의 생리를 전혀 고려하지 않은 선택입니다. 개도 마찬가지이지만 특히 고양이는 채식으로는 타우린 등의 필수 아미노산을 섭취하기 힘듭니다.

b. 지방

지방에 관해서는 우리가 신경 쓸 일이 많지 않습니다. 간혹 저가 사료는 지방의 비중이 지나치게 높고 그 품질 역시 좋지 않지만, 대부분의 고품질 사료들은 동물성 지방을 적절한 수준으로 함유하고 있습니다. 한 가지 유념하실 것은, 대부분의 반려견은 자연 상태의 개에 비해 활동량이 적다는 점입니다. 그러므로 지방의 비율이 너무 높은 것은 좋지 않을 수 있습니다. 다들 아시다시피 지방은 같은 양의 탄수화물과 단백질에 비해 두 배 정도의 에너지를 냅니다. 그렇다는 건 그만큼 잉여 에너지로 몸에 쌓이기도 쉽다는 뜻입니다.

최근 연구 결과 지방에서 놓치기 쉬운 부분이 오메가 지방산이라는 것을 밝혀냈고, 그중에서도 특히 오메가 6와 오메가 3의 비율의 중요도가 많이 강조되고 있습니다. 그래서 좋은 평가를 받는 사료들은 대부분 3:1 정도의 비율을 유지하고 있습니다. 오메가 지방산 역시 식물성보다 동물성의 품질이 강아지에겐 월등히 좋다는 사실도 알아 두시면 좋을 것입니다.

한 가지 더, 지방은 우리가 언뜻 생각하는 것과 달리 강아지에게 필수적으로 있어야 합니다. 그러나 탄수화물은 그렇지 않습니다. 무엇이 더 중요하냐를 묻는다면 탄수화물보다 지방이 더 중요합니다. 왜냐하면 탄수화물에서 나오는 에너지는 단백질로 대체할 수 있지만, 지방에 함유된 필수 지방산은 다른 무엇으로도 대체할 수 없기 때문입니다.

c. 탄수화물

탄수화물에 대해 자세히 다루려면 단순 탄수화물과 복합 탄수화물까지 들어가야 하는데 이 책에서 그렇게까지 하긴 어렵습니다. 대신 강아지 사료의 탄수화물에 대해서 우리는 한 가지만 알면 됩니다. 바로 탄수화물 성분은 적을수록 좋다는 사실입니다. 위에서 간략히 살펴본 이유로 강아지의 자연 식단에는 탄수화물의 비중이 결코 높지 않습니다. 높은 등급의 사료들은 30-40% 정도의 탄수화물을 유지합니다. 그런데 우리가 먹이는 사료들 중 가격이 저렴한 사료에는 45%가

넘는 탄수화물이 함유되어 있습니다. 어떤 사료는 탄수화물의 비중이 50%가 넘기도 합니다. 그리고 저렴한 사료의 탄수화물은 대부분 곡물에서 옵니다. 이런 제품은 반려견에게 바람직하다고 보기 힘듭니다. 참고로 단백질과 지방 비율만 나와 있고 탄수화물 비율이 표기되어 있지 않은 제품도 있습니다. 이는 미국사료관리협회(AAFCO)에서 탄수화물을 표기하지 않기로 했기 때문입니다. 그래서 때로는 단백질과 지방의 비율을 더해 탄수화물 함량을 짐작해야 하는 경우도 있습니다.

물론 이렇게 탄수화물이 많은 사료를 먹는다고 강아지가 죽거나 금방 병드는 것은 아닙니다. 하지만 그렇다고 해서 적절한 식단이라고 말할 수는 없을 겁니다. 우리 보호자들이 강아지 영양학까지 전부알 필요는 없겠지만, 어떤 사료가 강아지에게 좋은 사료인지는 알아야 할 것입니다.

저렴한 사료, 품질이 낮은 사료는 단백질 비중을 줄이고 그 대신탄수화물을 더 넣습니다. 왜냐하면 단백질 원료가 탄수화물 원료보다 비싸기 때문이죠. 그러므로, 어쩌면 매우 단순한 결론일 수도 있지만, 강아지 사료는 단백질 함량이 높으며 비싼 사료가 좋은 사료라고 말할 수 있습니다. 물론 이건 매우 단순한 결론입니다. 단백질의품질 또한 생각해야 합니다.

02 원료의 출처와 품질

단백질, 탄수화물, 지방의 비율은 중요합니다. 그러나 그에 못지않게 어떤 원료로 그 비율을 채우는지도 중요합니다. 같은 단백질이라

해도 붉은 살코기냐 흰 살코기냐 생선이냐가 다르고, 같은 닭이라고 해도 뼈를 발라낸 살코기냐 아니면 먹을 거 대충 발라내고 남은 부산물이냐 아니면 이것도 저것도 다 뜯어 가고 남은 찌꺼기냐가 다를 것입니다.

부산물(by-product)은 쉽게 말하면 여러분이 치킨을 시켜 드실 때 맛있게 뜯어 먹고 남은 부분을 말합니다. 음식물 쓰레기통으로 직행하는 부분이죠. 혹은 우리가 마트에서 쉽게 볼 수 있는 닭가슴살과 다리살 등을 발라내고 남은 찌꺼기 살과 뼈, 내장 등도 부산물이라고 할 수 있습니다. 이 정도면 음식물 쓰레기는 아닐 겁니다. 그러나 식품의 원료로 바람직하다고 보긴 어렵습니다. 이런 부산물은 버리지 않고 사료 회사에서 사 갑니다. 그리고 주로 대형견이나 시골에서 많이 먹이는 사료의 원료로 사용됩니다. 사실 엄밀히 말해 내장 자체가 나쁜 건 아닙니다. 내장은 다양한 영양소의 원천이 되어 주지요. 간혹 비싼 사료 중에서도 이런 부산물을 사용하는 제품이 있습니다. 이런 사료는 깨끗한 상태의 내장을 적정량 함유하고 있습니다.

출처를 제대로 알 수 없는 단백질과 부산물보다 완전한 식품에서 온 단백질이 아미노산 구성에서 훨씬 유리합니다. 아미노산은 쉽게 말씀드려 레고 블록과 같습니다. 자동차 레고를 샀는데 바퀴 부품이 없으면 자동차를 완성할 수 없지요. 아미노산 구성이 부족한 사료는 바퀴 부품이 없는 레고와 마찬가지입니다. 그러니 완전식품을 사용한 사료가 좋다는 것은 말할 필요도 없이 당연한 이야기가 됩니다. 여기서 한 걸음 더 나아가면, 식물 단백질보다 동물 단백질이 좋습니다. 예를 들어 같은 양의 콩 단백질과 멀쩡한 닭 살코기 단백질을 비교하면 아미노산 구성 면에서 닭이 낫습니다. 사실 영양학계에서 이건 약간 논란이 되는 부분이긴 합니다. 예를 들어 완두콩이나 대두 단백은 동물 단백질 못지않게 우수하다는 주장이 있습니다. 그러나 현재까지 대부분의 연구는 닭이나 달걀 등 동물 단백질을 높이 평가 하는 것이 사실입니다.

현재 국내에서 판매 중인 사료의 단백질원은 매우 다양합니다. 닭 과 칠면조, 오리 등의 가금류와 양고기 등의 붉은 고기(오리를 이쪽에 포함 시키기도 합니다.), 연어와 송어, 청어 등의 생선 등이 주로 쓰이는 단백질 원입니다. 한 가지 재미있는 것은, 사료의 주원료를 결정하는 요소는 원료의 품질만이 아니라는 점입니다. 만일 쇠고기가 가장 좋다면 쇠 고기만 쓰면 되겠지요. 그러나 실제로는 원재료 가격과 가격 변동 문 제, 수급 문제, 종교 문제 등 주원료를 결정하는 요인은 많습니다. 때 로는 사료 회사도 어째서 특정 원료가 사용되거나 사용되지 않는지 모르는 경우도 있습니다. 예를 들어 돼지고기를 사용하는 강아지 사 료는 많지 않습니다. 췌장 문제와 연관시키기도 하는데, 근거가 희박 하다는 주장도 있습니다. 이에 대해 내추라펫은 "딱히 돼지고기를 쓰 지 않는 이유는 없다."라고 대답했습니다. 힐스는 "간과 비장 등의 돼 지 내장을 쓴다."라고 밝혔고요. 아, 쇠고기를 쓰는 사료를 국내에서 구입하긴 어렵지요? 이건 북미산 반추동물(소 등)을 사용한 사료의 수 입이 금지되었기 때문입니다.

주원료 외에도 신경 쓸 부분은 많습니다. 채소와 과일은 어떤 것을 사용할까? 분명 냉동 원료도 있을 테고 보존제를 쓰는 원료도 있을 것입니다. 요즘 논란이 되는 유전자변형식품(GMO)도 있을 겁니다.(햄스 터 먹이에 사용되는 옥수수가 GMO 논란에 휩싸이기도 했지요.)

눈에 보이는 재료 외에도 따져 봐야 할 것이 또 있습니다. 예를 들어 건사료는 유통기한이 1년씩도 갑니다. 아니, 식품이 어떻게 상온에서 1년이나 갈까요? 이상하게 생각해 본 적이 분명 있으실 겁니다. 사료가 상온에서 몇 개월, 1년 이상씩 가는 이유는 바로 보존료를 쓰기 때문입니다. 그러나 보존료를 썼다는 것만으로 문제가 되지는 않습니다. 아니, 보존료는 반드시 필요합니다. 이 보존료의 종류도 다양해서, BHA, BHT등의 합성 보존료를 쓰는 사료가 있는 반면 비타민 E를 보존료로 사용하는 사료도 있습니다. 둘 중에 무엇이 좋은지는 말씀드릴 필요도 없을 것입니다. 문제는 강아지 사료에 직접적으로 합성 보존료를 첨가하지 않더라도, 사료의 원료가 되는 닭이나 양이 먹는 사료에 BHA, BHT를 사용하는 경우입니다. 이건 우리 같은 보호자들이 파악하기 힘듭니다.

우리들 보호자로서는 너무 혼란스럽습니다. 결국 사료 선택에서 가장 중요한 게 이 부분입니다. 과연 우리 강아지가 먹는 사료는 무엇으로 만들었는가? 그리고 그 원료는 어디서 왔으며 어떻게 관리했는가? 이 부분만 해결이 된다면 사실상 사료 선택의 고민은 거의 없다고 보셔도 됩니다. 그 얘기는 거꾸로 이 질문에 대답하는 것이 무척이나 어렵다는 말이 됩니다.

지금 여러분의 강아지가 먹는 사료는 어디 제품인가요? 그리고 그 사료를 만들 때 사용한 원료는 무엇인가요? 양? 닭? 칠면조? 토끼? 연어? 송어? 오리? 그리고 그 원료를 어디서 누가 어떻게 가공했나요? 이 질문에 답하기란 쉽지 않습니다. 평소 우리가 신경 쓰기 힘든 부분이기 때문이죠. 단백질원뿐만 아니라 채소 과일 역시 마찬가지입니다. 사실 이에 대해 속 시원한 말씀을 드리지 않아 실망스러우실 수도 있습니다. 그렇지만 라벨에 적힌 모든 원료의 출처와 품질을 검증하는 것은 개인으로서 불가능에 가깝습니다.

그러나 이렇게 생각해 볼까요. 지금 당장 냉장고를 열어서 아무 가공식품이나 하나 꺼내 보세요. 저도 냉장고를 열어 보니 소시지가 나왔습니다. 저는 이 소시지를 무엇으로 만들었는지 잘 모릅니다. 아마도 돼지고기를 썼겠지요. 그러나 정확한 함량은 모릅니다. 대충 돼지고기 함량이 높으면 좋다는 정도만 압니다. 하지만 그 돼지가 어디에서 왔는지 모르고, 누가 어떻게 익히고 어떤 방법으로 가공했는지 모릅니다. 이렇게 우리는 우리가 먹는 음식에 대해서도 잘 모릅니다. 이는 우리의 삶이 그렇게 흘러왔기 때문일 수도 있지만, 이는 아마도 우리가 상품의 세세한 사항들 즉 원료, 함량, 가공 등등을 뭉뚱그려 '브랜드'를 붙인 후 그 브랜드를 구입하기 때문일 겁니다. 우리는 대기업 제품이라고 하면 웬만하면 신뢰합니다. 그리고 라벨을 잘 읽지 않습니다. 여러분은 여러분이 좋아하는 라면에 무엇이 들어가는지 아시나요? 저는 잘 모릅니다.

사실 우리가 강아지 사료를 구입하는 과정도 크게 다르지 않습니다. 그래서 사료 선택에서 가장 중요한 것은 어쩌면 브랜드일지도 모릅니다. 아니, 정확히 말하면 가장 큰 영향을 끼치는 것이 브랜드이고 기업일 겁니다.

03 기업 철학 및 제조 방식

기업은 소비자에게 물건을 판매합니다. 실질적으로 기업의 목적은 그것입니다. 기업은 우리 주머니에 있는 돈을 원합니다. 우리에게 구매를 유도하는 가장 좋은 방법은 물론 좋은 상품을 만드는 것입니다. 그러나 현대 사회의 많은 기업은 좋은 상품을 소비자가 알아줄 때까지 기다리지 못합니다. 그래서 갖은 방법을 동원해 홍보에 열을 올립니다. 좋은 제품을 적절한 채널을 통해 홍보하는 거야 무슨 문제가 있겠습니까마는, 실상은 그렇지 못합니다. 특히 인터넷이 발달한 지금은 전통적인 홍보 방식 외에 별의별 방법을 다 씁니다. 인터넷을 통한 (바이럴이라는 그럴듯한 말로 포장한) 여론 조작은 그중 가장 흔한 방법입니다.

우리 소비자는 좋은 기업을 알아볼 수 있어야 합니다. 물론 쉬운 일이 아닙니다. 하지만 강아지 사료를 고를 때 제조사의 양심을 판단하는 건 의외로 간단합니다. 요즘은 거의 모든 사료 제조사가 홈페이지를 운영합니다. 저는 홈페이지를 볼 때 홍보를 위해 갖다 붙인 이름이나 명칭은 신경 쓰지 않습니다. 무슨 프리미엄이니 내추럴이니 오가닉이니 이런 말에 혼동될 필요 없습니다. 이런 표현은 그저 보호자들의 머리만 복잡하게 만들 뿐입니다. 물론 프리미엄 사료 좋습니다. 그러나 요새 프리미엄 펫푸드 아닌 데가 어디 있을까요. 다 자신들이 최고라고 말합니다. 그러니 화려한 미사여구에 홀릴 필요 없습니다. 사료 등급에 관한 이야기는 뒤에 다시 살피겠습니다.

사료 제조사 홈페이지에서 살펴볼 것은 다음과 같습니다.

1) 창업자(혹은 CEO, 혹은 회사 전체)의 철학

홈페이지의 기업 소개를 유심히 살펴보세요. 그럼 이 회사가 무슨 생각으로 제품을 만드는지 어느 정도 감을 잡을 수 있습니다. 물론 모든 회사가 자신들이 최고이며, 우리 보호자들의 강아지를 위하는 마음에서 제품을 만든다고 말합니다. 그렇기 때문에 이를 검증해야 합니다.

2) 원료의 출처 및 가공 방법 공개 여부

자신들이 최고이고 진심으로 강아지를 생각한다는 주장을 검증하는 방법은 어렵지 않습니다. 사료를 만드는 원료, 그리고 그 원료의 출처와 가공 방법 등을 누구나 볼 수 있게 홈페이지에 공개했는지를 보면 됩니다. 예를 들어 A와 B 두 회사가 있습니다. A 회사는 어디 어디산 원료를 사용하며, 그 원료의 수급이 어려운 경우 어디 어디 것을 쓴다고까지 공개합니다. 이런 곳이라면 신뢰하고 싶지 않아도 자연스럽게 믿음이 가지요. 비슷하게 홈페이지를 꾸며 놓고 원료를 중시한다고 말하는 B 회사도 있습니다. 그러나 그 회사는 A와는 달리 홈페이지를 아무리 뜯어봐도 그 원료의 출처가 어디인지 적혀 있지 않습니다. 어디서 가져온 닭인지 모르고 어떻게 만든 가루인지 모르는데 어떻게 최고의 사료라고 말할 수 있을까요. 위에서 말씀드렸지만, 살을 발라내고 남은 찌꺼기도 단백질은 단백질이고 지방은 지방입니다. 비슷한 가격이라면 B 회사의 사료를 구매할 이유는 없을 것입니다.

엄청 까다롭게 원료를 체크하고 싶다면 '가공되기 이전의 원재료 상태를 공개하는가?'를 체크해 보세요. 정말 좋은 회사는 어떤 원료를 어떻게 가져오는지, 어떤 상태인지도 설명합니다. 물론 이렇게까지 할 필요가 없을 수도 있습니다. 하지만 다시 말씀드려, 비슷한 가격이라면 다홍치마이지요.

가공 방법을 공개하는가도 눈여겨볼 만한 부분입니다. 사료 가공은 제조 시 온도에 따라 고온 제조와 저온 제조가 있습니다. 깊게 생각할 필요도 없이 영양소 파괴의 면에서 저온 제조가 좋습니다. 저온 제조는 영양소의 보존뿐만 아니라 소화흡수율에도 영향을 끼칩니다. 아무리 좋은 원료를 썼더라도 몸에서 받아들이지 못하면 무슨 소용이겠습니까. 그러나 저온 제조는 비용이 많이 들고 시간도 오래 걸리기 때문에 모든 회사에서 택하는 방식은 아닙니다. 가공 방법을 여러분도 확인할 수 있습니다. 바로 유튜브에서 찾아보시면 됩니다. 유튜브에 해당 사료 이름을 영어로 치고 factory 등을 덧붙여 검색해보세요. 그럼 원료 수급 과정과 제조 과정 등을 볼 수 있습니다. 영어 몰라도 상관없습니다. 영상만 보셔도 됩니다. 만일 어떤 사료를 검색했는데 이런 영상이 없다면? 그 사료 회사는 점수가 깎이는 것이지요. 초록창에서 그냥 검색하지 마세요. 정보를 가장한 광고로 가득한 블로그와 카페 글에 현혹되어선 안 됩니다. 정확한 정보를 얻는 채널을 알아야 합니다. 이게 힘이고 정보이고 건강입니다.(유튜브에서 그냥 dog food factory 혹은 how dog food is made 등으로 검색하면 차마 볼 수 없는 동영상들도 나옵니다.)

가공 방식에 대해 한 말씀 더 해 볼게요. 지금 강아지가 먹는 사료 알갱이를 한번 자세히 보세요. 어떤 사료는 모양이 일정하고 어떤 사료는 모양이 불규칙합니다. 이 차이는 어디에서 오는 것일까요?

강아지 사료 제조 가공은 크게 익스트루전(extrusion)과 스팀 쿠킹(steam cooking)으로 나뉩니다. 익스트루전은 가래떡이나 소시지 만드는 걸 상상하시면 됩니다. 기계에서 일반적으로 고온으로 모양을 찍어 만듭니다. 그래서 모양이 일정합니다. 스팀 쿠킹은 고온으로 찍어내는 것이 아니라 말 그대로 찌는 것인데, 익스트루전 방식에 비해 시간과 공간이 많이 필요하기 때문에 많은 회사에서 하고 있지는 않습니다. 간혹 "○○ 사료를 샀는데 알갱이 모양이 다 달라요."라는 질문을 볼 수 있습니다. 이런 사료는 아마도 스팀 쿠킹 방식의 사료일 가능성이 높습니다.

최근에는 동결건조 방식으로 제조한 사료도 국내에 다량 수입되어 있습니다. 영양소 파괴를 최소화한 방식이기에 장점이 많으나, 그만큼 가격이 비싸다는 점이 흠입니다.

3) 영양 구성에 대한 설명 여부

위에서 말씀드린 단백질, 탄수화물, 지방 및 비타민 무기질 등의 미량 원소 구성에 대한 납득할 만한 설명이 있는지를 확인해 보세요. "여러분의 강아지는 이러이러한 동물이니 우리는 이러이러한 사료를 만듭니다."라는 설명이 있는지 확인해 보세요.

단순히 "우리는 최고의 사료를 만든다." 이런 말은 선택에 도움이 되지 않습니다. 그 어떤 회사도 "우리 제품은 중간급이에요."라고 말하지 않기 때문입니다. 이런 홍보 문구를 다 걷어내고 정확한 정보만 볼 수 있어야 합니다.

가끔 수의사가 참여했기 때문에 좋은 사료라고 광고하는 경우도 있습니다. 그러나 단순히 수의사가 참여했다는 사실만으로는 장점이 되지 못합니다. 그냥 사료를 만들고 수의사의 이름을 빌려오는 정도로는 그 사료에 대해 아무것도 말해 주지 못합니다. 수의사가 그 사료에 대해 제대로 된 설명을 해 주는지, 본인이 해당 사료의 제조에 무슨 역할을 했는지, 아니면 단순히 홍보를 위해 고용된 것인지 살펴보세요. 수의사가 고품질 사료의 필요성을 느끼고 만든 회사도 있습니다. 이런 경우 설득력 있는 설명이 덧붙여져 있다면 확실히 매력적인 제품으로 다가옵니다.

4) 리콜 전략

사료를 만들다 보면 문제가 생길 수 있습니다. 물론 애초에 문제가 될 만한 사료를 만들지 않는 것이 최우선이지만, 그럼에도 가끔 리콜을 해야 할 정도로 큰일이 생기는 경우도 있습니다. 리콜은 제품에 대해 많은 것을 말해 줍니다. 대개 사료 리콜은 원료에 대한 세균 감염때문인데, 그런 일이 드러났다는 건 평소 원료 관리에 소홀했다는 의미입니다. 그럴 때 회사가 어떻게 대처하는지를 잘 살펴야 합니다. 제대로 된 기업이라면 모든 정보를 공개하고 성심성의껏 리콜에 임할겁니다. 머리카락 한 올이라도 숨기는 낌새가 있다면 위험을 감수하면서까지 그 기업의 제품을 구입할 이유는 전혀 없습니다. 가끔 소비자에게 알리지 않고 자기들끼리 속닥속닥 리콜하는 경우도 있는데, 이런기업의 제품은, 조금 과격히 말하자면, 평생 불매가 답입니다.

리콜에 대해 꼭 아셔야 할 게 있습니다. 예를 들어 엘리푸드라는회사가 리콜을 했다고 치겠습니다. 그렇다고 엘리푸드에서 나온 모든 제품에 문제가 있는 건 아닙니다. 리콜은 원재료에 문제가 있는경우가 많기 때문에, 특정 기간에 생산된 특정 라인의 제품에만 문제가 생기는 게 대부분입니다. 그러므로 엘리푸드를 먹이는 분들은 리콜 진행 상황에 따라 해당 제품을 구입했는지 확인해 볼 필요가 있습니다. 물론 리콜에 해당이 안 되더라도 그 회사 제품이 전부 찝찝해지는 건 어쩔 수 없을 겁니다. 그건 회사가 감당해야 할 부분이겠지요. 그러나 거꾸로 리콜은 이런 면도 있습니다. 한 번 리콜을 겪은 회사는 그만큼 원료 관리에 더 신경을 쓸 겁니다. 다시는 그런 일이 없도록 이전보다 품질 관리를 철저히 할 것입니다. 그러므로 시각에 따라 이건 장점으로 볼 수도 있을 겁니다.

5) 하청 여부

유명 제과 이름을 믿고 과자를 샀는데 자세히 살펴보니 '제조원: 엘리제과' 이렇게 적혀 있는 경우가 있죠. 뭔가 조금은 속은 듯한 느낌이 듭니다. 그럼 그냥 엘리제과에서 팔지 왜 유명 제조사의 이름을 붙여 팔까? 그런 생각을 안 할 수가 없지요. 사료 역시 마찬가지입니다. 유명 브랜드 사료인 줄 알고 샀는데 알고 보니 만든 데는 거기가 아닌 경우가 있어요. 사료 회사에서 하청을 주는 이유는 다양하지만, 가장 큰 이유는 초기 투자비용 때문입니다. 사료 사업에 뛰어들고 싶지만 기반 시설에 들어가는 비용이 워낙 크기에 사료 설계만 하고 제조는 이미 시설을 갖춘 업체를 이용하는 것입니다. 자기 회사 이름을 붙이고 좀 더 책임 있게 만드는 회사가 있는데 굳이 하청 주고 이름값 더 붙이는 회사의 제품을 구매할 이유는 없다고 봅니다. 다른 선택의 여지가 없다면 모를까, 사료는 다른 제품도 많이 있으니까요. 물론 하청을 주었다는 게 치명적인 문제는 아닙니다. 품질 관리만 제대로 하고 있다면 별 상관이 없을 수도 있지요.

6) 보호자에게 필요한 정보 제공 여부

어떤 사료 회사 홈페이지는 보호자에게 필요한 다양한 정보를 제공하기도 합니다. 먹어도 되는 음식과 먹어선 안 되는 음식을 정리해둔 곳도 있고, 각종 첨가물에 대한 설명을 올려놓은 곳도 있습니다. 이런 곳은 단순히 물건을 파는 것 외에 보호자와 강아지의 복지를 신경 쓴다고 볼 수 있습니다. 만일 비슷한 품질의 제품이라고 판단되면 이런 회사의 제품에 조금 더 끌리는 것은 당연할 겁니다. 개인적으로는 사료 자체의 품질 만큼이나 이런 정보 제공 항목을 중요하게 생각합니다.

7) 마케팅

정직하지 못한 마케팅 수단을 쓰는 기업의 제품을 돈 주고 살 이유는 없습니다. 지극히 저의 개인적 선호이지만, 저는 게시판 거짓 댓글 알바가 눈에 띈다면 그 업체는 이용하지 않습니다. 물론 요즘은 별의별 마케팅을 다 합니다. 제가 모르는 사이 저도 제가 모르는 마케팅에 노출되어 있겠지요. 하지만 일단 거짓 댓글 알바가 있다는 걸 알고 나면 굳이 그런 회사의 제품을 쓸 이유가 없습니다. 인터넷이 발달한 지금, 최악의 마케팅이 바로 이 바이럴 마케팅입니다. 제품을 무료로 제공받기에 긍정적인 평 위주로 쓸 수밖에 없는 체험단도 문제가 있지만, 그나마 체험단은 낫습니다. 마치 일반 사용자인 양 "써보니까 좋아요!" "추천해요!" 이런 식으로 글을 쓰는 거짓 알바는 답이 없습니다.

04 기호성

간혹 기호성 좋은 사료를 추천해 달라는 글을 봅니다. 아마도 강아지가 구입한 사료를 먹지 않기 때문일 겁니다. 그러나 '기호성이 좋은 사료는 이거다'라고 단순히 말하긴 힘듭니다. 개체마다 입맛이 다르기 때문이지요. 물론 일부 사료의 경우 제조 과정에서 겉에 향을 코팅한다든가 하여 기호성을 증가시키기도 합니다. 그런데 생각해 보면, 후각이 예민한 강아지 사료에 이렇게까지 해야 하나 싶기도 합니다. 그런 사료는 보상으로 주려고 손에 쥐기라도 하면 냄새가 한참을 가서 난감할 때도 있지요.

강아지 사료의 기호성은 사실 누구도 알 수 없습니다. "무슨 무슨 사료가 기호성이 좋아요." "그렇군요. 추천 감사해요!" 하지만 그 사료를 우리 개는 전혀 입에 안 댈 수도 있습니다. 인터넷에서 잘 먹는다고 해서 샀는데 실패하는 경우가 숱합니다. 특히 블로그 리뷰는 조심하시는 것이 좋습니다. 요즘처럼 무슨 무슨 체험단 이런 식으로 블로깅하는 경우에는 애초에 그런 글을 믿을 수가 없고 믿어서도 안 됩니다. 공짜로 받은 제품에 대해 좋지 않은 평을 내릴 사람은 별로 없습니다. 그러므로 단순히 초록창에서 '기호성 좋은 사료'로 검색하는 건 큰 의미가 없습니다.

이런저런 이유로 인해 기호성은 결국 먹여 봐야 압니다. 그렇기 때문에 샘플이 있습니다. 대부분의 사료 홈페이지에서 택배비만 부담하면 샘플을 신청할 수 있습니다. 다양한 샘플을 먹여 보시고 강아지에게 맞는 사료를 선택하세요. 그리고 겸사겸사 홈페이지에 들어가서 이런저런 정보도 확인해 보시구요. 십여 가지 사료를 안 먹던 강아지라 해도 어떤 사료에 딱 꽂히는 순간이 분명 있습니다. 게시판에서도 이런 유레카의 순간을 종종 볼 수 있지요. 이런 글을 보면 보호자의 기쁨이 전파를 넘어 느껴지는 듯합니다. 이걸 찾아 주는 것은 보호자의 몫입니다. 물론 쉬운 여정은 아니지만요.

안타까운 사실이지만, 좋은 원료를 쓴 사료라 해서 더 좋아하리라는 보장은 없습니다. 물론 좋은 원료를 썼다면 그리고 특히 저온 제조 과정을 거쳤다면 영양소와 재료 본래의 풍미⑺가 살아 있을 테니 더 좋아할 수도 있겠지요. 그러나 중저가 사료 중에서는 따로 향을 입히는 제품도 있으므로 중저가 제품을 더 잘 먹을 수도 있습니다. 몸에 좋다고 해서 기껏 비싼 사료를 샀는데 잘 먹지 않고 자꾸 예전 사료를 찾는다면 그보다 안타까운 일은 없을 겁니다.

05 가격

가격을 굳이 언급하는 이유가 있습니다. 강아지 사료는 일반적으로 가격이 비쌀수록 좋습니다. 좋은 원료와 제조 공정을 생각하면 당연한 이야기입니다. 사료 제조에 들어가는 비용을 생각하면 낮은 가격에 좋은 사료가 나올 수는 없습니다. 이건 물리적으로 불가능한 이야기입니다. 간혹 강아지 용품점을 지나가다 보면 '15kg에 10,000원' 이렇게 붙여 놓은 사료도 있습니다. 세상에 그 어떤 원료가 15kg에 1만 원밖에 안 하겠습니까. 과연 이런 사료에 고기는 얼마나 들어 있겠으며 설령 양이 충분하다 한들 원료의 품질을 믿을 수 있겠습니까.

그러나 반대로 비싼 사료라고 해서 반드시 품질이 좋으리라는 보장도 없습니다. 다들 아시다시피 상품의 가격이 그 질을 보장해 주는 것은 아닙니다. 실제로 시중에서 판매되는 사료의 가격을 살펴보면 쓴웃음이 날 때도 있습니다. 도저히 비슷한 급의 사료가 아닌데 가격이 비슷하거나 심지어는 더 비싼 경우도 있습니다. 결국 소비자가 물건을 직접 비교하고 판단해서 옥석을 가려야 합니다.

또 한 가지 드리고 싶은 말씀이 있습니다. 간혹 지금 먹이는 사료의 가격이 부담되어서 조금 저렴한 사료를 추천해 달라는 글을 봅니다. 대형견이라면 이해가 갑니다. 그러나 소형견이라면 이건 이해하기 힘든 이야기입니다. 오해 없으셨으면 합니다. "금전적인 사정이 안 좋으면 개를 키워선 안 된다." 이런 말씀을 드리려는 게 결코 아닙니다. 저는 이 말을 믿지 않습니다.

다만, 대부분의 소형견은 하루에 끽해야 100그램 정도 먹습니다. 제일 좋은 사료를 먹인다고 해도 돈으로 환산하면 천 원 정도밖에 안 됩니다. 우리가 먹는 음식의 가격을 생각해 보세요. 밖에서 파스타 한 그릇이라도 먹으려면 두 사람에 3만 원은 합니다. 3만 원이면 강아지가 한 달 먹는 사료값입니다. 그리고 제가 가끔 비교하는 것인데, 한 달 통신비를 생각해 보세요. 한 달에 핸드폰 사용료로 얼마씩 내는지 말이지요. 그리고 강아지 사료값과 비교해 보세요. 사료 가격 때문에 저렴한 걸로 바꾼다는 것은 납득하기 어렵습니다. 그리고 저렴하다고 해 봐야 얼마 싸지도 않습니다. 좋은 게 한 달에 3만 원이면 싼 건 2만 5천 원입니다. 그 품질 차이를 감수할 만한 가격 차이는 결코 아닙니다.

가끔 "집에 강아지가 많아서 좋은 사료를 못 먹여요."라는 글도 봅니다. 맞습니다. 사실 좋은 거 해 주고 싶은 마음은 한결같을 겁니다.

하지만 동시에 강아지를 많이 데려온 보호자의 선택이 강아지들이 질 낮은 사료를 먹는 것을 정당화할 수는 없을 것입니다. 강아지에게 들어가는 돈 중에 가장 우선적으로 배정해야 하는 것이 바로 사료입니다. 미용이나 옷 같은 것은 부수적인 겁니다. 웬만한 강아지 옷이 3-4만 원은 하지요? 한 달 사료값만큼 비쌉니다.

06 유통사

특히 수입 사료의 경우 유통사의 방침이나 대처도 유심히 살펴보아야 합니다. 한국어 홈페이지를 얼마나 충실히 만들어 놓았는가, 고객 문의에 얼마나 성실히 대답해 주는가, 샘플은 수월히 챙겨 주는가, 교환이나 환불이 까다롭지는 않은가 등등. 특히 요즘은 인터넷이 발달하여 고객과의 소통 창구로 홈페이지를 비롯해 블로그나 페이스북, 카페 등을 운영하는 곳이 많습니다. 그러나 단순히 구색만 갖춰 두고 제대로 응대해 주지 않는 곳도 있습니다. 아무리 좋은 사료라고 해도 유통사가 제대로 된 영업 마인드를 갖추지 못했다면 소비자 입장에서 피곤하기 십상입니다. 모 사료 수입사는 메일로 궁금한 걸 물어볼 때마다 꼼꼼히 답신을 보내 주어서 자연스럽게 신뢰성을 높이더군요. 심지어 전화로 문의했을 때도 친절히 답변해 주었습니다. 덕분에 큰 도움이 됐습니다. 반면 모 회사는 사료 급여량 표기의 중량 문제를 열심히 적어 건의했는데 아무런 답신도 없습니다. 그런데 어느 순간 아무 말 없이 홈페이지의 표기를 수정해 놓았습니다.(저도 수정된 줄 몰랐습니다. 어떤 분이 알려 주셔서 알았어요.) 이런 식이면 회사를 믿고 의

지할 수 있을까요. 비슷한 품질의 사료라면 저는 당연히 전자의 제품을 구매합니다. 실제로 표기량 문제가 있어 이를 혼동한 여러 보호자들이 사료 양을 잘못 급여한 적이 있습니다.

아무리 좋은 사료이고, 제조사 홈페이지에 정보가 많이 있다고 해도 언어의 장벽 때문에 이를 이용할 수 없다면 아무 소용이 없습니다. 수입사는 단순히 물건을 떼어다가 판매하는 곳이 아닙니다. 그럴 거면 보따리장수와 다를 게 없습니다. 수입&유통사는 제조사 홈페이지 수준의 정보를 갖춰 놓고 소비자에게 올바른 정보를 제공할 의무가 있고, 구매자가 지불하는 금액에는 분명히 이런 부분이 포함되어 있습니다. 가끔 정말 훌륭한 제품을 수입해서 판매하지만, 그에 걸맞은 홈페이지나 상품 설명 페이지가 없어서 안타까운 경우도 봅니다. 분명히 우리는 한국인이고, 우리가 구매하는 상품에 대한 한국어로 된 정보를 받아 볼 권리가 있습니다.

여러분도 궁금한 게 있다면 언제든 제조사 혹은 수입 제품의 경우 유통사에 문의하고 정보를 요청하세요. 만일 유통사 홈페이지의 제품 정보에 원래 제조사 홈페이지만큼의 정보가 없다면 올려 달라고 건의를 할 수도 있을 겁니다. 이런 정보가 모이고 모여서 우리 보호자들에게 유용한 자산이 됩니다. 사료에 대해서는 많이 알면 알수록 좋으니까요. 만일 질의에 제대로 응대하지 않거나 대답을 회피하는 곳이 있다면 그 회사(유통사)는 좋은 점수를 주기 힘듭니다. 재미있는 것은, 어떤 수입사는 제가 물어본 질문에 대해 "죄송하지만 그건 모르겠다."라고 답변한 적도 있습니다. 언뜻 이상하지만, 모르는 걸 모른다고 말하니 오히려 신뢰가 가더군요. 모를 수도 있잖아요. 얼렁뚱땅 대답을 회피하는 곳에 비해서는 훨씬 나았습니다.

07 건식 vs 습식

많은 분들이 습식 사료를 부정적으로 생각하는 것을 보곤 합니다. 하지만 습식 사료도 좋습니다. 사실, 제대로 만든 습식 캔 사료는 건사료에 비해 조금 더 자연 상태에 가깝습니다. 캔 사료를 고르실 때 중요한 것은 고기 함량입니다. 절대적으로 고기 함량이 많은 캔 사료를 선택하셔야 합니다. 건사료는 일반적으로 수분이 10퍼센트 미만입니다. 그러나 습식 사료는 수분이 70에서 80퍼센트까지도 올라갑니다. 단순히 계산해 보면, 습식 사료의 경우 같은 영양소를 먹이기 위해서 얼마나 많은 양을 먹여야 하는지 알 수 있습니다. 그리고 대부분의 습식 사료는 주식이 아니라 부식 개념으로 만들어지는 경우가 많아서 건사료에 비해 균형 잡힌 영양을 갖추지 못한 경우가 있습니다. 그렇기 때문에 '캔 사료만' 먹이려면 정말 제품을 잘 골라야 합니다. 좋은 품질의 원료를 썼는가, 충분한 양의 단백질이 들어 있는가, 그리고 필요한 영양분이 전부 들어 있는가를 반드시 살펴야 합니다.

영양 성분이 균형 잡혔다는 가정 하에, 어쩌면 건사료에 비해 불리한 수분 함량 때문에 습식 사료(캔 사료)가 더 좋을 수도 있습니다. 자연스럽게 수분을 섭취할 수 있기 때문입니다. 건사료는 사료만으로 수분을 충분히 섭취할 수 없기 때문에 강아지가 따로 물을 마셔야 합니다. 그리고 이건 자연스럽지 않지요. 자연 상태에서 개는 먹이를 통해 수분을 섭취하고 부족한 부분만 따로 물을 마실 겁니다. 그러나 우리가 키우는 반려견, 건사료를 먹는 개들은 그러지 못합니다. 밥과 물을 별도로 먹어야 하는, 어찌 보면 태생적인 습성에 반하는 행위를 해야 합니다. 간혹 물 양을 제한해서 주라고 하는 분양샵이 있는데, 절대로 따라서는 안 되는 조언입니다. 습식 사료(캔 사료)는 식탐이 많은 강아지들에게 좋습니다. 수분 함량 덕분에 많이 먹어도 되기 때문이지요. 대신 비용이 많이 들어가겠지요.

습식 사료가 건식 사료에 비해 치아 관리 면에서 불리할까요? 사실 그럴 수도 있습니다. 아무래도 강아지는 사람만큼 꼼꼼히 양치질 해 주기 힘들기 때문에 사료 선택에 있어서도 고려할 만한 부분입니다. 그러나 이걸 오해해선 안 됩니다. 습식 사료가 치아 관리에 불리할 수는 있지만, 건사료를 먹으면서 자연스럽게 치아 관리가 되는 것은 절대로 아닙니다. 간혹 건사료를 오독오독 먹으면 이빨이 깨끗해진다고 믿는 경우를 보게 되는데, 이게 사실이라면 사람도 매일 강정 먹으면 이빨이 깨끗해질 겁니다. 덴탈 껌이라고 붙은 개껌류 역시 마찬가지입니다. 치아 관리는 별도로 해 주는 것이 맞습니다.

08 기업 사료와 수제 사료

기업 사료와 수제 사료는 사실 그 경계가 모호합니다. 둘 사이에서는 규모의 차이, 그리고 제조 방식의 차이가 있습니다. 간단히 분류하면 건사료와 캔사료는 기업 사료라고 볼 수 있을 테고 생식이나 화식, 각종 퓨레 등은 수제 사료로 분류할 수 있을 겁니다. 반건조 사료도 있지요.

수제 사료는 대부분 작은 규모의 업체 혹은 개인이 만듭니다. 원료의 출처와 위생 상태, 제조 과정 등을 검증하기 어렵습니다. 업체의 말을 믿는 수밖에 없지요. 물론 이건 기업도 마찬가지이지만, 잘못된 정보를 내보냈을 때의 위험 부담을 생각하면 일단 개인보다는 기업에 믿음이 갈 수밖에 없습니다. 그렇기 때문에 수제 사료를 선택할 때 가장 중요한 건 업체 신뢰도입니다. 수제 사료 업체가 믿을 수 없다는 말씀이 결코 아니고, 강아지 수제 사료에 대한 인증제도가 없기 때문에 각 업체들이 소비자들에게 믿음을 줄 수 있는 방안을 각자 마련할 수밖에 없다는 의미입니다. 업체 홈페이지 등이 그 수단이 될 수 있을 겁니다.

제품 연구와 개발에서 있어서도 수제 사료는 기업에 비해 부족할 수밖에 없습니다. 수제 사료는 연구/개발에 게으르거나 대충 만든다는 얘기가 아닙니다. 제대로 된 마인드로 만드는 수제 사료는 그 정성과 마음에서 결코 뒤지지 않을 겁니다. 그러나 기업이 오랜 세월 동안, 여러 연구원들을 동원해 쌓아온 방대한 데이터와 노하우를 무시할 수 없다는 말씀입니다. 수제 사료 업체가 기업처럼 연구하고 개발하기는 어렵습니다. 품질 관리는 말할 것도 없습니다. 기업은 구조적으로 시스템을 갖춰 놓았기 때문입니다. 사료 회사는 큰돈을 들여 연구원과 수의사, 영양학자를 고용합니다.

다시 말씀드리지만 이건 그래서 수제 사료가 무조건 나쁘다는 얘기가 아니라, 수제 사료를 만드는 분들이 극복해야 하는 부분이라는 의미입니다. 기존 사료에 비해 부족하다고 여겨지는 부분을 극복해야 경쟁력을 확보할 수 있을 겁니다. 지금까지 말씀드린 내용만 보면 수제 사료가 무작정 불리한 것만 같은데, 그렇지도 않습니다. 실제로 몇몇 수제 사료 업체의 경우 홈페이지를 정성껏 꾸며 두고 소비자들에게 필요한 정보를 최대한 자세히 제공해 놓은 곳도 있습니다. 원료

배합, 출처, 제조 방식, 심지어 (그렇게까지 할 필요가 없음에도 불구하고) 가격 책정에 대한 이야기를 적어 둔 곳도 있었습니다. 이 정도면 저도 읽으면서 '믿고 먹여도 되겠다.'라는 생각이 자연스럽게 들었습니다. 부족할 수 있는 신뢰도를 정성으로 커버한 곳이지요. 반면 어떤 업체는 상품 페이지에 사진과 이름 정도만 있고 원료와 영양 성분에 대한 정보가 없는 곳도 있었습니다. 수제 사료는 기존의 건사료와 캔사료에 비해 믿고 먹이기가 쉽지 않습니다. 수제 사료 업체는 이 점을 반드시 감안해야 할 겁니다.

수제 사료만의 장점도 있습니다. 개인 혹은 작은 업체가 운영하기 때문에 개개인에 맞는 맞춤 사료의 제조가 가능합니다. 업체가 부지런하고 양심 있는 곳이라면 신선한 원료를 사용할 것이고, 때에 따라 계절별 재료를 이용한 별식을 기대할 수도 있습니다. 또한 각종 첨가물을 넣지 않으므로 안전한 사료를 확보할 수 있습니다. 토요일 발송을 하지 않는 업체도 있습니다. 조금이라도 신선한 상태를 유지하려는 의도일 겁니다. 특정일 발송을 안 하는 건 분명 업체 입장에서는 상당한 모험입니다. 당장 급하게 제품이 필요할 경우 다른 업체에서 주문할 수도 있으니까요. 웬만한 마인드로는 실행이 어려운 부분이니 박수를 보낼 만합니다.

특히 간식류는 수제 사료 업체의 강점이 빛을 발합니다. 여러 업체에서 강아지들이 좋아하는 다양한 간식을 제공합니다. 물론 원료와 가공 방식에 대해 확인할 필요는 있습니다. 만일 수제 사료를 이용한다면 업체가 어느 정도까지 정보를 공개하는지 꼼꼼히 살피셔야 합니다. 달랑 제품 사진만 올려놓고 판매하는 곳에서 구입할 이유는 없습니다. 뭐가 어떻게 얼마큼 들어가는지를 공개해야 합니다. 식당에서 주방을 공개하듯 어떤 기구로 어떻게 조리하는지, 어떤 원료를 어떤 비율로 배합하며, 그것이 결과적으로 어떤 영양 상태를 이루어내는지 꼼꼼히 공개한다면 무척이나 신뢰가 가겠지요. 생각해 보면 원료 배합을 공개하는 것은 당연합니다. 기존 건사료는 포장지와 홈페이지에 전부 나와 있으니까요. 단지 "수제 사료이기 때문에 건사료보다 좋다."라는 막연한 말만 듣고 수제 사료를 먹이는 것은 올바른 선택이라고 할 수 없습니다. 물론 이는 수제 사료 업체에게 상당한 부담으로 작용합니다. 적은 인력으로 상품 제조만으로도 쉽지 않을 텐데 홈페이지나 블로그 등을 운영하려면 몹시 힘듭니다. 단가 상승의 원인이 될 수도 있습니다.

분명 수제 사료는 처음 생겨났을 때에 비해 많이 좋아졌습니다. 그러나 전반적으로 볼 때 홈페이지를 통한 정보 공개 등에서 아직 많이 미흡합니다. 수제 사료로 검색해 보았을 때 만족할 만한 정보를 공개해 놓은 홈페이지는 결코 많지 않습니다. 물론 소수의 인원으로 식품 제조와 홈페이지 구성까지 만족스럽게 하기란 정말 어려울 겁니다. 거대 기업은 홈페이지 제작과 업데이트, 고객 응대 등의 인원이 별도로 있으니 어쩌면 애초에 비교가 안 됩니다. 그러나 사료는 발전 단계에 있는 제품을 구입해서 우리 강아지에게 먹일 수 없습니다. 이미 완전한 제품이어야 합니다. 그리고 완전한 제품이란 입에 들어가는 먹이만을 말하지 않을 것입니다. 제품을 선택하는 보호자들에게 공정한 정보를 제공하고 원료와 제조 과정에 대한 믿음까지 안겨 줄 수 있어야 수제 사료에 손이 갈 겁니다.

수제 사료에 대해 마지막으로 덧붙입니다. 기업에서 만들어 포장지에 '수제 사료'라고 써 붙여 놓은 사료는 엄밀히 수제 사료라고 볼 수 없습니다. 공장에서 기계로 돌린 반건조 사료는 수제 사료라고 볼 수 없습니다. 그것은 수타 라면이 수타면이 아닌 것과 마찬가지입니다. 진짜 수제 사료와 이런 무늬만 수제 사료를 혼동하시면 안 됩니다.

09 등급 및 용어의 문제
(유기농, 홀리스틱, 휴먼 그레이드, 내추럴, 슈퍼 프리미엄 등)

사료 등급 이야기를 보고 있으면 참 재미있습니다. 조금 길고 지루해도 한번 읽어보실 만할 겁니다. 너무 자세한 내용은 다 빼겠습니다. 그러려면 진짜 책 한 권 나와야 되거든요.

우선 각 등급과 용어에 관한 정확한 정의와 함께 그 의미를 간단하게 분석해 보겠습니다.

1) 유기농(오가닉) 미국 농무성(USDA)에서 정의한 용어입니다. 마법의 단어죠. 그 어떤 상품이라도 '유기농' 딱지를 붙이는 순간 무척이나 좋은 제품인 것처럼 보이게 만드는 효과가 있습니다. "유기농이 좋은가?" 모두가 당연히 그렇다고 생각합니다. 그러나 "왜 유기농이 좋다고 생각하십니까?"라고 물으면 대답할 수 있으신지요. '뭐 깨끗하게 길렀겠지…' 솔직히 이유는 잘 모릅니다. 하지만 좋다고 생각합니다. 그것이 마케팅의 힘입니다. '유기농'이 무엇을 의미하는지 정확히 아는 분들은 많지 않습니다. 최소한 강아지 사료에서는 그렇습니다.

USDA의 정의에 따르면, 유기농의 의미는 다음과 같습니다. '농약이나 항생제 등의 합성 물질을 쓰지 않고 환경을 보호하는 방식으로 재배하는 농축산업 방식.' 미국 농무성은 이 정의에 해당하는 분명한 기준을 제시하고 있습니다. 아쉽게도 그걸 이곳에 다 적을 수는 없지만, 사실 우리 보호자들이 이걸 다 알 필요도 없습니다. 우리가 알아야 하는 점은 '유기농 인증을 받기 위해서는 화학비료와 농약을 쓰지 않고 퇴비와 유기질 비료를 사용해 오랜 기간 동안 농사를 지어야 한다.'는 것 정도입니다.

유기농은 분명 좋은 방식입니다. 유기농 농축산물은 훌륭한 원료입니다. 정의도 그다지 어렵지 않습니다. 그런데 왜 위에서 제가 '우리는 유기농이 무엇을 의미하는지 잘 모른다.'라고 말씀드린 걸까요? 덧붙여, 저는 지금까지 사료 글을 쓰면서 무엇보다도 원료의 중요성을 강조했습니다. 유기농은 분명 원료의 품질을 인증해 주는 마크입니다. 그런데 저는 유기농 사료에 별다른 의미가 없다고 생각합니다. 어째서일까요?

강아지 사료에 '유기농'이 붙어 있으면 우리는 그 사료 봉투 안에 들어 있는 원료가 '모두' 유기농이라고 생각하기 쉽습니다. 그러나 그건 사실이 아닙니다. 혹시 지금 집에 유기농 사료가 있는 분은 봉투를 잘 살펴보세요. 정확히 뭐라고 적혀 있나요? 사료 포장지를 잘 보세요. 함유된 고기와 시금치, 고구마, 곡물이 모두 유기농 원료인 것 같지요? 그러나 육류까지 유기농을 쓴 경우는 많지 않습니다. 육류가 유기농 인증을 받으려면 '유기농 사료를 먹인 가축의 고기'여야 하는데, 이렇게 해서 육류 유기농 인증을 받은 사료는 많지 않습니다.(좀 더 깊게 들어가면 방목이나 아니냐 등등도 따져 볼 필요가 있지만 여기선 그러지 않겠습니다.) 다시 말해, '유기농'이 붙은 강아지 사료에 들어가는 주원료가 모두 유기농이 아닌 경우가 많다는 뜻입니다. 그런데 이런 제품들조차 '유기농'이라는 용어를 사용함으로써 모호한 정보로 소비자를 현혹시킵니다.

저는 제가 잘못 알고 있는 부분이 있을까 해서 몇몇 사료 제조업체에 전화 통화를 시도하고 해당 사료의 '유기농' 표기에 대해 자세히 문의했습니다. 예를 들어 모 사료는 홈페이지에 닭고기 유기농 인증서가 있지만 양고기 인증서는 없습니다. 그런데 양고기를 원료로 한 사료도 유기농 마크를 붙이고 판매 중입니다. 그런데 아쉽게도 만족할 만한 정보를 얻지 못했습니다. 제가 물어봤던 것은 "육류까지 유기농 인증을 받은 제품이 맞는가?"였는데, 통화했던 담당자 분들이 정확히 알고 계신 분도 계셨지만 그렇지 못한 분도 계셨습니다. 그런 이유로 국산 사료의 유기농 인증에 대해서는 제가 정확히 드릴 말씀이 없습니다.

그럼 의아하실 겁니다. 모든 원료가 유기농이 아닌데 어째서 유기농 마크를 붙일 수 있을까요? 이것이 가능한 이유는 일정 퍼센티지 이상 유기농 원료를 사용하면 유기농 마크를 붙일 수 있기 때문입니다. 유기농 70% 이런 식으로 말이지요. 그리고 이런 사료들의 유기농 인증은 대부분 육류가 아닌 곡류와 채소에 대한 인증입니다. 그렇기 때문에 제가 처음에 강아지 사료의 유기농 인증이 별 의미가 없다고 말씀드린 겁니다. 육식에 가까운 개에게 곡물은 적으면 적을수록 좋은데 유기농 현미가 대체 무슨 소용이 있을까요. 감자 고구마 물론 좋지만 유기농 고구마가 강아지에게 뭐 그리 필요하단 말인가요. 물론 유기농이면 좋지요. 하지만 사람인 저도 그냥 쌀밥 먹고 그냥 감자 고구마 먹습니다.

유기농에 대해 한 말씀만 덧붙이고 싶습니다. 저는 강아지는 물론이고 사람이 먹는 음식도 유기농이 그다지 필요하다고 생각하지 않습니다. 저도 텃밭에서 소규모로 농사를 짓지만 '유기농 재배법'을 연구해 보면 사실 딱히 유기농이 그렇게 좋은 것인지 의문이 듭니다. 화학 비료와 농약이 무조건 나쁠까요? 최근 사용하는 농약은 예전처럼 독하지 않으며 일정 기간이 지나면 안전 수치 이하로 떨어져 인체에 무해합니다. 현대의 화학 비료가 나쁘다는 증거는 없습니다. 유기질 비료와의 차이는 분명 있습니다만 그것은 유기물 함량 등의 차이인 것이지 유해성으로 따질 일은 아니라고 생각합니다. 화학 비료가 나쁘다는 건 MSG가 나쁘다는 것만큼 근거가 부족합니다. 다들 아시다시피 MSG의 유해성은 어디서도 증명해 내지 못했습니다.

2) 프리미엄, 슈퍼&울트라 프리미엄, 홀리스틱, 휴먼 그레이드   프리미엄, 슈퍼&울트라 프리미엄, 홀리스틱, 휴먼 그레이드. 멋진 어휘들입니다. 듣기만 해도 뭔가 좋아 보입니다. 홀리스틱급의 최상급 사료, 강아지의 건강을 생각한 울트라 프리미엄 독 키블…. 어감이 좋습니다. 흔히들 프리미엄보다 슈퍼 프리미엄이 좋고 슈퍼 프리미엄보다 울트라 프리미엄이 좋고 울트라 프리미엄보다 홀리스틱이 좋으며 그 위의 등급이 유기농(오가닉)이라고 생각합니다.

그러나 놀랍게도 이런 용어들은 아무런 의미가 없습니다. 홀리스틱이나 프리미엄 등등은 법적으로 그 무엇도 증명해 주지 않는 어휘입니다. 많은 분들이 생각하시는 것과는 달리, 그냥 업체에서 갖다 붙이고 싶으면 붙일 수 있습니다. 제가 사료 회사를 만들고 밀가루랑 생선뼈를 섞어서 "홀리스틱 강아지 사료, 이상한 나라의 Ellie's"라고 붙여도 전혀 문제가 안 됩니다. 왜일까요? 바로 그 어떤 기관에서도 홀리스틱 등등의 기준을 정하지 않았기 때문입니다. 조금 놀라셨을 수도 있습니다만, 사료 포장지에 적힌 프리미엄, 울트라 프리미엄, 홀리스틱 등의 용어에 대한 그 어떤 기준도 없습니다. 그저 마케팅 용어일 뿐입니다. 여러분들은 이런 용어에 혹할 필요가 없습니다.

또 '인간이 먹는 등급'이라는 의미의 휴먼 그레이드라는 용어가 있습니다. 사료 포장지의 휴먼 그레이드는 반드시 사람이 먹는 농작물을 원료로 사용해야 붙일 수 있습니다. 그러나 주의하실 점이 있습니다. 사료 포장지가 아닌 웹사이트 등의 광고에는 이런 규제가 없습니다. 그러므로 홍보용으로 쓰이는 '휴먼 그레이드'라는 용어는 조심하실 필요가 있습니다.

10 눈물 사료

카페와 블로그에서 글을 보며 정말 안타까운 게 눈물 사료를 찾는 글입니다. 강아지가 눈물을 많이 흘려서 이를 잡아 줄 사료를 찾는 것이지요. 아마 이런 글은 앞으로도 끊임없이 올라오고 이에 대한 논의가 이루어질 것입니다.

그런데 아쉽게도 '눈물 사료'라는 것은 없습니다. 일부 사료가 마치 눈물에 특효약인 것처럼 알려져 많은 분들이 "○○가 눈물에는 좋아요."라고 알려 주시지만 이건 사실이 아닙니다. 강아지가 눈물을 심하게 흘리는 증상을 '유루증'이라고 부릅니다. 이 유루증의 원인이 무척 다양한데 그걸 특정 사료로 한꺼번에 잡아 줄 수 있을 리 없습니다. 특정 사료가 '눈물 사료'로 자리 잡은 과정이 개인적으로는 참 궁금합니다. 원산지 홈페이지 어디에서도 유루증에 좋다는 말이 없는 어떤 사료는 국내에 수입되면서 갑자기 눈물에 특효가 있는 눈물 사료로 둔갑합니다.

강아지 눈물이 심하게 나는 것은 기본적으로 질병입니다. 수의사에게 보이는 것이 그 치료의 첫걸음입니다. 다만, 실제로 질병이 아니라 특정 원료에 대한 알레르기 반응인 경우도 있긴 합니다. 이럴 때는 원료를 제한한 LID 사료 등으로 테스트해 볼 수는 있습니다. 그러나 이는 생각만큼 흔한 경우가 아닙니다. 눈물이 심하게 난다면 의사에게 보이는 것이 우선입니다. 다만, 누관이 막혀 눈물이 넘치는 경우 이를 수술로 뚫어 주더라도 다시 막히는 경우가 많아서 "그냥 두세요."라고 말하는 수의사들도 많습니다. 유루증이 심해서 눈물샘 제거 수술을 하는 경우도 있으나, 나중에 안구건조증이 생겨 평생 약을 달고 살아야 할 수도 있으니 신중히 판단하셔야 합니다.

눈물 이야기가 나온 김에 짧게 덧붙이면, 놀랍게도 스트레스가 눈물의 원인이 되는 경우도 있습니다. 또한 눈물에 좋다는 각종 '눈물약'이 있습니다. 이런 제품은 이스트를 억제하여 냄새를 줄이고, 빨간 눈물 자국을 만드는 물질인 폴피린을 중화하는 방식으로 간혹 효과가 있는 것처럼 보이기도 합니다. 문제는 첫째, 이런 약의 효능이 완전히 검증되지 않았다는 것과 둘째, 이런 약들에 함유된 방부제 등의 위험성이 점점 밝혀지고 있다는 것이죠. 저라면 이런 종류의 약은 조심스럽게 접근할 것입니다. 또한 "소간이 눈물에 좋다."라는 말 역시 근거가 부족합니다. 일부 눈물 약에 소간이 함유되었기 때문에 이런 말이 생긴 것 같습니다만, 눈물 약의 효능에 물음표가 붙은 만큼 소간 역시 물음표가 붙을 수밖에 없습니다. 유루증은 기본적으로 질환이기 때문에 수의사와의 상담이 가장 중요합니다.

11 퍼피 사료

어떤 회사는 어린 강아지용 퍼피 라인을 따로 만듭니다. 또 어떤 회사는 퍼피 사료가 단지 마케팅의 일환일 뿐이며 전 연령용을 먹여도 아무 지장이 없다고 합니다. 과연 무엇이 맞는 이야기일까요?

모든 동물이 그러하지만, 성장 단계에 따른 영양 요구량은 당연히 다릅니다. 한창 자랄 때는 단백질을 비롯해 좀 더 집중적인 영양 공급이 필요합니다. 그러므로 어린 강아지에게는 전 연령용보다 퍼피용이 나은 건 어찌 보면 당연합니다.

그러나, 퍼피용이라고 모두 좋은 사료가 아니라는 게 문제입니다. 예를 들어 성장기에는 너무도 당연히 고열량이 필요하지만, 단백질보다 탄수화물의 비율이 훨씬 높은 사료라면 퍼피용이라 적혀 있어도 전혀 좋은 게 아닙니다. 여러 번 강조했듯이 개에게 탄수화물은 그다지 좋은 에너지원이 아닙니다. 간혹 퍼피용이라고 적혀 있어서 확인해 보면 단순히 칼로리만 높고 단백질 함량은 낮은 사료도 있습니다. 질 나쁜 원료를 쓴 사료도 있습니다.

어설픈 퍼피 사료보다 훌륭한 성견 사료가 낫습니다. 그리고 한 가지 재미있는 사실입니다만, 훌륭한 퍼피 사료를 만드는 곳은 성견 사료도 무척이나 좋습니다. 그렇기 때문에 성견용을 먹여도 아무 지장이 없습니다.

어린 강아지 얘기가 나온 김에 나이 많은 강아지 얘기도 짧게 해 보겠습니다. 노견, 혹은 비만견처럼 활동량이 적거나 체중을 줄여야 하는 강아지들이 먹는 사료는 그 원료에 소화가 잘 되지 않는 섬유질을 첨가하여 칼로리를 낮추는 방식을 씁니다. 이때 주의하실 것이 있습니다. '단백질을 줄이고 섬유질을 첨가한 사료'와 '단백질을 포기하지 않고 기타 성분을 줄여 섬유질을 첨가한 사료'를 비교하면 무엇이 좋을까요? 당연히 후자가 좋습니다. 그러므로 노견용 혹은 비만견용 사료를 선택하실 때 가장 중점적으로 봐야 하는 부분은 킬로그램 당 칼로리와 단백질 함량입니다.

12 묽은 변과 변 냄새

1) 묽은 변

강아지가 묽은 변을 보는 원인은 몇 가지가 있습니다. 주로 어린 강아지에게서 흔히 보이는 증상입니다만, 사료를 한 번에 다른 걸로 바꾸었을 때 혹은 권장량보다 많은 양을 급여했을 때 주로 나타납니다. 어린 강아지는 소화기관이 연약하고 예민하므로 사료를 바꿀 때 서서히 섞어 가며 바꿔 주셔야 합니다.

2) 변 냄새

간혹 좋은 사료를 추천해 드려도 며칠 후 변 냄새가 심해서 못 먹이겠으니 다른 사료를 추천해 달라는 분들이 많이 계십니다. 변 냄새가 심하게 나는 원인은 보통 단백질의 일부 아미노산이 제대로 소화되지 않은 채 장으로 내려오기 때문입니다. 즉 소화흡수율이 좋지 않은 사료를 먹을 때 발생할 수도 있고, 강아지의 소화기관이 약해서 발생할 수도 있으며, 장이 사료에 적응하지 못해서 냄새가 심하게 날 수도 있습니다. 대부분의 경우, 사료의 품질이 좋다는 가정 하에, 한동안 먹이면 변 냄새는 안정이 됩니다.

그런데 조금 더 솔직히 말씀드리면 변 냄새가 난다는 이유만으로 좋은 사료를 버리고 질 낮은 사료를 선택하는 것은 바람직하지 않습니다. 변 냄새가 심하다고 해도 좋은 원료로 만든 사료라면 계속 먹이는 것이 좋습니다. 변 냄새는 사료를 선택하는 데 있어서 그다지 중요한 사항이 아닙니다. 물론 급여하시는 사료가 일정 이상의 품질을 보장한다는 전제 하에 말씀드리는 것입니다.

13 마케팅에 대처하는 방법

시중에 나와 있는 사료 종류는 엄청 많습니다. 그중에서 어떤 사료를 선택해야 할지 어려울 수밖에 없습니다. 거꾸로 말하면, 한정된 시장 안에서 각 업체의 경쟁도 심합니다. 그러다 보니 마케팅에 치중할 수밖에 없습니다. 그러나 확실하게 말씀드리건대 마케팅과 사료 품질은 전혀 무관합니다.

지금 당장 포털에서 '사료 추천'으로 검색해 보세요. 그 결과는 당황스럽습니다. 연예인 사료, 잘나가는 사료, 먹여 보지도 않고 리뷰를 올리는 블로그…. 마케팅이란 이런 것입니다. 여러분의 강아지에게 좋은 사료란 연예인 애용 여부와는 전혀 상관이 없고, 홍보에 열을 올리는 사료와도 무관하며, 제가 선호하는 사료와도 상관이 없을 수 있습니다.

광고비에 좌우되는 포털 사이트는 더 이상 공정한 정보를 제공하지 않습니다. 포털에서는 누구든 돈만 주면 검색 결과 상위 링크로 올라갈 수 있습니다. 이런 현실에서 포털 사이트 검색만으로 좋은 품질의 사료를 선택하는 건 쉽지 않습니다. 솔직히 이건 사료뿐만 아니라 어떤 상품이든 마찬가집니다. 포털 사이트 검색을 통해 상품을 선택하는 건 마케팅에 무방비로 스스로를 노출시키는 셈입니다. 그런데 생각해 보면 다른 뾰족한 수가 별로 없지요.

많은 분들이 블로그의 사용 후기를 검색합니다. 그런데 사용 후기가 올라오는 블로그나 카페 글은 믿을 만할까요? 천만에요. 블로그는 상품을 무료로 쓰고 후기를 올려 주는 소위 '체험단'에게 점령당한 지 오래입니다. 그런 체험단이 쓴 글은 객관적인 정보를 기대하기 힘듭니다. 저도 그런 요청을 자주 받고, 심지어 몇 십만 몇 백만 원에 블로그를 빌려 달라는 사람들도 있습니다. 이런 현실에서는 쉽게 보이는 주관적 평가와 후기만을 믿기가 어렵습니다.

이 꼭지를 통해 객관적으로 제품을 평가하고 비교하고 판단할 수 있는 방법을 알려 드리려고 애썼지만, 사실 이 글 역시 주관적인 판단이 다수 포함되어 있습니다. 결론적으로, 사료를 선택하는 방법은 간단합니다. 강아지 사료가 갖춰야 하는 기준을 스스로 정한 뒤 A, B, C 각 사료를 비교 선택하시면 됩니다. 그러나 그렇게 말처럼 간단하지가 않지요.

블로그나 카페에서 사람들이 추천하는 사료도 무작정 구매하지 마시고 직접 성분과 원료를 비교해 보세요. 지금까지 본 꼭지를 꼼꼼히 읽으셨다면 어느 정도 제품을 보는 눈이 생기셨을 겁니다. 스스로 제품을 선택하고, 강아지가 먹는 모습을 지켜보세요. 하루하루 달라지는 강아지의 몸을 보며 제품을 판단하세요. 좋은 사료를 먹으면 강아지를 만졌을 때의 느낌부터 다릅니다. 털 상태, 근육량, 묵직하게 느껴지는 정도가 다 다릅니다. 강아지 체중이 많이 나간다고 무조건 나쁜 게 아닙니다. 근육은 지방에 비해 상대적으로 무겁기 때문에 체중이 많이 나가도 날렵한 체형일 수 있습니다. 저희 강아지도 보기보다 무겁다는 얘기를 자주 듣습니다. 이런저런 것들을 종합적으로 판단해 보세요.

14 기타 토막 정보

1) 한 가지 사료를 쭉 먹여야 할까, 아니면 바꿔 주어야 할까?

좋은 사료라면 계속 먹이는 게 좋겠지만, 다양성 문제도 생각하지 않을 수가 없습니다. 분명 사료에 따른 강아지의 반응이 다릅니다. 둘 다 A급이라고 생각되는 사료인데 어떤 건 확실히 더 맛있게 먹습니다. 사료를 바꿔 먹이다 보면 강아지가 특히 좋아하는 사료가 분명 있습니다. 맛의 다양성도 그렇지만, 원료의 다양성도 필요할 겁니다. 다만, 처방식과 같이 특정한 목적을 위해 먹이는 사료라면 효과를 보기 전까지는 바꿔 주지 않는 것이 좋을 것입니다.

2) 사료를 섞어 먹여도 될까?

좋은 품질의 사료라는 전제 하에, 섞어 먹여도 상관없습니다. 물론 사료마다 성분비가 조금씩 달라서 사료를 섞는 순간 그 비율이 깨질 수 있습니다. 그러나 그렇기에 품질 좋은 사료라는 전제를 깔아 둔 것입니다. 이렇게 생각해 보시면 쉽습니다. 아침에는 A 사료를 먹이고 저녁에는 B 사료를 먹이면 나쁠까요? 소화가 잘된다면 문제없을 겁니다. 그렇다는 것은 두 가지 사료를 섞어서 먹여도 큰 문제는 없다는 의미가 됩니다. 단지 바로 위에서 말씀드렸듯이 특정 목적을 위한 사료라면 해당 성분을 일정량 이상 섭취해야 할 것이므로 이럴 때는 섞지 않는 것이 좋을 것입니다.

3) 고단백이 부담스러운가요?

간혹 특정 사료를 추천해 드렸는데, "그 사료는 고단백이라 안 좋다고 하던데요."라는 대답이 돌아오는 경우가 있습니다. 그렇다면 단백질이 낮아야 할까요? 이렇게 따져 보죠. 열량이 총 100이라고 했을 때 단백질 : 탄수화물 : 지방의 비율이 40 : 40 : 20라면 이 사료는 고단백입니다. 이게 부담되어 단백질을 낮추면 이렇게 되겠지요. 25 : 55 : 20. 단백질을 낮추면 결과적으로 탄수화물이 높아지게 됩니다. 다시 말해, 고단백이 싫어서 저단백을 선택한다면 필연적으로 고탄수화물식이 됩니다. 아니면 20:50:30 이런 식으로 탄수화물과 지방이 늘어납니다. 고단백 사료를 피할 이유는 전혀 없을뿐더러, 오히려 단백질을 낮추면 탄수화물과 지방이 늘어나게 된다는 점을 고려해야 합니다.

4) 제대로 된 사료를 먹이고 있는지 판단하는 법

숫자만으로 좋은 사료를 판단할 수 없겠지요. 먹여 보면 압니다. 피부, 근육, 관절, 털, 체취…. 종합적으로 강아지 상태를 살펴보세요. 믿기 힘드실 수도 있지만, 좋은 밥을 먹으면 강아지 상태가 눈에 띄게 달라집니다. 사실, 우리는 강아지를 알아야 합니다. 평소 우리 강아지 상태를 느낄 수 있어야 합니다. 강아지가 옆에 와서 앉으면 천천히 손으로 마사지도 해 주고, 털과 피부 상태, 그리고 근육의 느낌을 계속 느껴 보아야 합니다. 결국 우리 강아지는 먹는 것이 좌우합니다.

5) 생식의 장단점

요즘 생식이 조금씩 인기를 끌고 있습니다. 물론 예전부터 꾸준히 생식을 해온 분들도 계시지만, 최근 들어 일부 매체에 생식이 소개되며 잠시 유행처럼 번지기도 했습니다. 생식은 장점이 있습니다. 무엇보다, 자연으로 회귀한다는 느낌이 강한 것이 가장 큰 장점이 아닐까 합니다. 최근 외국에서도 홀리스틱 양육법이 인기를 끌면서 생식을 많이 합니다. 제가 알기로 미국보다는 유럽 등에서 인기가 많습니다.

대신 주의하실 것이 있습니다. 생식은 자칫 잘못하면 오히려 해가 될 수도 있습니다. 가장 큰 문제는 영양 불균형의 위험입니다. 생식을 하면서 가장 많이 주시는 게 생닭으로, 주로 다리와 날개, 가슴살 등을 급여하게 됩니다. 물론 강아지는 육식동물로 자연 상태에서는 고기류를 주로 먹지만, 먹기 좋게 내장을 발라 놓은 살코기+뼈만 급여해서는 필요한 영양소를 모두 섭취하지 못합니다. 간혹 생고기와 함께 영양제를 급여하는 경우도 있으나 그럴 거면 자연식의 의미가 많이 퇴색되죠. 생식을 급여하려면 고기류뿐만 아니라 채소류나 소량의 탄수화물원에 대해서도 연구를 하셔야 합니다.

또한, 생식은 언제든지 세균 감염의 위험이 있습니다. 생고기를 급여한다면 위생에 신경을 많이 쓰셔야 합니다. 우리들이 키우는 실내견은 야생의 개에 비해 면역력이 뛰어나다고 보기 힘듭니다.

• 밥그릇과 물그릇, 식탁

강아지 전용 밥그릇과 물그릇은 있으면 좋습니다. 특히 물은 24시간 아무 때나 마실 수 있어야 하기 때문에 항상 비치해 두어야 합니다. "어떤 그릇을 써야 하는가?"도 자주 받는 질문입니다. 이에 대한 답은 무척 간단합니다. "그냥 사람이 쓰는 그릇을 써도 됩니다."

강아지를 데려올 때 분양샵에서 구매한 플라스틱 그릇을 쓰는 분들도 계십니다. 사실 플라스틱 재질을 써도 유해한 물질만 나오지 않는다면 괜찮겠지요. 그러나 강아지 밥을 급여하다 보면 뭔가를 따뜻하게 데워 주어야 할 일도 생기므로 플라스틱보다는 내열 유리나 세라믹으로 만든 그릇이 훨씬 좋습니다. 스테인리스 그릇도 위생상 장점이 있지만 전자레인지 이용이 제한된다는 단점이 있지요. 내열 유리나 세라믹 재질 중에 강아지 전용으로 나온 그릇을 구매해도 되고, 집에 있는 밥그릇이나 국그릇을 사용해도 문제없습니다.

물론 강아지가 밥을 먹거나 물을 마실 때 그릇을 미는 습관이 있는 경우에는 강아지 전용으로 나온 제품을 쓰시면 좋습니다. 이런 제품들은 대부분 아래가 넓게 설계되어 있어서 잘 밀리지 않습니다. 혹은 강아지 식탁을 쓰셔도 됩니다. 식탁은 그릇이 고정되어 강아지가 밥을 먹거나 물을 마실 때 편안합니다. 또한 약간의 높이가 있어서 목을 많이 굽히지 않아도 되지요.

방문교육을 나가 보면 많은 집에 물병이 달린 물그릇이 비치된 것을 볼 수 있습니다. 그런데 이 제품은 쓰지 않는 것이 좋습니다. 물 나오는 곳을 보시면 볼펜 촉 원리로 구슬이 굴러가며 물이 나오게 되어 있는데, 그 양이 너무 적기 때문에 한참을 핥아야만 원하는 만큼의 물을 마실 수 있기에 강아지가 답답해합니다. 물이 깨끗하게 보관되는 장점이 있다고 생각하실 수 있으나 일반적인 물그릇을 쓰며 하루 두어 번 갈아 주면 그만입니다.

PART 6

생각해 볼 문제들

지금까지 당장 급한 문제들은 어느 정도 살펴본 것 같습니다. 지금부터는 강아지를 키우면서 천천히 알아보고 생각해 볼 문제들에 대해 다뤄 보겠습니다. 항목에 따라 다소 민감한 사안도 있고 그렇지 않은 내용도 있습니다. 그러나 반려견과 함께한다면 어느 시점에는 한 번쯤 부딪힐 만한 주제들입니다. 제 글을 읽으며 여러분들도 한 번씩 생각해 보고 함께 고민해 보셨으면 합니다.

01
어린 강아지를 입양한다는 것의 의미

    강아지를 처음 키우시는 분들은 대부분 분양샵이나 분양업자를 통해 어린 강아지를 입양합니다. 그런데 상담을 하다 보면 '어린 강아지를 입양한다.'라는 말의 의미를 너무 쉽게 생각하시는 경우가 많음을 알게 됩니다.

    우리는, 우리가 데려오는 강아지가 끽해야 2개월, 샵에서 데려온다면 1개월에서 40일 정도밖에 되지 않았다는 사실을 종종 간과합니다. 이 시기의 강아지는 굳이 사람과 비교한다면 2-3개월, 조금 넉넉히 본다면 6개월 정도입니다._(신체적 발달을 말하는 것이 아닙니다.) 그런데 우리는 이 시기의 강아지들에게, 그 시기의 사람 아가라면 절대 기대하지 않을 만한 것들을 기대합니다.

    우리는 1-2달짜리 강아지가 대소변을 가려 주길 기대합니다. 그러면서 제대로 가리지 못하면 혼을 내고 울타리에 가둡니다. 그러나 우리는 6개월짜리 사람 아가가 대소변을 가릴 거라고 기대하지 않습니다. 사람 아이가 오줌 싼다고 울타리에 가두거나 큰소리로 혼내거나 험악한 분위기를 만들지 않습니다. 말을 못 알아듣는 건 똑같은데 말입니다. 배변교육은 무척이나 많은 노력과 끈기와 시간이 필요합니다. 이 노력과 끈기와 시간은 오롯이 보호자의 몫입니다. 강아지가 우리의 입장을 이해하고 우리가 원하는 장소에 배변해 줄 이유는 있지도 않으며, 강아지는 그저 자신의 습성에 따라 자신이 편한 곳에 배변할 뿐입니다. 이런 습성을 바꾸는 것은 우리의 편의를 위해서이기 때문에, 우리가 데려온 강아지와 어울려 살기 위해서이기 때문에, 그걸 교육하는 것 역시 우리의 역할이고 우리가 해야 할 일입니다. 그렇게 생각하면 어린 강아지가 대소변을 못 가린다고 혼내거나 강아지 탓을 하고 울타리에 가두어 강아지의 자유를 제한하는 것이 옳지 않음을 알 수 있습니다.

또한 우리는 강아지가 자꾸 깨물고 낑낑댄다는 이유로 강아지를 혼내고 놀래고 가두고 심지어 때리기까지 합니다. 그러나 그 어떤 부모도 자신의 6개월짜리 아이가 엄마 손이나 장난감을 입에 물고 깨물고 빤다고 혼내지 않습니다. 그것이 그 시기의 아이들에게는 자연스러운 표현 수단이고 본능임을 알아주고 그 시기가 지날 때까지 기다려 주거나 혹은 적절한 놀잇감을 이용해 그런 본능을 해소해 줍니다. 그런데 왜 1-2개월짜리 강아지는 입을 쓴다고 혼나고 가두어지고 맞기까지 해야 할까요? 간혹 손가락으로 코를 튕기듯 치는 것은 때리는 게 아니라고 생각하는 분도 계시지만, 결코 그렇지 않습니다. 강아지에게 코는 무척이나 예민한 기관이며, 손가락으로라도 함부로 때려선 안 됩니다. 또한 이런 행위는 강아지의 공격성을 자극해 상황을 악화시킬 수도 있습니다.

새벽에 자꾸 강아지가 깨서 귀찮게 군다고 하소연하는 분들도 많습니다. 충분히 이해가 가는 부분입니다. 새벽 서너 시에 깨서 낑낑대고 손으로 박박 긁어대면 무척 힘듭니다. 그러나 다시 한 번 말씀드리지만, 이 시기의 강아지는 너무나 어립니다. 아직 엄마 아빠, 그리고 형제자매 강아지들과 함께 몸을 맞대고 체온을 나누며 자야 하는 시기입니다. 그런 강아지를 혼자 뚝 떼어 집에 데려오고, 그것도 잠자리를 분리하는 것이 좋다는 믿음에 그 어린 강아지를 컴컴한 거실이나 방안 구석에 따로 재웁니다. 그런데 강아지가 낑낑대지 않고 조용히 차분히 잠을 잔다면 그런 강아지가 더 이상한 게 아닐까요?

이제 조금 가혹한 이야기를 하나 해 보겠습니다. 무척이나 조심스런 주제입니다만, 이런 글을 쓰면서 빼놓을 수는 없는 이야기입니다. 우리는 아이를 낳고 절대로 아이를 혼자 두지 않습니다. 한두 살짜리 아이뿐만 아니라 4-5세, 6-7세 아이들도 혼자 두지 않습니다. 이렇게 어린아이들을 집에 혼자 두고 돌아다니는 것을 우리는 '학대'라고 부릅니다. 그러나 우리는 이제 갓 1-2달 혹은 3-4개월 된 강아지를 집에 혼자 두고 방치합니다. 하루 10시간, 12시간씩 혼자 두며 강아지에게 아무런 문제가 없기를 기대합니다. 우리는 이런 강아지가 대소변도 잘 가려 주길 바라고 짖지도 않길 바라며 집 안에서 가구나 벽지를 뜯지 않길 바랍니다. 그리고 이 모든 문제를 해결할 수단으로 울타리와 짖음방지기를 이용합니다. 하지만 어느 누구도 이런 행위를 학대라고 생각하지는 않습니다.

10시간, 12시간 동안 집에 혼자 있는 강아지들의 정서에 어떤 문제가 생기는지, 이 강아지들은 대체 무엇을 하며 외로움을 달래야 하는지, 많은 보호자님들은 관심이 없습니다. 혹은 뭔가 옳지 않다는 느낌은 있으나 그게 무엇인지 잘 모릅니다. 다만 우리 강아지는 예뻤으면 좋겠고, 귀여웠으면 좋겠고, 대소변도 가려 주었으면 좋겠고, 깨무는 문제도 없었으면 좋겠고, 짖지도 말았으면 좋겠고…, 이렇게 말도 안 되는 요구를 아무런 죄책감 없이 합니다. 배변으로 고민하는 보호자들에게 "울타리에 넣어 두면 돼요."라고 하고, 짖음으로 고민하는 보호자에게 "짖음방지기 쓰세요. 우리 ○○도 효과 봤어요."라고 간단히 말합니다. 이런 생각과 말들이 강아지들 입장에서는 얼마나 부당한 것인지는 별로 생각해 보지 않습니다.

그 와중에 강아지를 평생 집 안에서만 키우는 경우도 많습니다. 강아지들에겐 호흡과 같은 산책의 중요성을 간과하고 (혹은 알지만 바쁘다는 핑계로) 강아지에게 바깥바람을 쐴 기회를 주지 않습니다. 요즘은 많이들 알고 계시듯이, 강아지들에게 산책은 그저 좋다고 말할 정도의 것이 아닙니다. 개라는 종에게 산책은 필수입니다. 심지어 밖에서 키우는 개들에게도 주변 산책은 필수입니다. 마당에서 키운다는 이유로 산책을 하지 않는 것은 옳지 않습니다. 그러니 실내견들은 말할 것도 없습니다. 집에서 개를 키우면서 강아지에게 산책을 시키지 않는 것은 잘못입니다. 이건 죄이고 불법이(어야 하)고 학대입니다. 우리는 학대라고 하면 때리고 발로 차고, 또 주사 맞혀 가며 1년에 3번씩 출산시키는 것만 학대라고 생각하기 쉽습니다. 그러나 어린 강아지에게 아침저녁으로 먹이를 한 숟갈씩만 주는 것도 학대이고, 꺼내 달라고 애원하는 강아지를 가둬 두는 것도 학대이고, 똥오줌 못 가린다고 험악한 분위기를 연출하는 것도 학대이며, 산책을 하지 않고 몇 날 며칠 집 안에 방치하는 것도 엄연한 학대입니다.

그러면서 개에게는 모든 걸 다 지키라고 말하는 보호자에게 과연 보호자의 자격이 있을까요? 자기가 낳은 아이에게 해 주는 것은 아무엇도 없으면서 공부도 잘하고, 말도 잘 듣고, 좋은 데 취직하고, 돈도 많이 벌고, 잘생긴 배우자를 데려오길 바라는 부모에게 과연 부모 자격이 있을까요?

문제 제기를 했으니 해결책을 간단히 살펴보겠습니다.

1. 배변 문제

첫째도 인내, 둘째도 인내, 셋째도 인내입니다. 위에서도 지적했듯 이 강아지 배변교육은 심지어 습성을 건드리는 것입니다. 며칠 만에 될 리도 없을뿐더러, 조금 되는 듯싶다가도 또다시 흐트러지는 것이 배변교육입니다. 간혹 제 블로그의 배변교육 카테고리에 "강아지가 아직도 똥오줌을 못 가려요. 어떡하죠? 미치겠어요."라는 글이 올라와서 자세히 보면 강아지가 겨우 2-3개월…. 이 시기에는 잘 가리는 게 이상한 것입니다. 못 가리는 게 정상입니다.

2. 깨무는 문제, 입을 쓰는 문제

많은 분들이 강아지가 깨문다고 혼내거나 기싸움을 하거나 심지어 오리입마개를 씌우곤 합니다. 하지만 이런 조치는 어린아이가 자꾸 손을 쓴다고 벙어리장갑을 씌우는 것과 다를 바가 없습니다. 강아지 가 사람 손이나 발 등을 깨물깨물할 때마다 비슷한 질감의 고무 장 난감이나 밧줄 장난감 등을 입에 물려서 놀아 주어야 합니다.

"장난감으로 대신 놀아 주세요."라고 말씀드리면 "장난감을 사 줬 는데 안 놀고 자꾸 저한테 와서 물어요." 이렇게 말씀하는 분도 계십 니다. 그러나 장난감은 알아서 놀라고 주는 게 아니라 함께 놀아 주

는 물건입니다. 가만히 있는 사물에 관심을 보이는 강아지는 별로 없습니다. 사람이 능동적으로 놀아 주어야 합니다. 강아지와 놀아 주는 것이 귀찮거나 시간이 없으시다면 강아지를 입양하지 않는 것이 옳습니다. 놀아 줄 시간이 없고 귀찮다고 해서 한두 살짜리 어린아이를 방치하는 부모는 없습니다. 강아지도 똑같습니다. 한 살짜리 아가와 놀아 줄 시간이 없는 엄마 아빠 혹시 계신가요? 마찬가지로 강아지와 놀아 줄 시간이 없는 사람은 없습니다. 스마트폰을 내려놓고 강아지와 놀아 주세요. TV를 잠시 끄고 강아지와 놀아 주세요. 이 책을 내려놓고 강아지와 놀아 주세요.

대신, 사람이 강아지와 놀아 주면 엄청난 장점이 있습니다. 바로 넘치는 에너지를 긍정적으로 돌려서 다양한 교육이 가능하다는 점입니다. 장난감을 물려 주며 놀아 주면 자연스럽게 '물어'나 '뱉어'

등을 가르칠 수 있습니다. 또한 강아지가 보호자를 신뢰하게 만드는 데에도 큰 도움이 됩니다. '뱉어'를 가르치는 방법은 QR코드 영상을 참조해 보세요.

3. 함께 자는 문제

"강아지와 함께 자는 것이 분리불안을 일으킨다."라는 말은 사실이 아닙니다. 많은 분들이 생각하시듯 강아지에게 관심을 보이고 예뻐해 준다고 분리불안이 생기는 것은 아닙니다. 제 생각엔, 애정을 갈구하는 강아지를 무시하고 혼자 내버려 두는 것이 오히려 정서를 해치고 분리불안을 악화시킨다고 봅니다.

강아지와 함께 자도 아무런 정서적 문제가 없습니다. 강아지와 함께 자 본 분은 아실 겁니다. 오히려 함께 자면 강아지도 사람도 모두 숙면을 취할 수 있습니다. 강아지는 낮에 혹은 밤에 쿠션이나 방바닥에서 자는 것보다, 바닥이든 침대든 사람과 함께 잘 때 훨씬 더 깊게 잡니다. 저는 장기적으로 이런 패턴이 보호자에 대한 신뢰를 강화하고 정서적으로 바람직한 방법이라고 생각합니다.

물론 따로 자는 것 역시 하나의 선택이 됩니다. 강아지와 함께 자고 싶지 않아서 따로 자는 것도 분명 존중할 만한 선택입니다. 다만, 1-2개월짜리 어린 강아지는 아직 생명의 온기가 필요합니다. 이렇게 어린 강아지를 울타리 등에 가두고 낑낑대든 말든 무시하며 혼자 있게 두는 것은 장기적으로 강아지에게 정서적 불안을 야기하고 보호자를 믿지 못하게 만드는 원인이 될 수 있을 것입니다. 어린 강아지를 침대에 올리는 것은 현실적으로 힘든 점이 있으니 보호자가 바닥에 내려가서 한동안 함께 지내는 것도 좋은 방법이 됩니다.

4. 낮에 혼자 두는 문제

물론 이는 심각한 문제입니다. 그러나 현실적으로 수많은 보호자님들이 강아지를 이런 식으로 키우고 있음을 부정할 수는 없습니다.

그런 마당에 "혼자 사는 사람은 개를 키우지 마세요."라고 말하는 건 어쩌면 문제를 외면하는 무책임한 말일 것입니다.

다만 이걸 강조하고 싶습니다. 낮에 종일 혼자 있는 강아지는 정서적으로 문제가 없을 수가 없습니다. 분리불안이 있을 수도 있고, 배변 문제가 있을 수도 있고, 깨물기, 짖음, 공격적 성향 등이 발달할 가능성도 있습니다. 퇴근 후 집에 돌아오면 강아지가 집 안을 엉망으로 해 놓았을 수도 있습니다. 그러나 이걸 강아지 탓을 할 수는 없습니다. 이런 강아지를 보며 혼내는 보호자님들이 있습니다. 왜 혼낼까요? 눈앞에 펼쳐진 현상의 원인은 나에게 있는데 왜 강아지를 혼낼까요? 그게 온당한 일일까요? 서너 살짜리 아이와 같은 강아지를 집에 혼자 두고 아무 문제가 없길 바라는 사람이 잘못된 것입니다. 집 안을 어질러 놓았다면 보호자가 치워야 하고, 배변을 잘 못 가린다면 퇴근 후 혹은 주말 등을 이용해 시간을 내어 교육해야 합니다.

주중에 집을 종일 비웠다면 주말에는 또 혼자 나가지 말고 강아지를 챙겨 주세요. 주중에도 내내 나가 있다가 주말에도 강아지 혼자 내버려 두고 저 혼자 놀러 나가는 사람은 정말 나쁜 사람입니다. 현실이고 뭐고 강아지에게 그런 사람은 그냥 악당입니다. 그럴 거면 그냥 강아지를 더 사랑해 줄 수 있는 사람에게 보내는 것이 낫습니다. '나의 외로움은 네가 달래 줘야 하고 대신 네 외로움은 내 알 바 아니다.' 이런 생각이라면 그냥 혼자 살아야 합니다.

5. 산책 문제

아무리 바빠도 산책해야 합니다. "하루 종일 일하고 집에 오면 피곤해 죽겠다. 밥 먹을 힘도 없다." 그래도 강아지는 데리고 나가야 합니다. 산책을 하지 않는 강아지는 필연적으로 문제가 생깁니다. 거꾸로, 산책은 수많은 문제를 완화할 기반이 되어 줍니다. 무엇보다, 산책은 강아지가 마땅히 누려야 할 권리입니다. 그 어떤 강아지도 좁디좁은 콘크리트 상자 안에서 평생 갇혀 살 운명을 타고나지 않았습니다.

어찌 보면 이런 문제들은 저를 포함해 모든 보호자들이 개선해야 할 일입니다. 누구도 알면서, 자신의 행동이 강아지를 힘들게 할 거라는 걸 알면서 그러지는 않을 겁니다. 모두가 강아지를 사랑하고 예뻐하고 잘해 주고 싶은 마음이 있지만 잘 몰라서 실수하고 잘못하고 있을 겁니다. 그러나 생명을 들이는 일은 그만큼 어렵습니다. 신중히 판단해야 하고, 또 잘 알아야 합니다. 그냥 대충 '이렇지 않을까…?'라고 생각하고 넘어가거나 주위에서 하는 말만 듣고 자세히 알아보지 않은 채 키우면 보호자도 강아지도 불행해질 가능성이 항상 있습니다.

마지막으로 한 가지만 더 말씀드리고 싶습니다. 그 어떤 강아지도 우리에게 "저를 데려가 주세요."라고 말하지 않았습니다. 강아지를 데려온 건 순전히 우리의 생각이고 우리의 선택입니다. 조금 심하게 말해 우리 멋대로 데려왔습니다. 하지만 생명을 키운다는 것은 권리보다 의무가 더욱 중요합니다. 물론 사람과 개는 다릅니다. 그러나 많은 부분에서 어린 강아지를 키운다는 것은 사람 아가를 키우는 것과 비슷합니다. 이 점을 꼭 명심해 주셨으면 하는 바람입니다.

02
원룸에 사는데 강아지 키우면 안 되나요?

혼자 사는 사람들이 강아지를 키운다고 하면 요즘은 좋은 소리를 듣기 어렵습니다. 물론 이는 상당 부분 현실적인 한계에 근거합니다. 혼자 살면서 일을 하거나 낮에 집을 비우면 강아지 정서에 미치는 악영향이 분명히 있으니까요. 그러나 우리나라는 대도시 기준으로 70-80%에 달하는 가구가 아파트, 오피스텔, 빌라 등의 다가구 주택에 거주합니다. 단순히 다가구 주택에 거주한다는 이유만으로 반려견을 키울 수 없다면 우리나라에서 강아지를 키울 수 있는 사람은 몇 되지 않습니다.

다만 몇 가지 짚어 볼 사항은 있습니다. 일반적인 경우, 오피스텔보다 아파트가 강아지를 키우기에 훨씬 나은 환경입니다. 조금 의아하실 수도 있습니다. 아파트나 원룸·오피스텔이나 다가구인 것은 다를 게 없으니 거기서 거기라고 생각하시기 쉽습니다. 그러나 대부분의 원룸·오피스텔은 아파트에 비해 공간이 좁고, 방음이 안 되고, 산책로 등 주변 환경이 강아지에게 좋지 않으며, 가족 구성원에서의 불리함이 있습니다. 조금 자세히 알아보겠습니다.

1. 공간의 문제

오피스텔·원룸은 단독주택은 말할 것도 없고 아파트에 비해서도 공간이 좁고 답답합니다. 물론 강아지에게 광활한 집이 필요한 것은 아닙니다. 강아지는 사랑하는 보호자, 자신을 아껴 주는 보호자, 신뢰할 수 있는 보호자만 있다면 공간에 구애받지 않고 행복하게 지낼 수 있습니다. 단지, 좁은 집 안에서 오래 지내는 강아지는 활동량 부족으로 인해 스트레스르르 받기 쉬우니 적절한 야외 활동 등으로 이를 풀어 줄 필요가 있을 것입니다.

2. 방음의 문제

오피스텔/원룸의 방음은 매우 좋지 않습니다. 대부분 현관을 열자마자 공용 공간으로 이어지기 때문에 먼 곳에서 나는 소리가 그대로 들어옵니다. 옆집, 옆옆집, 심지어 옆옆옆집 벨을 누르는 소리까지 다 들리죠. 이런 식의 소음은 그 소리의 실체를 확인할 수 없는 강아지에게 무척이나 큰 스트레스로 다가오며, 이로 인해 짖음이나 강박 행동 등의 문제가 생길 수도 있습니다. 아니, 현실적으로 말해 그런 문제가 생기지 않을 수가 없지요. 거의 반드시 생깁니다. 없다면 무척 운이 좋은 경우입니다. 그리고 그런 문제는 보호자에게도 스트레스를 주고 주위 가구들에게도 피해를 줍니다. 해결되지 않는 짖음으로 인해 짖음방지기를 채우거나 최악의 경우 성대수술을 하는 경우도 있습니다. 둘 다 있어서는 안 되는 일입니다.

3. 주변 환경 문제

아파트는 일반적으로 단지가 크고 산책로가 확보되어 있습니다.

특히 요즘 아파트들은 더욱 그러하지요. 반면 오피스텔이나 원룸은 일반적으로 주변에 건물이 밀집되어 있는 경우가 잦고 상가나 교통 시설 등이 많습니다. 상가가 많으면 쓰레기나 기타 오염물질 때문에 강아지가 산책할 때 신경을 곤두세워야 합니다. 아무래도 이런 곳은 아파트나 단독주택에 비해 녹색을 볼 기회가 적은 편입니다. 아파트에 비해 단지 관리가 소홀하기 때문에 산책로를 찾아도 청소 상태 등이 아무래도 미흡하기 쉽습니다.

4. 가족 구성원의 문제

물론, 최근에는 결혼하고 오피스텔에서 신혼살림을 시작하는 분들도 많습니다. 그러므로 모든 가정이 그러한 것은 아닙니다만, 일반적으로 볼 때 아파트에는 가족 단위로 사는 가구가 많고 오피스텔이나 원룸은 혼자 사는 분들이 많습니다. 그렇다는 것은 오피스텔·원룸에 사는 강아지는 혼자 있는 시간이 많다는 뜻이 됩니다. 아파트에 사는 강아지는 가족들이 바빠도 돌아가며 조금씩 누군가 집에 있는 경우가 많지만, 오피스텔·원룸은 그게 잘 되지 않습니다. 집에 혼자 있는 강아지는 스트레스를 쉽게 받고 우울증에 걸리거나 행동장애 등이 오기 쉽습니다. 벽지를 뜯고 신발을 씹거나 배변 실수를 합니다. 아니, 차라리 이런 식으로 사고라도 치는 강아지들은 오히려 낫습니다. 하루 종일 가만히 잠만 자는 강아지도 있고, 잠도 못 자고 그냥 가만히 엎드려서 보호자가 올 때까지 기다리는 개들도 있습니다. 간혹 그래서 둘째를 입양하는 결정을 내리기도 하지만, 많은 경우 사이가 안 좋아 파양하거나 혹은 그저 외로운 강아지가 두 마리로 늘어나는 결과를 낳기도 합니다.

그럼 오피스텔·원룸에 사는 사람은 강아지 키우면 안 되나요? 이런 곳에서 강아지 키우는 분들은 다 죄인인가요? 글쎄요. 비록 오피스텔·원룸이 강아지 키우기에 적절하다고 보긴 힘들지만, 그럼에도 불구하고 저는 그런 곳에 사는 보호자님들 역시 반려견과 행복한 시간을 보낼 수 있다고 봅니다. 단지 다른 곳에 사는 분들에 비해 더 많은 책임감이 필요하고 사랑과 희생과 노력과 아픔과 인내가 필요합니다.

종일 혼자 있는 강아지를 생각해서 귀가 후에는 반드시 바깥바람을 쐬게 해 주세요. '산책'이라고 해서 꼭 거창한 의식이어야만 하는 것은 아닙니다. 집 근처만 다녀와도 안 나가는 것에 비해서는 천 배쯤 좋습니다. 혼자 있을 때 약간의 사고를 치는 정도는 넓은 이해심으로 감싸 주세요. 하루 종일 혼자 있는데 그 정도면 양호한 거니까요. 종일 가만히 죽은 듯 있는 것보다는 훨씬 낫습니다. 주변 소음으로 강아지가 힘들어하면 옆에서 적절히 다독여 주면서 괜찮다고 알려 주세요. "안 돼!" "조용!" "쓰읍!" 등으로 혼내지 말아 주세요. 이렇게 보호자가 흥분하고 강압적으로 강아지를 대하면 역효과가 납니다.

짖음방지기나 성대수술을 남에게 권할 때는 그 영향을 다시 한 번 생각해 주세요. 짖음방지기는 효과가 없거나 혹은 있는 듯 보이더라도 부작용이 만만치 않습니다. 자칫 그 자극이 공격성으로 변화할 경우 걷잡을 수 없는 상태가 될 수도 있습니다. 성대수술은 강아지가 받는 스트레스, 즉 '짖음을 유발하는 스트레스'를 그대로 둔 채 성대를 그어 목소리만 빼앗는 것입니다. 강아지는 자신을 짖게 만드는 그 스트레스를 고스란히 받습니다. 강아지가 안 짖는 게 아닙니다. 그러므로 강아지에게 성대수술은 너무나 가혹한 처사입니다. 대부분의 강아지는 적절한 교육을 해 준다면 짖음을 상당히 완화시킬 수 있습니다. 자신의 불편함과 번거로움을 이유로 짖음의 원인과 해결 모두를 강아지에게만 돌려선 안 됩니다. 물론 시도해 볼 것을 모두 해 보고 성대수술을 하는 보호자분들도 있습니다. 그러나 시도해 볼 것을 진정으로 다 해 보았는지 아니면 내가 스트레스 받고 힘들어서인지 깊은 고민이 필요할 것입니다.

여기까지 읽으셨다면 제가 오피스텔이나 원룸에서 반려견을 키우시는 분들께 나쁜 말을 하려고 글을 쓴 것이 아니라는 걸 아셨으리라 믿습니다. 저는 반대로 그런 분들께 응원의 말씀을 드리고 싶습니다. 비록 환경에 적절치 못한 부분이 있지만, 강아지를 사랑하는 마음으로 데려오신 분들께서 힘을 내고 끈기와 책임감을 가지고 교육하여 여러 어려움을 극복해 주셨으면 합니다.

• 혼자 있는 강아지를 덜 외롭게 해 주는 법이 있나요?

아무리 생각해도 집에 혼자 있는 개를 덜 심심하게 할 수 있는 방법은 없는 것 같습니다. 간식 숨겨 놓기, 장난감 쟁여 놓기, TV나 음악 틀어 놓기, CCTV로 목소리 들려주기…. 모두 일시적이거나 혹은 효과가 없는 방법입니다. 우리는 혼자 있는 강아지 덜 심심하게 하는 법을 원하지만, 동시에 귀가 후 엉망이 되어 있는 집을 보면 한숨을 내쉬며 개를 혼냅니다. 보호자들은 강아지들이 혼자서 심심하지 않기를 바라면서 동시에 집은 깔끔히 유지되길 바랍니다.

강아지가 안 심심하려면 집에서 뭘 하면 될까요? 지금 당장 주위를 둘러보세요. 여러분의 집에는 강아지가 하면서 놀 수 있는 게 뭐가 있나요? 우리가 집 안에 들이는 물건들은, 엄밀히 말해 거의 모두 사람을 위한 물건들입니다. TV, 컴퓨터, 스마트폰, 책…. 이런 것들을 개가 즐길 수는 없는 노릇이지요. 간혹 반려견을 위한 채널이라고 TV 등을 틀어 주는 보호자님들도 계시지만 효과는, 글쎄요. 만일 개가 종일 멀뚱히 TV를 보고 있다면, 저는 그것도 꽤나 슬픈 광경일 거라고 생각합니다.

아시다시피 실내에서 개가 할 수 있는 건 사실 별로 없습니다. 사람이 있으면 사람에게 치근대고 놀아 달라고 하고, 집에 아무도 없으면 쓰레기통 좀 뒤지고 충전기나 볼펜 좀 씹는 정도죠. 물론 심한 경우 벽지나 장판을 뜯기도 합니다. 그런데 사람이 없을 때 극단적인 파손 행위를 보이는 건 정서 문제의 증세이기도 하죠. 솔직히 말해 너무 심심하고 외롭고 지루해서 종일 자는 것보다는 차라리 사고를 치는 편이 낫습니다. 물론 퇴근하고 집에 오면 보호자는 화가 납니다. "이놈의 강아지가 왜 이렇게 집 안을 어질러 놨지?" 개는 말하고 싶을 겁니다. '당신은 왜 날 하루 종일 혼자 뒀죠?' 대소변은 왜 이렇게 여기저기 다 싸 놨는지 화가 날 때도 있습니다. 하지만 집에 사람이 없으면 하루 종일 대소변을 참는 개도 있습니다. 그런 개에 비하면 여기저기 싸 놓는 개가 차라리 나을지도 모릅니다. "충전기를 또 씹어 놨어! 어휴 진짜 내가 너 땜에 미치겠다!" 그럼 강아지 입이 닿지 않을 곳에 치워 두세요.

사람이 없을 때 집 안을 어지르지 않고 깨끗하게 두는 강아지들은 무엇을 할까요? 거의 대부분은, 그냥 잠을 잡니다. 혼자 있을 때 집 안을 어지른다고 너무 혼내지 마세요. 강아지가 집 안을 어지르는 게 싫다면 8시간이고 10시간이고 12시간이고 혼자 있는 개들이 심심하지 않을 방법을 고안해 주세요. 그리고 그런 방법을 찾아낸다면 꼭 공유해 주세요. 행운을 빕니다.

03

강아지가 으르렁대고 이빨을 보여요

"우리 강아지가 으르렁대요!"

"강아지가 갑자기 이빨을 보였어요! 어쩌면 좋죠?"

자주 보는 질문이지요. 아니, 솔직히 말하면 이 정도에만 질문이 올라와도 좋을 텐데 실질적으로는 이보다 한참 더 지난 후 질문을 올립니다. 이런 식으로 말이지요.

"우리 강아지가 자꾸 으르렁대고 이빨을 보여서 배 까고 지그시 누르기랑 주둥이 잡기 복종훈련 시간을 두 배로 늘렸는데 어제는 갑자기 심하게 물길래 저도 모르게 때려 버렸어요. 어떡하죠? 광견병 주사 안 맞혔는데 저 괜찮을까요?"

우리는 으르렁대는 강아지를 보면 그걸 눌러야 한다고 생각합니다. 그 밑바탕에는 '어찌 됐건 강아지가 사람에게 이빨을 보여선 안 된다.'라는 믿음이 자리합니다. 우리는 강아지가 으르렁대면 조만간 그러다가 사람을 물게 된다고 믿습니다. 아, 물론 이 믿음은 사실일 가능성이 높습니다. 만일 여러분의 강아지가 이빨을 드러낸다면 여러분은 조만간 실제로 물릴 가능성이 높습니다.

우리는 강아지가 우리를 우습게 봐서 혹은 아래로 봐서 으르렁대고 문다고 생각합니다. 이게 사실일까요? 과연 강아지가 사람을 우습게 봐서 으르렁대는 것일까요? 저는 여기가 인간이 개 앞에서 가장 우스워지는 지점이라고 생각합니다. 쓰고 보니 표현이 좀 자극적이네요. 그러나 어쨌든 저는 그렇게 생각합니다. 개가 우리를 우습게 본다면 그건 아마도 우리가 우스운 생각을 하고 개를 대하기 때문일 겁니다.

개는 왜 으르렁댈까요? 강아지가 우리를 우습게 보고 아래로 본다는 것은 꽤나 복잡한 사고를 요구합니다. 인간과 개라는 종의 차이와 개의 품종에 따른 체중 차이, 그에 따른 인식의 차이를 연구해야 합니다. 물론 개는 덩치 차이가 있어도 두려워하지 않는다고 하지만, 실제로 개가 사람을 우습게 보고 아래로 보는지에 대한 행동학 차원의 연구가 있어야 할 겁니다. 그래서 그런 결론을 내린 연구가 있었나요? 제가 알기로는 없지만 저도 모르는 것이 많으므로 확신할 순 없습니다. 어쩌면 실제로 개는 인간을 우습게 보고 아래로 볼 지도 모릅니다.

제가 아는 어떤 집의 딸은 아빠가 사랑한다고 안고 뽀뽀하려고 하면 막 신경질을 내며 밀칩니다. 이 딸은 아빠를 우습게 보고 아래로 보기 때문에 신경질을 내고 밀치는 것일까요? 제가 보기에는 그렇지 않습니다. 분명 처음에는 싫다고, 싫다고 말로 했지요. 그런데 그럼에도 아빠는 이를 무시하고 아무 때나 와서 끌어안고 뽀뽀를 하려고 합니다. 특히 술이라도 한잔 걸치고 오면 딸은 더 싫어요. 그런데도 자꾸 끌어안고 "사랑한다!" 외치며 뽀뽀를 하려 하니 신경질을 내고 밀칠 수밖에 없습니다. 이게 며칠만 계속되어도 짜증나는데 1년이고 2년이고 계속됩니다.

강아지가 으르렁대는 것은 이미 으르렁대는 것 외에는 다른 선택의 여지가 없기 때문입니다.

　개는 왜 으르렁댈까요? 어쩌면 때로는 가장 단순한 길이 가장 해답에 가까울 수 있습니다. 개와 인간은 서로 말이 통하지 않습니다. "우리 개는 귀신이여! 아 글쎄 내 말을 다 알아들어!"라고 자신 있게 말씀하시는 아저씨의 강아지도 배고프니까 밥 좀 차려 달라는 말은 알아듣지 못합니다. 오랜 시간 함께 지내며 강아지는 인간을 관찰하고 어느 정도의 신호(특히 몸짓에 나타나는 힌트)를 습득합니다만 거기에는 분명한 한계가 있습니다. 그나마 개는 사람보다 낫습니다. 우리는 개가 사람 말을 알아듣는 만큼의 반의반도 못 알아듣죠.

　이게 문제입니다. 우리는 강아지의 말 - 이라고 하기에 어딘가 찜찜하다면 '신호'라고 하지요 - 을 너무나 못 알아듣습니다. 그래서 몇 날 몇 주 몇 개월 동안 강아지가 불편함을 호소해도 딱히 신경 쓰지 않고 강아지가 싫어하는 행동을 계속합니다. 사실 강아지는 1년 365일 하루 24시간 우리에게 신호를 보냅니다. 한 침대에서 같이 자는 강아지를 우리가 끌고 와서 안으면 강아지는 싫다고 신호를 보냅니다. 그러나 우리는 이를 무시하고 인형처럼 꼭 끌어안습니다. 우리가 강아지 눈에 낀 눈곱을 떼어 줄 때마다 강아지는 그것이 싫고 불편해서 고개를 돌리지만 우리는 이를 무시하고 머리를 잡고 눈곱을 뗍니다. 낮잠을 자고 싶어서 쿠션에 편히 쉬고 있으려면 갑자기 사람이 와서 만져대고 쓰다듬습니다. 그래서 '좀 가 주세요.' 하고 배를 보이면 사람들은 '오호라 드디어 네가 내게 복종하는군.'이라 생각하고 한참 동안 배를 쓰다듬고 다리를 잡아당깁니다.

이런 과정은 하루 이틀 계속되는 것이 아닙니다. 몇 주, 몇 개월, 몇 년간 계속됩니다. 만일 이 기간 동안 강아지가 아무런 문제를 일으키지 않았다면 그 강아지는 정말 '착한' 강아지일 겁니다. 딸은 언제까지 아빠의 뽀뽀를 참아 줄까요. 어느 날 또 술을 먹고 온 아빠가 딸의 얼굴을 부여잡고 뽀뽀를 하려는 순간 "빽~!!" 하고 딸이 비명을 지른다면 엄마는 누구 편을 들까요. 엄마는 '딸이 아빠를 우습게 보는군.'이라고 생각할까요, 아니면 '소리 지를 만하네.'라고 생각할까요.

이건 좀 다른 경우입니다만, 간혹 "간식을 뺏다가 물렸어요. 이놈의 개가 날 무시해요." 이런 글을 봅니다. 대체 간식을 왜 뺏습니까? 여러분은 사장이 월급을 줬다가 뺏으면 "아, 예예, 여기 있습니다. 가져가십쇼." 하고 넙죽 드리겠습니까?

"돼지갈비 먹고 남은 뼈를 훔쳐 가서 먹었단 말이에요!" 먹고 남은 돼지갈비 뼈를 개 입 닿는 곳에 둔 건 누구인가요? 개에게 무엇을 기대하시는 건가요? 개는 이성과 논리보다 본능이 앞서는 동물입니다. "먹을 때는 개도 안 건드린다."라는 말은 괜히 있는 게 아닙니다.

저희 강아지도 가끔 제게 으르렁댑니다. 이빨을 보이기도 합니다. 요는, 강아지는 으르렁댑니다. 신체적으로는 으르렁댈 수 있는 기관과 그럴 능력이 있기 때문에 으르렁댑니다. 정서적으로는 으르렁대지 않으면 더 이상 뭘 어떻게 할 수 없게 되기 때문에 으르렁댑니다. 강아지가 으르렁댄다는 것은 이미 으르렁대는 것 외에는 다른 선택의 여지가 없는 상황이기 때문에 으르렁대고 이빨을 보입니다.

그럼 이 시점에서 우리가 해야 하는 것은 무엇일까요? 가장 시급한 일은 '뭘 하고 있었든지 간에 그것을 중단하는 것'입니다. 조금 의아하실 수도 있어요. 왜냐하면 다음과 같은 이유 때문입니다.

Q 강아지가 으르렁대거나 이빨을 보일 때 사람이 물러서면 그걸 학습하게 된다던데요? 그래서 강아지가 그럴 때 절대 물러서지 말라고 하던데요?

어느 정도는 사실입니다. 예를 들어 가만히 쉬고 있는 강아지를 쓰다듬었더니 강아지가 이빨을 보였어요. 그때 물러서면 강아지는 그 과정을 학습할 수 있습니다. 물론 한두 번의 경험만으로 그런 행동이 굳어지는 것은 아닙니다만, 어쨌든 학습할 가능성이 있는 것은 사실입니다. 그러나 그보다 중요한 것은 강아지가 그렇게 되기까지 어떤 과정을 겪었으며 우리의 어떤 행동을 강아지가 불편해하는지를 파악하는 것입니다. 그런 의미에서 본다면 강아지의 으르렁거림은 훌륭한 힌트인 동시에 우리 보호자들로서는 소중히 여겨야 할 신호이기도 합니다.

Q 좋아요. 쉴 때 쓰다듬었더니 으르렁대길래 안 쓰다듬었어요. 그럼 이제부터는 어떻게 하죠? 앞으로 평생 쉴 때는 쓰다듬지 말아야 하나요?

강아지가 어떤 요인으로 인해 스트레스를 받았으며 어떤 행동을 불편하게 여기는지를 파악했다면 그때부터는 이를 조금씩 완화할 수 있습니다. 죄송하게도 조금 어렵게 말하면 '강아지가 싫어하는 상황이나 요인에 순차적으로 접근하여 (때로는 거기에 긍정적인 보상을 더함으로써) 차츰 둔감화시키는 교육'이 있습니다. 교육에서 탈감 (desensitization), 나아가 역조건화(counterconditioning)라고 부르는 것인데 이런 용어를 모르셔도 상관없습니다. 물론 알면 도움이 되긴 합니다만, 기본적으로 여러분이 알아야 할 것은 그 기법이 무엇이든 '서서히 완화하고, 예민해지지 않는 선을 지키며 점차 다가간다.'라는 개념입니다.

다만 이런 점은 있습니다. 여러분의 강아지 상태가 심각하다면 완화가 매우 어려울 수 있습니다. 완화하려고 시도하다가 실수로 더 악화되는 경우도 있습니다. 이럴 때에는 전문가의 도움을 받으시는 것이 좋지만, 만일 전문가의 도움을 받을 여건이 안 되신다면 문제를 오픈하고 여러 사람들의 의견을 받아 보는 것이 필요할 수도 있습니다. 요즘은 인터넷이라는 공간이 있으니까요. 다만 인터넷이라는 공간의 특성상 위험한 의견이 나올 가능성도 항상 염두에 두셔야 합니다.

04
가족에게 공격적인 강아지

이번에는 가족에게 공격적인 강아지에 대해 이야기해 보겠습니다. 얼마 전 가족에게 공격적인 강아지 문제로 블로그에 댓글이 달렸습니다. 읽어 보면 아시겠지만 이런 일에 댓글로 답변을 드리는 건 불가능합니다. "우리 강아지가 엄마를 물었어요."라고 단순히 질문해도 답변이 길어질 수밖에 없는데 이렇게 자세한 글이라면 더더욱 그렇습니다. 아래 글은 그분과의 문답을 재구성한 것입니다. 모든 이름은 가명으로 바꾸었습니다.

우선 말씀드리고 싶은 것은, 공격성에 관한 글은 함부로 쓰기 어렵습니다. 이 글도 모든 상황에 들어맞지는 않습니다. 무척 길기도 하고요. 당연히 게다가 이 글의 내용만으로 100% 해결되지 않을 가능성이 높습니다. 강아지의 공격성을 간단히 그리고 빠르게 해결하고자 옳지 않은 방식에 의존하는 경우도 봅니다. 강아지를 때리거나 심하게 윽박지르는 등, 강아지의 공격성에 더 심한 폭력으로 대응하는 분들이 있습니다.

이 글은 그런 방법을 원치 않는 분들을 위한 꼭지입니다. 다시 말씀드리지만 결코 짧지 않습니다. 그렇지만 우리 강아지의 공격성을 이해하고 싶으시다면 천천히 끝까지 읽어 보시길 권해드립니다.

　우선 맥스의 문제를 다루기 전에 이 점부터 짚고 넘어가겠습니다.
　어떤 강아지가 태어나서 죽을 때까지, 사람이 가만히 있는데 먼저
뛰어가서 콱 무는 경우는 없습니다. 사람이 가만히 그냥 앉아서 TV
보고 있는데 강아지가 그냥 막 가서 무는 일은 없습니다. 만일 그런
개가 있다면 그건 미친개입니다. 제정신이 아닙니다. 개가 사람을 문
다면 그렇게 되기까지 그 개를 '무는 개'로 만드는 사람들의 행동이
있습니다. 개가 물어야 벗어날 수 있는 그런 상황을 누군가가 만듭
니다. 그러므로 무는 개에 대한 해결책의 첫걸음은 개를 내버려 두는
것에서 출발합니다. 그러나 개가 물게 되기까지 사람이 그렇게 만들
었다고 해도, 물리면 안 됩니다. 개가 사람을 물기 시작하면 그 개는
사람과 함께할 수 없습니다. 사람은 개에게 물리지 말아야 합니다.
그러므로 심하게 무는 개가 있다면 가장 시급한 것은 사람이 물리는
상황을 만들지 않는 것이며, 그 첫걸음은 역시 개를 내버려 두는 것
에서 출발합니다.
　왜 이걸 자꾸 강조하는지 말씀드리겠습니다. 우리는 개가 공격적
인 모습을 보이거나 으르렁대거나 물려고 하면 그 개를 혼내고 억압
하고 겁을 줘서 그 행동을 없애려고 합니다. 그런데 그런 방법으로
개의 공격성이 사라진다면 세상에 무는 개는 단 한 마리도 없을 것
입니다. 투견장에서 개가 상대편 개를 혼내고 억압하면 다른 개가 조
용히 이빨을 치우던가요? 그렇지 않습니다. 그러므로 공격성에 공격
성으로 대응하는 것은 공격성에 대한 해법이 아닙니다.

온 가족이 환영해서 데려와도 행복한 삶을 누릴 수 있을지 모르는 맥스는 아는 분의 집에 누군가 놓고 간 3마리 형제 중 한 마리를 무작정 데려왔고 엄마의 반대가 있었습니다. 그로 인해 제 방에서만 생활했고, 엄마께서 마음을 여셨던 시기는 빨랐지만, 맥스의 모든 관리는 제가 했기 때문에 배변훈련이 탐탁지 않아 제가 집에서 쉬기 전까지는 방에서만 거의 지내고 직장을 다니는 가족은 퇴근 후 잠깐 보는 정도였습니다. 그렇게 키우며 손찌검을 하기도 했습니다. 변명하지 않겠습니다. 전적으로 제 잘못이고 인내심 부족으로 인한 화풀이였단 생각에 죄책감도 많이 느낍니다. 하지만 푸들엘리님의 글을 보며 마음을 다잡았습니다.

문제는 마음을 다잡아도 늦는다는 것입니다. 어린 강아지, 사람으로 치면 한 살에서 다섯 살 사이의 강아지를 방에서만 생활하게 하고 또 가족의 사랑도 한동안 못 받는 상태로 데리고 있었다면 그 아이의 정서 상태는 지극히 비정상적일 수밖에 없습니다. 어린 강아지를 방에 두고, 또 상황에 따라 때리기까지 했다면 일단 맥스의 정서는 그것만으로도 충분히 망가졌고 이 이후로는 굳이 읽을 필요가 없을 수도 있습니다. 이 글은 여기서 끝맺음해야 할 수도 있습니다. 어린 강아지를 잘못 키워서 강아지가 무는 겁니다. 끝.
강아지를 키울 준비가 되지 않은 사람이 강아지를 분양받는다는 것은 아이를 낳을 준비가 안 된 사람이 아이를 낳는 것과 비슷합니다. 있어서는 안 되는 일입니다. 그러나 아이는 태어났고 준비되지 않은 부모는 아이를 방에 가두고 손찌검을 했으며 아이는 다른 가족들 사랑을 (한동안이나마) 받지 못했습니다. 좋습니다. 이렇게 어린 시절을 보낸 강아지가 가족을 공격합니다. 당연한 원인이 있었기에 당연한 결과가 있습니다.

그렇게 제가 부족함에도 맥스는 겁은 많지만 사람 좋아하고 착하고 애교 많은 활발한 아이로 잘 커 주고 있어 고마움을 느끼게 해 주었습니다. 가족한테는 반가운지 놀아 달라는 건지 앉아 있더라도 펄쩍펄쩍 뛰며 가끔은 달려들고 살짝살짝 물고 이리저리 뛰어다닙니다. 저랑은 있으면 얌전하지만 그런 행동을 하더라도 가만히 앉아 있거나 조금 주의를 주면 금방 가라앉히는 편이고, 다른 사람에게는 실례일 수 있기 때문에 주의를 주는 편입니다. 별문제 없이 가족들도 예뻐해 주고 제가 인내심만 가지면 늦든 빠르든 잘 따라와 주었습니다.

이것도 문제입니다. 개는 보호자가 자신을 올바르게 돌보지 않으면 그 즉시 항의하고 짖고 으르렁대고 물어야 하는데 그러질 않습니다. 개가 이렇습니다. 개는 말도 안 되게 놀라운 존재입니다. 자신을 키울 준비가 되어 있지 않았던 보호자가 배변 문제로 자신을 방에 가두고 저녁때 퇴근 후 잠시만 얼굴을 보여 주고 심지어는 손찌검까지 해도 개는 보호자에게 꼬리를 치고 보호자를 따릅니다. 공격성 문제를 다룰 때 개가 가족을 아직도 따른다는 점은 매우 중요합니다. 아직 개와 가족 간의 관계를 개선할 희망이 있다는 의미이기 때문입니다.

얼마 전 가족끼리 저녁식사를 마치고 원래 맥스를 무릎 위에 잘 올려 두지 않는데 그날은 그렇게 있었습니다. 그러다 엄마께서 맥스와 얼굴을 맞대는데 맥스가 으르렁거렸습니다. 그러고 좀 있다 그 행동을 한 번 더 하니 맥스가 엄마의 눈 쪽을 물었습니다. 물론 엄마께서도 하지 말라는데 하는 것도 잘못이었고, 저도 무릎에 앉혀 놓고 지켜만 보고 있었다는 것이 잘못인 줄은 알지만 맥스가 평소에 잘 짖지도 않을뿐더러 으르렁거리는 일도 별로 없기 때문에 너무 놀라고 당혹스러웠습니다. 대단한 착각이지만 맥스가 사람을 물 줄 몰랐거든요. 다행히 엄마께선 눈 주위가 조금 붉어질 뿐 크게 상처 나진 않았지만 덩치가 있는 맥스가 그러니 엄마께서 어쩔 수 없이 겁을 조금 먹고 맥스를 무서워하는 마음이 생긴 것 같았습니다. 맥스가 다른 사람이 살짝 귀찮게 해도 으르렁하는 것조차도 없었고 제가 정말 가끔씩 무릎에 올렸을 때 다른 사람이 만지거나 해도 경계나 싫은 내색 없이 좋아했었는데 이러니 어안이 벙벙했습니다.

두 가지 경우가 있습니다. ① 그동안 맥스는 꾸준히, 지속적으로 거절 신호를 보내며 불편하다는 표현과 이제 그만하라는 경고를 했는데 가족이 이를 알아채지 못했다. ② 맥스는 경고를 하지 않고 무는 개다.

우선 만일 맥스가 ②에 해당하는, 원래부터 경고 없이 무는 개라면 상황은 무척 암울합니다. 그러나 댓글에 쓰여 있듯이 맥스는 으르렁이라는 신호를 했습니다. 그러니 맥스는 암울하지 않습니다. 아마도 맥스는 ①의 경우일 것입니다.

우리의 문제는 이것입니다. 개는 항상 싫다는 표현을 하고 그만하라는 신호를 보냅니다. 그런데 우리가 이를 알아채지 못합니다. 혹은 대략 알지만 이를 무시합니다. 우리는 개가 싫다는 신호를 보내면 이를 서열 문제로 치부하고 무시하거나 억누르려 하기 쉽습니다. 위 댓글에서 '평소에 잘 짖지도 않을뿐더러 으르렁거리는 일도 별로 없기 때문에'라고 했지만 이것은 아마도 절반만 사실일 가능성이 높습니다. 왜냐하면 짖거나 으르렁대는 것만 경고 신호가 아니기 때문입니다.

더군다나 맥스는 정서적으로 불안하고 불안정한 상태일 가능성이 매우 높습니다. 불안정한 정서의 강아지는 올바른 표현을 하지 못합니다. 왜냐고요? 사람을 떠올리면 쉽습니다. 사람도 정서적으로 불안정하면 제대로 된 소통을 하지 못하며, 그런 사람들을 치료하는 곳이 정신병원입니다. 개는 1년 365일 하루 24시간 가족을 관찰하고 가족의 행동에 맞춰 반응합니다. 그렇기 때문에 가족이 일관되게 행동하지 않으면 강아지도 적절히 표현하지 못하는 것이 당연합니다. 강아지의 올바른 감정 표현을 망가뜨리는 주범이 바로 일관성 없는 혼내기, 과도한 훈육, 그리고 체벌입니다.

여러 번 강조하지만 강아지가 으르렁댄다는 것은 이미 경고의 수준이 최고 단계에 이르렀다는 것입니다. 강아지가 이미 으르렁대며 경고했는데 똑같은 행동을 또다시 했다는 것은 "물어 주세요."라고 말하는 것과 똑같습니다. 제발 강아지가 물 수밖에 없게 만들어 놓고 "아무리 그래도 강아지는 물어선 안 된다."라고 말하지 마세요. 또한 강아지를 무릎에 올리는 것은 강아지를 신경질적이고 예민하게, 나아가 공격적으로 만들기 쉽습니다. 그 이유가 중요한 것이 아니라 실제로 그렇게 함으로써 공격적인 행동이 만들어진다는 게 중요합니다.

다음 날 제가 외출을 하고 엄마께서 퇴근하시는 시간보다 늦게 귀가하여 엄마께서 맥스 방문을 열어 주시고 배변한 것을 치우고 화장실에서 손을 씻고 나오는데 맥스가 빤히 쳐다보며 짖었다는 겁니다. 제가 없으면 통제가 어렵다는 말을 전에도 듣긴 했지만 이런 모습을 보인 적은 없었습니다. 그래도 저는 보지 못했으니 반신반의하며 엄마께 맥스 무서워하지 말아 달라고, 저번에 물린 것 때문에 섣부르게 생각 말아 달라고 말씀드렸습니다. 앞에서도 말씀드렸듯이 맥스의 모든 것은 제가 다 하기 때문에 가족들이 맥스에게 사료 한 번 준 적이 없었습니다. 많은 생각이 들어 어떻게 하면 좋을까 하다가, 그래서 엄마께 사료도 줘 보고 앉아, 엎드려 등 맥스가 할 수 있는 것을 사료 알갱이 주면서 훈련도 해 보고 귀가 후 달려들 때 사료 알갱이를 쥐고 맥스가 얌전해지면 줘 보라고도 했습니다. 제가 산책을 일주일에 2-3번(반성하고 있습니다.) 하는데 매일 하면 변화가 생길 거야 하며 생각했습니다.

쓰신 글만으로는 맥스와 어머님 사이에 있었던 문제의 원인을 콕 집어낼 수는 없습니다. 중요한 것은 맥스가 계속 어머님에게 어떤 경고를 보내고 있다는 점이고 그보다 더욱 중요한 것은 지금부터 그런 불화를 조금씩 깎아 나가야 한다는 점일 겁니다. 그런 점에서 맥스 보호자님이 잘하고 있는 것도 있습니다. 어머님과 맥스 사이에 소통을 시도하고 있다는 점이 우선 그러합니다.

자잘한 놀이나 교육을 통해 맥스에게 신호를 전달하고 피드백을 받는 과정은 관계 개선에서 매우 중요합니다. 개도 그런 과정을 통해 사람에 대한 신뢰를 쌓아 가기 때문입니다. 다만 그 기간이 얼마가 걸릴지 모른다는 것이 힘든 점입니다. 문제가 쌓인 기간이 한 달이라면 개선에는 두 달이 걸릴 겁니다. 세 달이 걸릴 수도 있습니다. 강아지가 반사적인 공격성을 발달시켰다는 것은 그만큼 그 행위가 깊이 각인되었다는 뜻입니다. 어쩌면 완전히 지워내지 못할지도 모릅니다. 강아지가 공격성을 발달시키는 과정은 일반적으로 다음과 같습니다. 당장 근처의 애견카페만 가셔도 매일같이 목격할 수 있는 그림입니다. (다음 페이지에 이어서)

(앞 페이지에 이어서)

강아지가 싫어하는 상황이 생김

→ 피하거나 싫다는 신호를 보냄

→ 피해도 따라와서 하거나 혹은 싫다는 신호를 무시하고 계속함

→ 이전 단계가 여러 차례 반복됨

→ 으르렁대거나 이빨을 드러냄

→ 이 정도로 개선된다면 상황 종료되지만
　만일 개선되지 않는다면 공격을 시도함

→ 공격 시도로 상황이 종료된다면 공격성을 학습함

이렇게 학습된 공격성을 없앨 수 있을까요? 최선은 그렇게까지 가지 않는 것입니다. 그러나 저 단계까지 간 강아지가 공격성을 지울 수 있을까요? 저는 이 글을 읽는 여러분께 여쭙고 싶습니다. 어떻게 해야 할까요? 가능은 할까요?

원래 맥스가 저랑 같이 자는데 이틀 정도 동안은 제가 거부했습니다. 제가 너무 예뻐서 그런가 싶어서…. 그러면 맥스는 엄마 이불에 가서 잡니다. 그래도 맥스가 저랑 같이 자고 싶어 하기 때문에 오늘 아침 잠깐 안고 자는데 엄마가 들어와 맥스를 만지려 하는데 맥스가 으르렁거리는 것입니다. 이전에 들었던 으르렁보다는 좀 센 느낌이었습니다. 당황하다가 "쓰읍, 안 돼!" 했는데, 원래 엄마께서 일 가시기 전에 제가 안고 자고 있어도 만지면 좋아서 배를 보이며 더 만져 달라고 합니다. 물었을 때 이후로도 출근하시기 전에 만지면 전혀 적대시하는 감정 없이 괜찮길래 그때는 맥스가 하지 말라는데도 엄마께서 하셨기 때문에 그랬다고 내심 안심하고 있었는데 이러니 정말 어떻게 해야 될지 난감합니다.

왜 자고 있는 강아지를 만지려 했을까요? 쉬고 있는 강아지를 만지지 마세요. 강아지는 물건이 아닙니다. 말로만 "강아지도 생명이지."라고 말하지 말고 진정 생명으로 존중해 주세요. 이 글을 읽는 여러분은 자고 있는데 누가 만지면 좋으신지요? 저는 싫습니다. 자고 있는 저를 만질 수 있는 사람은 세상에서 단 한 명, 제 아내뿐입니다. 그 외의 사람은 자고 있는 저를 건드리면 저도 짜증나고 화가 납니다. 이전 내용만으로 우리는 이미 맥스가 어머님을 불편하게 여기고 있음을 유추할 수 있습니다. 불편한 사람이 손을 대면 거절해야 하고 거절이 먹히지 않으면 경고해야 하고 경고가 먹히지 않으면 물어야 합니다. 개는 다른 표현 수단이 없으니까요. '가만히 있는 것'은 순응이 아니라 포기입니다.

또한, 위와 같은 상황에서 "쓰읍!" "안 돼!" 등으로 맥스를 혼내면 맥스는 더더욱 가족에 대한 불신만을 키울 뿐입니다. 자는 모습이 예쁘다고 아빠가 어린 딸을 만져댑니다. 그러자 딸이 화를 냈는데 옆에서 엄마가 "쓰읍! 너 아빠한테 뭐 하는 짓이야?"라고 혼내면 딸은 엄마를 신뢰하고 따를까요?

보호자님은 맥스가 멀쩡한데 왜 어머님에게 공격적으로 나오는지 의아하실 겁니다. 그러나 아마도 맥스는 '멀쩡한' 상태가 아닐 가능성이 높습니다. 아, 그리고 강아지가 자고 있을 때 만지면 배를 보이는 경우가 있는데 복종의 의미가 아니라 '자는데 불편하니 가 주세요.'일 수도 있으니 잘 살펴야 합니다. 개가 배를 보이는 데에는 ① 방어를 위한 자발적 복종 ② 상황 회피를 위한 표현 ③ 편안함의 표시 ④ 배를 긁어 달라는 신호, 이렇게 다양한 의미가 있습니다.

못 보던 모습을 여러 번 보니 엄마께서도 섭섭하고 두려운 마음이 더 생길까 걱정입니다. 주위에 한탄하며 얘기를 하면 '서열이 잘못 잡혔네. 사춘기다.'라는 식의 반응을 듣게 됩니다. 서열? 푸들엘리 블로그를 정독한 사람으로서 그렇게 생각하고 싶지 않습니다. 그러나 이러니 한 번쯤 생각하게 되고 그러면 다 끼워 맞춰지는 것이 무섭습니다. 제가 키워 왔고 제일 많이 봐 온 것이 저인데 제가 미흡하여 맥스의 마음도 모르고 문제를 인지하지 못하는 것이 안타깝고 답답하기만 합니다.

끼워 맞추기로 말하면 점쟁이 말도 다 맞습니다. 노스트라다무스의 예언도 해석하기 따라서는 진리와 같습니다. 개에게는 사춘기가 없습니다. 사람에게 사춘기는 신체적/정서적 변화를 겪으며 지금까지 알았던 세계와 이후의 세계가 충돌하는 시기입니다. 특히 2차 성징으로 인한 신체의 변화가 어린 감성에 주는 충격은 어마어마하기에 인간은 대부분 어떤 형태든 사춘기를 겪습니다. 그러나 개는 그렇게 복잡한 동물이 아닙니다. 흔히 말하는 개춘기는 일반적으로 보호자의 관심 부족으로 인해 교육의 효과가 떨어지며 나타나는 부작용에 불과합니다. 예를 들어 어릴 땐 간식으로 열심히 보상했지만 커가며 잘한다고 생각해서 보상을 안 함으로써 강아지가 '앉아' 혹은 '기다려'를 예전처럼 못하고, 또 강아지를 불러서 기껏 한다는 게 눈곱 떼고 귀찮게 만져대고 이러니까 이제 불러도 안 오고 이러는 걸 보통 보호자들은 개춘기가 왔다고 합니다. 개춘기는 인간의 사춘기와 아무런 연관이 없습니다.

간략하게 말씀드리자면 으르렁거리는 것이 원초적으로 싫다는 표시라는 것은 알지만 왜 이러는지, 엄마와 다시 예전처럼 지내려면 어떻게 해야 할지 고민입니다. 더 생각하고 노력해 봐도 되지 않으면 도움을 요청하려고 했으나 상황을 악화시킬까 조바심이 납니다. 제가 더 이상 흔들리지 않도록 올바른 방향을 제시해 줄 사람이 푸들엘리님밖에 없어 이렇게 글을 남기니 제 행동에 또 다른 문제가 있다면 과감하게 지적 부탁드립니다.

마지막에 조금 힘 빠지는 이야기일 수도 있으나, 똑같이 키워도 맥스처럼 공격성을 발달시키지 않는 개도 있습니다. 반면 맥스보다 공격성이 훨씬 심한 개도 있을 겁니다. 이는 개들도 각자 성격이 다르고 양육에 대한 반응이 다르기 때문입니다. 실제로 공격성 문제를 겪는 강아지를 직접 보면 강아지들마다 공격성의 정도도 다르고 교육에 반응하는 민감도도 다릅니다. 그러니 '나는 처음에 몇 번만 때렸는데 그것 때문에 이렇게까지 됐단 말인가?' 이런 질문은 크게 의미가 없을지도 모릅니다.

여러분의 강아지가 가족을 문다면 지금부터 시도해야 하는 일은 다음과 같습니다.

1) 가장 중요한 것은 지금부터는 물리지 않는 것입니다. 이보다 중요한 것은 없습니다. 사람이 물리기 시작하면 그때부터는 상황이 걷잡을 수 없게 됩니다. 물리는 상황을 만들지 말고 그런 상황이 생길 것 같으면 자리를 피하세요.

2) 강아지의 거절과 불편하다는 신호를 무시하지 마세요. 정상적인 강아지라면 모두 이런 신호를 보냅니다. 하품을 하기도 하고 외면하기도 하고 배를 보이기도 합니다. 위에서 잠깐 언급했듯이 강아지가 배를 보일 때의 의미는 단순하지 않습니다. 또한, '강아지가 가만히 있는다고 좋아하리라는 보장은 없다.'는 것을 명심하세요.

3) 강아지가 특정 가족 구성원을 물거나 공격한다면 그 구성원을 신뢰하지 않고 있을 가능성이 무척 높습니다. 그러니 그 가족과 지금부터 작은 소통부터 시작해서 신뢰 관계를 쌓아야 합니다. 혹은 다른 구성원과의 문제로 인해 쌓이는 스트레스를 엉뚱한 곳에 풀고 있을 가능성도 있습니다.

4) 강아지가 다가올 때까지 기다리세요. 특히나 쉬고 있는 강아지에게 다가가서 만지지 마세요. 물론 공격성을 보이지 않는 강아지, 실질적으로 대부분의 강아지는 쉬고 있을 때 가서 만져도 가만히 있을 수 있습니다. 그러나 그렇다고 해서 모두가 괜찮다는 의미는 아닙니다. 진짜 괜찮은 강아지도 있을 수 있고 무척 싫어하지만 참아 주는 강아지도 있을 수 있습니다. 어느 쪽도 바람직하지는 않습니다. 똑같은 얘기를 여기저기서 자꾸 반복하는 것 같지요? 그만큼 중요하

기 때문입니다.

5) 다시 말합니다. 강아지가 먼저 다가올 때까지 기다리세요. 여기서 '다가온다'는 것은 사전적 의미로 강아지가 나에게 걸어오는 것을 말하지 않습니다. 강아지가 나에게 마음을 열고 내 손길을 받아들일 수 있을 때까지 기다리라는 뜻입니다. 이를 위해서 강아지가 불편해하는 것을 하지 않고 강아지를 내버려 두는 것이 무척 중요합니다.

위 다섯 가지 항목은 출발점입니다. 이것만으로 공격성이 모두 해결되지는 않습니다. 위와 같은 방법으로 강아지의 정서를 안정시키고 가족에 대한 신뢰를 회복하면서 조금 더 구체적인 공격성 완화가 필요합니다. 그러나 어쩌면 여러분 강아지의 정서 상태에 따라 위 방법만으로도 해결이 될지 모릅니다. 이럴 때 필요한 것은 시간일 것입니다. 2-3일 해 보고 안 된다고 불평하지 마세요. 강아지는 2-3달, 2-3년 동안 불편함을 참아 왔습니다. 1년 동안 만들어진 공격성이라

강아지의 공격성에 공격성으로 대응하는 것은 공격성에 대한 해법이 아닙니다.

면 2년을 견뎌 주세요. 2년 동안 만들어진 공격성이라면 4년 동안 교육해 주세요.

사람 아이에게 정서적 문제가 생기면 전문가를 찾아다니며 상담을 받고 학교 선생님을 몇 번씩 찾아뵈며 발을 동동 구르는 사람들이 강아지가 정서적 문제를 보이면 서열 문제라고 단순화시키고 "쓰읍!" "안 돼!"로 혼내 가며 바로잡으려고 하는 경우가 많습니다. 강아지 입장에서 이게 얼마나 억울하고 어처구니없는 일인지, 이제는 더 말씀 안 드려도 아실 거라 생각합니다. 감히 부탁드립니다. 그러지 마세요.

강아지 공격성 문제 해결의 첫걸음은 강아지가 그렇게까지 공격성을 발달시키게 된 원인이 누구에게 혹은 어디에 있는지 제대로 파악하는 것입니다. 그리고 지금 이 순간부터라도 강아지를 부디 내버려 두고 진정한 가족 구성원으로 인정해 주는 것이 다음 단계입니다. 이 글만으로 공격성 문제를 완전히 해결할 수 없을 것입니다. 이 글은 강아지 공격성을 얼마나 다루고 있을까요? 5%? 아니, 2% 정도가 아닐까요. 공격성의 원인은 위에 언급한 내용 말고도 많습니다. 두려움으로 인한 공격성, 지킴이 본능으로 인한 공격성, 손길에 대한 거부로 인한 공격성 등…. 이 하나의 글로 모든 분을 도울 수 없다는 게 속상하고 또 죄송합니다.

문의를 주신 맥스 보호자님의 용기에 감사드립니다. 문제를 인정하고 고쳐야 할 필요성을 느낀 것만으로도 어쩌면 문제를 완화할 첫걸음을 디딘 것일지도 모르겠습니다.

05
서열 정리는 어떻게 하면 되죠?

강아지를 키우는 분들 중에 '서열 정리'라는 용어를 들어 보지 않은 분은 안 계실 겁니다. 이 서열 정리는 일종의 만병통치약처럼 사용됩니다. 개가 짖어도 서열 정리가 안 돼서, 앉으라고 했는데 앉지 않아도 서열 정리가 안 돼서, 침대에 오줌을 싸도, 으르렁대도, 바짓가랑이를 물어도, 심지어는 밥을 안 먹어도 서열 정리가 안 돼서 그렇다고 말합니다. 도대체 '서열 정리'란 뭘까요?

사람들이 말하는 것을 종합해 보면 서열 정리란 강아지에게 '너는 아래고 내가 위다.'라는 걸 가르쳐 주는 모든 행위를 의미합니다. 예를 들어 사람들은 강아지에게 서열을 알려 주기 위해 강아지를 강제로 구속하거나 배를 까고 움직이지 못하게 붙잡습니다. 또한 주둥이를 잡고 눈싸움을 하며 강아지가 먼저 피하면 "서열 정리가 됐다."라고 말합니다. 불편해하는 강아지를 억지로 뒤집어서 배를 보이게 한 후 버둥대던 강아지가 움직임을 멈추면 "서열 정리가 됐다."라고 말합니다. 그렇다면 이렇게 서열 정리가 된 강아지들은 짖지도 않고, 앉으라면 앉고, 침대에 소변을 보지도 않고, 으르렁대지도 않고, 바짓가랑이를 물지도 않고, 밥도 잘 먹게 되는 걸까요?

강아지의 성향과 성격은 가족 구성원, 그리고 가족의 태도와 밀접하게 관계가 있습니다. 가족 구성원? 가족의 태도? 강아지 서열 정리를 이야기하는데 웬 가족 구성원? 가족 구성원과 이들의 태도가 강아지 문제 행동과 무슨 관계가 있을까요? 사실 강아지가 생활하는 가정의 환경, 그중에서도 가족 구성은 강아지에게 크나큰 영향을 줍니다. 왜냐하면 강아지는 1년 365일, 자는 시간 빼고(실제로는 자는 시간도 포함해서) 함께 사는 가족을 관찰하고 가족의 행동에 반응하며 영향을 받기 때문입니다.

일반화해서 말씀드리고 싶지는 않습니다만, 제가 그동안 여기저기 상담하면서 받은 느낌으로는 아무래도 우리나라 사람들, 그중에서도 특히 남자들이 서열을 좀 더 중시하는 경향이 있는 것 같습니다. 부부의 경우 아내보다는 남편이 좀 더 강아지를 잡고, 좀 더 혼내며, 좀 더 강압적으로 하는 경향이 있다고 판단됩니다. 여러 가지 원인이 있겠지요. 군대식 문화가 사회 전반에 퍼진 것도 이유가 될 수 있을지도 모르겠습니다. 물론 지극히 개인적인 판단입니다. 저도 남자지만, 우리나라 남자들은 전반적으로 학교나 직장이나 여하튼 어딜 가나 위아래를 확인하고 싶어 합니다. 뭐가 몇 기네, 넌 몇 살이고 난 몇 살이네, "아, 내가 선배군." 하고 상대의 동의 없이 바로 말을 놓죠. 물론 모든 남자들이 이런다는 건 아닙니다. 여하튼 이런 문화가 팽배한데 한낱 미물(?)인 반려견을 존중해 달라는 건 쉬운 일이 아닙니다. 강아지를 입양하고 바로 이런저런 훈련을 하면서 내 말을 듣게 하고 싶어 하고, 강아지가 말을 듣지 않는 것 같으면 이런저런 복종훈련이나 소위 '서열 정리' 등을 통해 강아지가 내 아래에 있음을 확인하고 싶어 하는 것도 이해가 가는 일입니다.

과거 강압적인 '애견훈련' 문화가 아직 남아 있는 것 또한 한 가지 이유가 될 수 있겠지요. 이건 남녀 구분 없이 마찬가지입니다. 이렇게 서열을 중시하는 가족이 집에 한 명이라도 있으면 강아지는 고달픈 삶을 살 수밖에 없습니다. 강제로 인간 사회에 편입되어 우리보다 위에 설 생각이 없는데도 강아지들은 지속적으로 견제를 당합니다. 말씀드린 것처럼 침대에 배변 실수를 해도 "서열이 높다고 생각해서 그래요." 놀고 싶어서 달려들어도 "지가 서열이 높은 줄 알아서 그래요." 산책 시 지나가는 사람을 보고 짖어도 "서열이 높은 줄 알아서 그러니까 서열 정리부터 하세요." 그 어리고 작은 강아지와 내가 싸워서 이겨야 할 것만 같은 분위기입니다. 이런 식으로 '서열 정리 당한' 강아지는 그 스트레스가 고스란히 쌓일 수밖에 없습니다.

우리는 어떻게 해결하면 좋을까요? 결국 선택은 둘 중 하나입니다. 사람이 변하든가, 아니면 개가 순응하든가. 동물행동학에서 말하는 옳고 그름, 효율적인 교육은 잠시 옆으로 치워 두지요. 만일 어느 한쪽이 조금은 양보해야 한다면 누가 양보하는 것이 더 순리에 맞는 길일까요. 그냥 우리들의 상식과 합리적인 사고로 생각했을 때, 무엇이 쉬운 길일까요. 무엇이 조금 더 바람직한 길일까요.

만일 이 서열 정리가 반려견 교육의 알파이자 오메가라면 우리나라 강아지들은 모두 다 착하고, 말 잘 듣고, 대소변도 잘 가리고, 대들지도 않고, 짖음 문제도 없을 겁니다. 우리나라만큼 '서열 정리'에 목매는 곳도 없으니까요. 그런데 그런가요? 과연 우리들의 강아지는 서열 정리를 통해 문제 행동이 없어졌나요? 하루 종일 짖는 강아지는 어떻게 만들어졌지요? 분리불안으로 괴로워하는 강아지는 어떻게 만들어졌나요? 손만 대도 깨물고 신경질적으로 반응하는 여러분의 강아지는 어떻게 만들어졌나요? 서열 정리를 안 해서 그렇게 되었나요?

06
보호자의 과보호가 미치는 영향

보호자의 과보호라, 꼭지 제목이 조금 이상하지요? 강아지도 과보호할 수가 있나요? 이건 무엇을 말하는 것일까요? 반려견에게는 기본적으로 가족의 사랑과 돌봄이 필요합니다. 그러나 때로는 그 애정이 과해서 역효과를 내는 경우가 있습니다. 미리 말씀드리지만, 과보호하는 보호자가 항상 자신이 강아지를 과보호하고 있음을 인지하고 있는 것은 아닙니다. 대부분 강아지를 아끼고 사랑하기 때문에 이런 결과가 만들어집니다.

강아지는 가족의 애정을 받으며 지내지만, 동시에 혼자서도 편안하게 있을 수 있어야 합니다. 그리고 이건 혼자 있을 때뿐만 아니라 보호자 가족과 함께 있을 때 역시 해당되는 이야기입니다. 이 문장은 무척이나 중요하니 다시 한 번 말씀드리겠습니다.

"강아지는 가족들과 함께 있을 때도 혼자 편안하게 있을 수 있어야 합니다."

간혹 강아지가 보호자님 무릎 위에 올라와서 쉬고 있는 경우를 봅니다. 이 자체가 나쁜 건 아닙니다. 함께 체온을 나누고 보듬어 주는 것은 좋은 일이지요. 그러나 이게 지나쳐서 강아지가 보호자님 무릎 위에서만 안정감을 느낀다면 이것은 심각한 문제로 발전할 수 있습니다. 아니, 이미 문제가 되었다고 봐도 과언이 아닙니다.

비슷한 예가 있습니다. 집에 낯선 이가 온다거나 친구가 온다거나 할 때 강아지를 습관적으로 안는 경우가 있습니다. 혹은 강아지가 짖으니까 진정시키고자 안아 들기도 합니다. 그러나 여쭤보고 싶습니다. 이렇게 강아지를 안아 들면 강아지가 차분해지던가요? 그 순간에는 혹시 그럴 수도 있지만, 계속 더 예민해지고 보호자에게 의존적이 되지 않던가요? 이상하게 내가 안고만 있으면 주위 사람들에게 으르렁대고 짖으며 신경질적으로 반응하지 않나요?

시도 때도 없이 강아지를 안고 있거나 무릎에 올라와 쉬는 강아지를 방치하면 그 강아지는 보호자 의존적이 되기 쉽습니다. 이렇게 보호자 의존적인 성격을 발달시킨 강아지들은 보호자 무릎이나 품에 있을 때 누군가 다가오거나 하면 짖거나 물 수도 있습니다. 물론 모든 강아지들이 이렇게 된다는 것은 아닙니다만, 하지만 모든 강아지는 그렇게 될 가능성을 가지고 있습니다.

우리 사람은 서로 끌어안는 것이 포근하고 따스한 행위이지만, 강아지는 그렇지 않습니다. 강아지는 원래 평생 누군가에게 잡혀 공중으로 떠오를 일이 없는 동물입니다. 우리가 강아지를 안으면 사지가 버둥버둥 모두 바닥에서 떨어져 있습니다. 그 자체만으로 불편해하는 강아지들이 있습니다. 또한, 강아지가 여러 마리 있을 때 한 마리만 안아서 들어 보세요. 다른 강아지들이 뒷발로 서서 막 뭐라고 하듯 짖습니다. 이런 과정은 개라는 동물에게 자연스럽지도 편안하지도 않습니다.

강아지가 밖에 나갔을 때도 그렇습니다. 다른 사람이나 다른 강아지 등을 대할 때 안는 것은 무척 좋지 않습니다. 안아 드는 자체가 강아지를 불안하게 만드는 것입니다. 만일 강아지가 불안해한다면 가급적 강아지를 바닥에 내려놓고 우리 보호자가 곁에서 안정시키는 것이 좋습니다. 물론 이를 위해서는 반드시 리드줄을 매야 합니다. 정말 불가피한 경우라면 모를까, 그렇지 않다면 강아지가 네 발을 땅에 딛고 있는 상태에서 진정할 수 있게 배려해 주어야 합니다.

예를 들어 집에 낯선 이가 와서 오래 머무를 일이 있다면 아래의 사진과 같이 리드줄을 매고 바닥에 내려놓습니다.(사진 각도 때문에 다리에 가려 리드줄이 잘 안 보이는데, 줄을 맨 상태입니다.) 집 안에서도 이렇게 줄을 매고 안정시킵니다. 이것은 우리 강아지를 위해서, 그리고 방문객을 위해서입니다. 물론 저는 저희 강아지가 방문객에게 달려들지 않는다는 사

실을 알고 있습니다. 그렇게 믿고요. 그러나 방문객은 안심하지 못합니다. 방문객이 안심해야 강아지도 더 빨리 진정합니다. 이는 무척 중요한 일입니다. 여기서 방문객이 강아지를 좋아하고 안 좋아하고는 중요한 것이 아닙니다.

바닥에 둔다고 짖지 않는다는 보장은 없습니다. 그러나 장기적으로는 안고 있는 것에 비해 더 빨리 진정합니다. 강아지를 자꾸 안아 들면 강아지는 오히려 더 불안해합니다. 강아지를 안정시키려면 우선 네 발 모두 땅에 딛고 진정시킨 후 서서히 다가가서 냄새를 맡게 해 주거나, 아니면 강아지가 먼저 다가갈 때까지 그냥 기다려 주면 됩니다. 그리고 당연히 간식이 도움이 됩니다.

 짖음 완화 교육하는 모습을 영상으로 담아 보았습니다. QR코드를 확인해 보시면 심하게 짖는 강아지 진정시키는 방법을 보실 수 있습니다.

쉴 때도 무릎에 올리지 않는 것이 좋습니다. 옆에 살을 맞대고 누워 있는 것은 상관없지만, '무릎이나 품 안에서만' 안정을 한다면 그것은 이미 어떤 문제가 있다고 할 수 있는 상태인 것입니다. 무릎에 올라오지 않게 하기 위해서는 처음부터 무릎에 앉는 습관을 들이지 않거나, 자꾸 올라오려고 하면 팔을 이용해서 슬쩍 막아 주시는 것이 좋습니다. 그럼 강아지도 혼자 자기 자리에서 편안하게 있는 방법을 깨우치게 될 거예요.

애견카페 등 실내에서 다른 강아지 때문에 겁을 내거나 불편해한다면 그 공간에서 안고 있는 것은 아무런 효과가 없습니다. 오히려 그런 식의 대처는 강아지에게 '불편하면 보호자 품으로'만 가르치게 됩니다. 그보다는 차라리 보호자 발 근처 테이블 아래에 쉬게 하거나, 괴롭힘이 심하지 않다면 그냥 둬 보는 것도 방법이 됩니다. 그러나 애초에 낯가림이 심하고 겁이 많다면 우선 애견카페는 피하는 것이 답입니다.

07
강아지가 자꾸 식탁에 달려들어요

음식 앞에서 자제를 못하고 자꾸 사람 먹는 밥상에 달려드는 강아지 때문에 고민인 보호자들이 많습니다. 어떤 보호자분은 강아지가 너무 달려들어서 식사 때마다 멀리 묶어 놓거나 다른 방에 가두기도 합니다. "강아지가 사람 먹는 것에 달려들지 않게 하는 방법이 있긴 있나요?"라고 묻는 분들도 많습니다. 결론적으로, 강아지가 사람 음식에 달려들지 않게 하는 방법은 있습니다. 강아지 밥상머리 교육 방법은 크게 두 가지입니다.

1) 아예 처음부터 주지 않는다. 무슨 일이 있어도 주지 않고 완전히 무시한다.

만일 밥상에서 강아지에게 먹을 것을 주지 않겠다면 이 방법이 좋습니다. 강아지가 자꾸 달려드는 건 밥상에 먹을 것이 있기 때문이고, 사람이 먹을 것을 주기 때문이지요. 식탁 옆에 앉아 있는 모습이 안쓰러워서 주기 시작하면 계속 줘야 합니다. 주다가 안 주는 건 아예 안 주는 것보다 더 나쁩니다. 처음부터 사람 먹는 것은 주지 않는다는 걸 꾸준히 알려 주면 강아지도 언젠가는 열심히 달려들어 봐야 건질 게 없다는 걸 배우게 되고, 언젠가는 달려들지 않게 됩니다.

2) 식탁 혹은 밥상에서 사람이 무언가를 먹을 때 강아지에게도 먹을 것을 준다.

제가 쓰는 방법입니다. 이 방법을 탐탁지 않게 생각하는 분들도 많습니다. 개는 개고 사람은 사람이므로 개는 사람 먹는 밥상에 달려들어선 안 된다고 생각하는 것인데, 이것도 어떤 원칙으로 존중받아야 하는 생각임에는 분명합니다. 다만 교육 효과 면에서 봤을 때 어떤 쪽이 더 효율적인지는 생각해 봐야 합니다.

제가 자주 드리는 말씀이지만, 강아지에게 '무엇을 못하게 하는 것'은 어렵지만 '무엇을 하게 하는 것'은 그보다 덜 어렵습니다. 그러니 '밥상에 달려들지 못하게 하는 것'은 어렵지만, '밥상 앞에서 기다리게 하는 것'은 그보다 덜 어렵습니다. 밥상 앞에서 차분히 기다리게 꾸준히 가르치면 강아지도 밥상에 달려들지 않게 됩니다.

예를 들어 이 정도 진수성찬 앞에서 강아지가 차분히 있을 수 있을까요? 이 정도면 사람도 참기 힘든 밥상이지요. 저는 못 참습니다. 누가 저를 이런 데 데려가서 제게는 아무것도 주지 않고 자기들끼리만 먹고 있으면 저는 그 사람에 대한 분노가 치밀 것 같습니다. 저는 이렇게 맛있는 걸 먹고 있으면서 강아지는 그저 가만히 참고 있으라고 하는 것이 과연 온당한 일인지 의문이 듭니다. 왜냐하면 강아지는 내 가족이니까요. 내가 밥 먹는 동안 가만히 앉아 주변을 지키고 있는 게 우리 강아지가 할 일은 아니니까요. 물론 저와 다르게 느끼는 분들도 계실 겁니다. 강아지는 사람보다 단순하고 본능에 충실합니다. 그렇기에 음식 앞에서 그저 가만히 있게 하는 것이 옳은지는 조금 생각해 봐야 합니다. 저는 내가 먹을 때는 강아지도 먹어야 한다고 생각합니다. 제 밥상머리 교육은 무척 단순합니다. 기본 원칙은 너무나 간단하지요.

1) 내가 무언가를 먹을 때는 강아지에게도 먹을 것을 줍니다.

2) 다만 한도 끝도 없이 줄 수는 없으니 횟수를 정해서 주거나 양을 제한합니다. 강아지는 일반적으로 사람보다 먹는 속도가 빠르니 먹는 대로 주면 너무 많은 양을 주어야 합니다.

3) 다 주고 나면 다 줬으니 이제 없다는 표현을 합니다. 이것이 강아지와 나와의 약속이 됩니다. 저희 강아지가 먹을 걸 다 먹고 나면 저는 양 손바닥을 펴 보이며 "이제 없다."라고 말합니다. 처음에는 못 알아듣지만 매번 반복하면 강아지도 깨닫게 됩니다. 항상 일관된 태도로 반복하는 것이 중요합니다.

4) 처음에는 적은 양을 많은 횟수로 나누어 주어야 합니다. 어린 강아지는 오래 기다리는 것을 잘 못하니까요. 하지만 강아지가 익숙해지면서 차차 기다릴 줄 알게 되면 횟수를 조금씩 줄여도 됩니다. 평소 강아지가 기다리는 연습이 어느 정도 되어 있으면 이게 수월해집니다. 관건은 원칙을 정해서 지키는 것, 그리고 보호자의 꾸준함과 인내심입니다.

5) 밥상에 달려든다고 화내고 그럴 필요는 없습니다. 먹을 것을 탐

하는 것은 모든 동물의 본능입니다. 여러분들은 혹시 먹을 거 안 좋아하세요? 여러분도 비슷하지 않나요? 저는 식탐 장난 아니거든요. 배고프면 막 화납니다.

이렇게 키우고 가르치면 이런 밥상 앞에서도 달려들지 않고 차분히 앉아서 기다립니다. 저희 강아지가 식탐이 없어서일까요? 아닙니다. 엘리는 제가 본 강아지들 중에서도 손에 꼽을 만큼 엄청난 식탐을 가진 녀석입니다. 어마어마합니다. 손으로 뭘 주면 뭔지 확인도 안 하고 입에 넣고부터 봅니다. 누가 먹을 거 준다면 저도 버리고 그 사람에게 가버릴 거예요.

위의 사진을 잘 보시면 엘리 앞쪽에 빨간 뚜껑 용기가 보이시죠? 엘리에게 주려고 어디든 가지고 다니는 간식통입니다.

엘리는 가만히 있으면 저 빨간 용기에서 먹을 게 나온다는 걸 알고 있습니다. 굳이 힘들게 달려들지 않아도 되니 피곤하지도 않고 스트레스도 안 받습니다. 저런 진수성찬 앞에서 강아지에게 아무것도 주지 않고 자꾸 달려드니 멀리 묶어 두고, 가두고… 그러면 강아지가 받는 스트레스도 작지 않을 것입니다. 그럼 악순환이 반복되기 쉽습니다.

집에서도 마찬가지입니다. 식사를 차리거나 간식을 꺼내면 식탁 의자로 올라와서 냄새를 맡습니다. 그러나 먹으라는 말이 없으면 절대로 먹지 않습니다. 냄새만 맡고 스스로 앉아서 기다립니다. 왜냐하면 '기다리면 주기' 때문입니다. 예를 들어 위처럼 집에서 고기를 구워 먹거나 할 때 저희는 따로 고기를 구워서 3번에 나누어 줍니다. 처음에는 당연히 천지분간 못하고 달라고 덤비지만 똑같은 방식으로 꾸준히 실행하면 나중에는 자기 것을 줄 때까지 저렇게 쉬고 있습니다.

이렇게 하면 강아지에게 "안 돼!" "쓰읍!" 이런 말을 할 필요 없어집니다. 손으로 강아지를 밀치고 큰소리치고 험악하게 굴 필요도 없어집니다. 장기적으로는 바닥에 떨어진 음식을 주워 먹는 버릇에도 도움이 됩니다. 또한 실수로 식탁에 강아지가 먹어선 안 되는 것을 두었을 때도 도움이 됩니다. 마구 집어먹지 않고 기다리면 먹을 수 있는 것을 준다는 것을 알게 되니까요.

꼭 식탁에서 음식을 주어야 한다고, 강아지와 겸상해야 한다고 주장하는 것이 아닙니다. 서두에 언급했듯이 아예 주지 않는 분들의 선택도 존중받아 마땅합니다. 좋지 않은 건, 줬다가 안 줬다가 이렇게 일관성 없는 태도입니다. 우리의 변심으로 인해 강아지들이 괴로워지는 일은 가급적 없게 하는 것이 좋겠습니다.

08
강아지와 아이들

01 강아지가 아이를 물었어요

"강아지가 아이를 물었어요!"

강아지가 사람을 무는 경우가 종종 있습니다. 물론 앙앙거리는 입질 정도일 때가 대부분이지만, 간혹 살이 긁히거나 심하면 피가 날 정도로 무는 경우도 종종 있습니다. 이는 정말 심각한 문제입니다. 소형견이면 그나마 피해가 덜하겠지만, 대형견이 사람을 문다는 건 상상하기도 싫을 정도로 끔찍한 일입니다. 더군다나 아이가 물렸다면 그건 진짜 심각한 상황이지요.

개가 아이를 물었습니다. 그럼 대책을 세워야겠지요. 대책을 세우려면 원인을 파악해야 하고 잘잘못을 따져야 합니다. 굳이 잘잘못을 따지자면, 물린 사람과 가족이 무척이나 억울하겠지만, 저는 사람 어른의 잘못 90에 강아지 잘못 10으로 봅니다. 강아지 잘못 10은 사람 잘못 100이라고 하면 납득하기 힘드실 테니 그냥 집어넣은 것입니다. 좀 더 솔직히 말하면 상황이 그렇게까지 흘러가도록 둔 어른의 잘못이 100입니다. 물린 아이는 잘못이 없습니다. 물론 어른도 아이도 아마

몰랐기 때문에 그렇게까지 됐을 것입니다. 하지만 똑같이 몰랐다고 해도 어른은 잘못이 있습니다. 전혀 다른 종인 강아지라는 존재에 대해 알아보고 공부하고 이해하려고 노력할 의무를 게을리한 잘못, 무슨 일이 벌어질지 모르는데 아이와 강아지를 방치한 잘못입니다.

강아지가 아이를 물게 되기까지 그 사이에 도대체 무슨 일이 있었을까요? 예를 들어 강아지를 입양하자마자 어린 아이가 가만히 앉아 있는데 강아지가 마구 달려가서 콱 피가 나게 무는 일은 없습니다. 그런 일은 결.단.코. 없습니다.

강아지가 가족 구성원으로 들어온 이후 그 강아지는 어떻게 다루어졌을까요? 아마도 어린 아이는 강아지를 자신이 원할 때 만졌을 겁니다. 강아지가 겁내건 말건 강아지와 제대로 인사하는 법을 모르는 아이는, 강아지 다루는 법을 알지 못하는 아이는 아마도 귀엽다고 마구 만지고, 아무 때나 가서 놀고, 들었다 났다 하고, 간식을 주었다 뺏었다 하고, 뼈 씹을 때 다가가면 으르렁대는 게 귀엽다고 깔깔대고 웃었을 겁니다. 이런 상황이 하루 이틀도 아니고 일주일, 한 달, 일 년… 이렇게 이어집니다. 강아지가 멍청하지만 이 정도 학습은 합니다. 아이의 얼굴이 앞에 보인다는 게 어떤 의미인지 강아지는 잘 압니다. '아, 또 날 들었다 났다 하겠구나. 아, 이 간식은 내가 기를 쓰고 지켜내지 않으면 뺏기겠구나. 가만히 있으면 또 양손으로 날 주물럭 주물럭하겠구나.'

게다가 아이들은 집 안에서 종종 뛰어다닙니다. 사람 기준에서야 아이지만 강아지가 볼 때는 여전히 거인입니다. 뛰어다니는 아이, 자신에게 마구 다가와서 맘대로 만져대는 아이는 강아지 시선에서 어떻게 보일까요? 영화 '어벤져스'에 나오는 헐크처럼 보이지 않을까요?

"서열 때문에 무는 것이니 평소 서열 정리를 잘해 두면 안 뭅니다." 라는 의견도 항상 올라옵니다. 어쩌면 사실일 수도 있습니다. 강압적인 서열 정리를 믿지 않는 저로서는 이 서열 정리의 효과와 원리를 전혀 신뢰하지 않고 오히려 역효과를 걱정합니다만, 실제로 서열 정리로 효과를 봤다는 분들이 계시므로 무시할 수는 없는 의견입니다.

그렇다면 저는 묻고 싶습니다. 개와 개 사이를 관찰해 보면 어떻습니까? 산책하거나 남의 집에 개를 데려갔을 때 개들끼리 무는 경우가 있습니다. 혹시 그런 일이 있었다면, 어떤 상황이었는지 그 기억을 잘 떠올려 보세요. 개가 다른 개를 무는 경우는 보통 두 가지입니다. ① 경계 지킴 본능이 강한 강아지의 공간에 들어갔다. ② 싫은데 자꾸 들이댄다. 이 두 가지는 비슷한 것 같지만 다릅니다. 예를 들자면 ①은 마당에 들어온 다른 짐승을 물어 죽이는 진돗개의 경우이고, ②는 산책 가서 다른 개가 놀자고 자꾸 달려드니 처음에는 피하다가 결국엔 "왁!" 하고 무는 경우입니다.

이 두 가지 상황의 그 어디에서 어떻게 서열이 작용하는지 저는 모르겠습니다. 만일 지킴이 본능까지 서열 문제로 연관 짓는다면 더 이상 드릴 말씀이 없어져요. 만일 진돗개가 도둑을 물었다면 도둑을 낮은 서열로 본 걸까요? 서열 때문에 문다? 평소 서열이 높다고 자부하는 어른은 안 물리나요? 물립니다. 주둥이 잡기나 배 까기가 옳은 방법이라고 하는 분들도 신문지로 바닥 팡팡 치는 분들도 물린다는 글이 올라옵니다. 이런 강아지들이 자기가 보호자보다 서열이 높다고 생각해서 무는 걸까요? 혹시 무서워서, 보호자의 그런 모습이 겁나서, 어떻게 해야 할지를 몰라 자신을 지키기 위해 문다는 생각은 안 해 보셨는지요?

또 한 가지, 아이가 강아지에게 물렸을 때는 보통 어른이 개입할 겁니다. 평소 아이와 강아지 사이의 관계를 잘 이끌어 주셨다면 이런 일이 생길 일도 없으니 아마도 이런 일이 생겼다면 강아지를 혼내고 야단치고 때리고 그러겠지요. 하지만 그럴 때 강아지가 느끼는 감정은 어떨까요? 강아지는 분명 그동안 아이에게 그렇게 함부로 오지 말라고, 날 괴롭히지 말라고, 내가 먹는 간식을 건드리지 말라고, 잘 때 좀 내버려 두라고 꾸준히 신호를 보냈을 겁니다. 그런데도 상황이 바뀌지 않아 결국 무는 일까지 생겼습니다. 그런데 그랬더니 어른이, 평소 내게 밥을 주는 고마운 사람이 내게 큰소리를 내고, 바닥을 때리고, 심지어 내게 손을 댑니다. 그럼 이 강아지의 감정은 어떤 상태가 되어야 마땅할까요?

우리 어른들이 해야 하는 역할은 분명합니다. 우리는 알아야 합니다. 강아지, 개라는 종은 어떤 동물인지를요. 물론 저도 모르는 부분이 많습니다. 하지만 함부로 다뤄선 안 되는 생명체라는 것만은 압니다. 그리고 우리는 이 사실을 아이들에게도 반드시 알려 줘야 합니다. 아이들이 강아지를 존중하고 소중히 대할 수 있게 가르쳐 줄 의무는 TV도 스마트폰도 아닌 우리 어른들에게 있습니다. 만일 강아지와 아이 사이에 문제가 발생했다면 이는 우리의 잘못입니다.

"개가 눈치가 좋아서 애를 알아보고 무시한다." "우리 개는 어찌나 집에서 애만 딱 무시하는지 영악하기가 100단이다."

이런 말을 들으면 저는 무척이나 안타깝습니다. 개가 보기에 키 130cm와 180cm, 이 차이로 아이와 어른을 구분하고 어른은 공경하되 아이는 무시하는 걸까요? 저는 아니라고 봅니다. 저는 이게 강아지가 아이들을 무시하는 거라고 생각하지 않습니다. 예측이 불가하고 자신을 좀 더 함부로 대하는 존재를 꺼려하는 건 생명체로서 당연한 반응이 아닐까요?

사람과 강아지 사이의 서열을 잡아 주면 이런 문제가 해결될까요? 가족 구성원들의 위아래를 정해 준답시고 사람이 밥을 먼저 먹고 개를 나중에 먹이고 그런 것은 하등의 쓸모가 없습니다. 먹는 순서로 서열이 정해진다면 자율급식을 하는 집 보호자들은 모두 무시당하지 않을까요? 저는 심지어 거실 한가운데 개가 누워 있으면 피해 가지 말고 꼭 강아지를 먼저 비키게 한 다음에 지나가라고 조언하는 글을 보았는데, 그런 식으로 개를 대하면 개가 가족을 무시해도 할 말이 없습니다.

한집 안에 아이와 강아지 모두를 둔 보호자분들은 다음을 참고해 주세요.

1) 아이에게 강아지를 대하는 올바른 방법을 가르쳐 주세요. 한 명의 가족으로서 강아지가 누려야 할 당연한 권리를 이해시켜 주세요. 강아지는 움직이는 인형이 아니며, 존중받을 소중한 생명체라는 사실을 아이에게 꼭 알려 주세요. 아무 때나 만지고 주물럭대고 노는 대상이 아님을 여러 번에 걸쳐 아이가 이해할 수 있게 설명해 주세요. "아이가 어려서 몰라요." 정말인가요? 어린이집 선생님들은 그럼 아이들을 포기해야겠어요. 혹시 아이에게 확실히 말하고 싶지 않아서, 아이에게 뭐라고 하는 게 싫어서 그냥 개를 희생시키는 것은 아닌가요?

2) 강아지 또한 아이를 존중하고 인정할 수 있게 이끌어 주세요.

이를 위한 가장 좋은 방법은 함께 산책을 나가서 즐거운 시간을 보내고, 평소 간단한 교육과 놀이를 함께 하는 것입니다. 앉아/손/기다려 등의 교육을 아이와 함께 해 보시고, 아이와 강아지 모두를 칭찬해 주세요. 보상을 아이에게 주게 해 보세요. 위의 QR코드를 한번 참고해 보세요. 친구 부부가 놀러 왔을 때 함께 놀았던 영상입니다. 잘되면 잘되는 대로, 안되면 안되는 대로 얼마든지 즐거운 시간을 보낼 수 있지요. 아이가 놀러 왔다고 강아지를 가두거나 묶어 두면 강아지는 아이를 부정적으로 여기기 쉽습니다. 연상의 힘은 놀랍습니다.

3) 강아지와 가까워지는 건 하루 이틀 내에 되는 일이 아니라는 사실을 아이에게 잘 이해시켜 주세요. 둘이 자연스럽게 가까워지고, 친해지게 옆에서 지켜봐 주시고, 혹시 어느 한쪽이 지나치게 덤빈다든가 괴롭힌다든가 하지 않게 챙겨 주세요. 어린아이는 자신의 행동이 강아지에게 부정적인 영향을 끼친다는 사실을 절대 알지 못합니다. 그래서 장난이라고 하는 행동이 강아지에겐 그렇지 않을 수 있다는 걸 모릅니다. 사실 이건 어른도 잘 모릅니다.

4) 입에 넣어선 안 되는 걸 물었을 때는 손을 뻗어서 빼앗지 말고 다른 간식으로 유인해 물물교환하는 법을 어려서부터 꾸준히 가르쳐 주세요. 아이에게도 강아지가 먹는 걸 함부로 빼앗지 않게 잘 가르쳐 주세요. '뱉어'를 가르치는 법은 264쪽의 QR코드를 확인해 보세요.

5) 요즘 부모님들은 아이들 양육할 때 책도 어마어마하게 읽고 세미나도 다니고 여러 전문가들의 도움을 받지요. 그러나 우리가 전혀 모르는 종인 강아지에게는 그렇게까지 정성을 기울이지 않는 것 같습니다. 틈날 때마다 강아지에 대해서도 찾아보고 강아지를 이해하려는 시도를 해 주시면 좋겠다는 생각이 듭니다.

모든 문제 해결의 출발점은, 강아지를 하나의 생명체로 존중해 주는 데 있습니다. 역지사지라는 말이 있지요. 정말 옛 성현의 말은 틀린 게 하나도 없는 것 같습니다.

02 아이와 친해지기

아이와 강아지의 관계는 워낙 자주 올라오는 상담 주제이기도 하고 또 그만큼 중요하기 때문에 조금 더 살펴보겠습니다. 얼마 전 아내 쪽 친척 모임이 있어 저도 참석했습니다. 집을 오래 비워야 하니 저희 강아지 엘리도 데려갔지요. 그러나 그 모임에는 복병이 있었습니다. 바로 혈기왕성 삼형제입니다. 사내아이 셋, 거기에 강아지 한 마리. 사실 안심되는 그림은 아닙니다. 십중팔구 강아지에게 너무 힘든 상황이 만들어지기 쉽지요. 아이들은 강아지에게 달려들고, 강아지는 도망가고, 아이들은 강아지를 안아 들고 던지고 꼬리를 잡고, 강아지는 물고, 어른들은 그러지 말라고 소리치고, 아이를 혼내고, 그럼 집은 시끄러워지고, 강아지를 가두고…. 어떤 상황도 강아지에게 편안한 환경은 아닙니다. 그러나 아이들이 강아지를 괴롭히는 그림이 만들어진다 해도, 그건 아이들이 꼭 강아지를 괴롭히고 싶어서 그러는 것은 아닙니다. 아이들은 강아지가 귀엽고 신기하니까 놀고 싶어서 자꾸 달려드는데, 그 과정이 강아지에게는 불편하고 힘들고 스트레스 받는 상황이 되는 것이지요. (흥미롭게도 이런 그림은 '강아지끼리' 있을 때도 역시 나타납니다. 과하게 적극적인 강아지와 이를 불편해하는 강아지의 모습으로 말입니다.)

아이들은 "강아지 괴롭히지 마."라는 말의 의미를 알지 못합니다. 하지 말라 한다고 안 하는 것도 아닙니다. 그러나 아이들은, 무엇을 하지 말라고 강요하는 것보다 할 수 있는 것을 알려 주었을 때 훨씬 더 좋은 결과를 가져옵니다. (역시 흥미롭게도, 이는 강아지를 교육할 때도 마찬가지입니다.)

아이들은 강아지를 괴롭히고 싶어 하지 않습니다. 강아지에게 달려드는 아이들을 보면, 말씀드렸지만 강아지를 괴롭히려는 게 아니라 함께 놀고 싶어서 그러는 것입니다. 그래서 아이들은 강아지를 보면 귀엽다고 사진도 찍고 동영상도 찍는 것입니다. 아이들은 강아지를 싫어하지 않습니다. 그러므로 우리가 어른으로서 아이들에게 해줄 수 있는 것은 강아지를 바람직하게 대하는 법을 가르쳐 주는 것입니다. 강아지 괴롭히지 말라고 소리치고 아이들을 혼낼 게 아니라, 직접 보여 주고 가르쳐 주고 그 결과 강아지가 사람을 싫어하지 않

고 잘 어울리는 모습을 이끌어 내는 것이지요.

사진처럼 아주 간단한 방법도 있습니다. 한 손으로 간식을 주며 다른 한 손으로 쓰다듬는 것이죠. 아이들뿐만 아니

라 어른들도 강아지가 오면 보통 머리를 쓰다듬습니다. 그러나 아시다시피 강아지들은 머리 쓰다듬는 것을 불편하게 여길 수 있지요. 그러니 이렇게 목 혹은 등부터 천천히 쓰다듬는 법을 가르쳐 줍니다. 여기서 주목할 부분은 사진 아래쪽, 동영상을 찍는 아이입니다. 얼마나 재밌고 신기하면 아이가 동영상을 찍고 있겠어요. 이렇게 아이들은 얼마든지 강아지를 사랑하고 예뻐해 줄 가능성을 품고 있습니다.

간식을 주면서 천천히 쓰다듬고, 이에 따라 강아지가 아이들을 싫어하지 않고 잘 따르게 되면 아이들도 성취감을 느낍니다. 자기가 강아지 쓰다듬는 모습을 동영상으로 찍으며 좋아하기도 합니다. 원래부터 차분한 아이들이라고 생각할 수도 있지만, 그래도 남자아이 셋입니다. 말씀 안 드려도 어떤지 아실 거예요. 하지만 제 경험상, 아이들에게는 선한 면이 있습니다. 행동이 조금 거칠어서 상대방을 불편하게 할 수 있으나, 실제로 차분하게 천천히 가르쳐 주면 그리고 그 결과 강아지가 공격성을 보이지 않고 아이들을 차분히 대하면 아이들도 좋아합니다.

나중에는 자기들끼리 서로 간식 주는 놀이를 합니다. 모두가 다 기특하죠. 아이들도 기특하고, 받아 주는 강아지도 정말 기특합니다. 아이들과 강아지의 조합은 자칫 너무나 불쾌한 장면을 연출하기도 합니다. 아이들은 강아지 뒤를 쫓아다니며 손으로 붙잡고 때론 꼬리를 잡아끌기도 합니다. 그럼 강아지는 싫다고 표현하다가 참다못해 물기도 합니다. 그럼 물린 아이는 또

'이게 날 물어?' 하는 생각에 강아지를 더 괴롭힙니다. 강아지와 아이들을 그냥 방치하면 안 됩니다. 아이들이 스스로 이런 점을 깨우치길 바라는 것은 우리들의 지나친 욕심입니다. 하지만 이렇게 우리 어른들이 몸소 약간의 시간과 노력을 들여 가르쳐 주면 안 좋은 결과를 예방할 수 있습니다.

장기적으로 아이들에게도 강아지를, 나아가 생명을 존중하는 법을 가르쳐 주는 셈이 될 겁니다. 강아지에게는 자연스럽게 아이들과의 사회화를 학습시키는 시간이 되겠지요.

어느 새 이렇게 아이와 강아지가
함께 TV를 보고 있습니다.

아이들은 강아지를 괴롭힙니다. 몰라서 괴롭힙니다. 그런 아이들을 가르치는 것은 어른들의 몫입니다. 조금만 생각의 방향을 바꾸고 강아지와 아이들을 이해하려는 노력만 있으면 됩니다.

03 공공장소의 아이들과 강아지

저는 집 근처 반려견 동반 카페에 자주 갑니다. 가서 앉아 있다 보면 아이를 동반한 부모를 보게 됩니다. 아이에게 강아지 다루는 법, 천천히 다가가는 법을 가르쳐 주고 강아지와 아이 모두를 편안하게 해 주는 부모님도 계시고, "가서 만져 봐." 하며 아이들을 재촉하는 부모님도 물론 계십니다. 아이들이 강아지 꼬리를 잡아당기고 안아 들고 밀쳐도 웃으며 좋아하는 부모님도 계시고, 아이가 강아지에게 어떻게 하든, 강아지와 아이가 어떻게 지내든 아예 아무 관심 없이 스마트폰만 하는 부모님도 계십니다. 반려견 동반 카페를 키즈 카페로 여기는 분들도 계십니다.

강아지는 단 한두 번의 경험만으로도 아이들을 싫어하게 될 수 있습니다. 멀리서 "꺄아악!" 소리를 지르며 정면으로 달려와 얼굴을 만져대면 강아지는 극심한 스트레스를 받고 두려움을 느낄 수도 있습니다. 강아지는 사람 말을 알아듣지 못하니 강아지를 가르치긴 어렵습니다. 아이들은, 물론 예측이 어렵고 중구난방이긴 하지만, 그래도 말로 가르칠 수 있습니다. 그러니 아이들에게 강아지를 배려해 달라고 가르쳐야 합니다. 게다가, 아이들은 기본적으로 강아지를 이뻐하고 강아지와 즐거운 시간을 보내고 싶어 합니다. 그러니 차분히 가르쳐 주면 아이들도 강아지를 함부로 다루지 않게 되고, 강아지도 아이들을 덜 경계하게 됩니다.

그리고 아이들에게는 놀라운 능력이 있습니다.

사실 애견카페, 혹은 반려견 동반 카페의 상주견들은 무척 힘듭니다. 아이들이 없어도 힘들고 평소에 이런저런 스트레스를 많이 받습니다. 공격적인 개도 오고, 공격적이지는 않더라도 자꾸 놀자고 귀찮게 괴롭히는 개 혹은 사람들도 많이 옵니다. 물론 상주견 관리의 최종 책임은 매장의 업주에게 있을 것입니다. 그러나 우리도 매장의 손님으로서 지켜야 할 매너가 있습니다. 알면서 안 지키는 사람도 있겠지만, 대부분은 잘 몰라서 그러지 못할 것입니다. 카페를 동물원처럼 생각하고, 카페의 강아지들을 우리 맘대로 만지고 안아 들어도 되는 대상으로 생각할 수도 있습니다. 그런 분들을 욕하고 나무라는 것은 쉽습니다. 그러나 그렇게 하면 달라지는 것이 없습니다. 서로 불편해 하고 잘못한다고 손가락질만 해서는 우리에게도 우리 강아지들에게도 좋을 게 없습니다. 그러니 그런 분들, 그런 아이들을 보게 되면 여러분께서 가르쳐 주세요. 천천히 조곤조곤 가르쳐 주시고, 시범을 보여 주세요.

한 사람이 두 사람을 가르치면 두 사람이 네 사람이 됩니다. 그리고 네 사람은 여덟 사람이 됩니다. 곧 이 여덟 사람은 스무 명, 서른 명… 백 명이 됩니다.

얼마 전에 있었던 일입니다. 저는 엘리를 데리고 아내와 함께 반려견 동반 카페에 갔습니다. 잠시 후 엄마 세 분과 아이들 다섯 명이 손님으로 왔습니다. 그중 어떤 분은 오시자마자 아이들에게 강아지부터 만지라고 하셨습니다. 그러자 마침 홀에 나와 계셨던 카페 사장님께서 지금 강아지들이 감기에 걸려서 컨디션이 좋지 않으니 가급적 만지지 말아 주시고, 천천히 와서 천천히 쓰다듬어 달라고 말씀하셨습니다. 그때 부모님 중 한 분이 조금은 놀라운 말씀을 하셨습니다. "에이, 강아지 만지러 왔는데." 그러더니 2층으로 올라갔습니다.(카페는 총 3층입니다.)

이날의 부모님과 아이들 역시 여느 부모님, 아이들과 마찬가지였습니다. 그저 강아지를 만지고 싶어 했고, "꺄아악!" 달려오고 싶어 했습니다. 잠시 후 한 어머니가 아이들을 데리고 1층으로 내려오셨습니다. 어머니는 아이들이 강아지와 어울렸으면 했지만 어떻게 해야 할지 몰라 그냥 "가서 쓰다듬어 봐."라고 말했고, 아이들 역시 무서워서 눈치만 보고 있었습니다.

그래서 손에 간식을 몇 개 들고 아이들에게 갔습니다. 그리고 강아지에게 다가가는 법, 간식을 주는 법, 강아지 쓰다듬는 법을 아주 간단히, 아이들의 언어로 알려 주었습니다. 세상 그 무엇보다도 간식을 사랑하는 쫄보 엘리가 잠깐 와서 도우미 역할을 해 주었습니다.

아이들은 기본적으로 강아지를 좋아합니다. 그리고 이뻐해 주고 싶어 합니다. 방법을 몰라서 실수하는 경우가 대부분입니다. 하지만 이렇게 차분히, 천천히 가르쳐 주면 아이들은 또 금방 배웁니다. 조금씩, 조금씩 아이들도 강아지에게 손을 내밀었고, 또 옆에 앉아서 쓰다듬어 주기도 했습니다. 그리고 잠시 후, 놀라운 일이 생겼습니다. 몇 번 강아지에게 간식을 주고 인사하며 강아지와 가까워진 아이가 2층에 있는 친구를 데려와서는 똑같이 가르쳐 준 것입니다.

"막 만지는 게 아냐. 이렇게 손 냄새를
먼저 맡게 해 줘야 되는 거야-!"

그리고 이렇게 강아지 친구가 된 두 명은 다시 2층에 올라가서 이

번에는 또 다른 친구 두 명을 데리고 내려왔습니다. 비록, 그 친구 중 한 명은 무서워서 끝까지 가까이 다가오지 못했지만 말이지요. 이날 왔던 아이들 다섯 명 중 적어도 네 명은 강아지를 만나면 천천히 다가가서 손 냄새도 맡게 해 주고 옆에 앉아 쓰다듬어 주기도 하고 맛있는 간식을 주면 된다는 것을 배웠습니다. 그리고 어제 다가오지 못했던 아이 한 명도 아마 시간이 흐르면 친구들과 함께 자연스럽게 강아지와 가까워질 수 있을 테지요.

제 바람은 이 다섯 명이 머지않아 열 명이 되는 것입니다. 그리고 스무 명, 서른 명이 되는 것입니다. 아이들이 강아지에게 함부로 대하지 않고, 마구 뛰어와서 머리를 만지거나 안아 들지만 않아도 강아지가 받는 스트레스는 상당히 줄어듭니다. 그리고 그렇게 되면 강아지들 역시 아이들에게 공격적으로 짖거나 으르렁대거나 하는 일이 줄어들 겁니다. 사실 저렇게 일일이 가르쳐 주는 일은 때로는 무척 번거롭습니다. 그러나 가만히 있으면 달라지는 게 없을 것입니다. 여하튼 행동해야 합니다. 먼저 말을 걸고 웃으면서 가르쳐 주고 잘했다고 칭찬해 주어야 합니다. 그렇게 하지 않으면 변화는 없을 겁니다.

에피소드 하나를 더 들려드리겠습니다. 저희 강아지와 함께 가는 공원이 있습니다. 산책로도 좋고 넓어서 자주 이용합니다. 어느 날 그곳에 갔더니 아이들이 강아지와 놀고 있었습니다. 아이들과 강아지가 어우러져 노는 모습은 언제 보아도 흐뭇합니다. 저도 모르게 미소를 짓게 되지요. 아이들의 순수함과 강아지의 천진난만함은 환상의 조합이에요. 그런데 이날은 보면서 조금 속이 상했습니다. 아이들이 다 함께 술래잡기와 '무궁화 꽃이 피었습니다'를 하고 있었는데, 그렇게 놀면서 리드줄에 매달린 강아지를 이리저리 끌고 다니고 있었기 때문입니다. 리드줄도 가운데를 묶어 길이를 줄인, 너무도 짧은 줄이었습니다. 강아지는 헥헥거리며 질질 끌려 다니고 있었습니다. 방향을 바꾸어 내달리는 아이들에게 잡힌 채 이리 뒹굴 저리 뒹굴, 들었다 놨다 들었다 놨다, 언뜻 보기에도 너무 괴로워 보였습니다. 아이들 부모님은 뭘 하고 계신지 둘러보았더니 저 멀리 벤치에 앉아서 쉬고 있었습니다.

다시 강아지를 보았습니다. 강아지는 곧 저와 엘리가 있는 쪽을 보면서 날카롭게 짖기 시작했습니다. 그러자 줄을 쥐고 있던 아이가 줄을 잡아채며 "짖지 마!"라고 강아지에게 소리쳤습니다. 물론 강아지는 짖음을 멈추지 않았고, 아이는 계속 줄을 당기며 강아지에게 뭐라고 외쳤습니다. 아이들이 강아지를 짐짝처럼 다루고 있는데도 아이들의 부모님은 아무런 조치를 취하지 않고 있었습니다. 많이 아쉬웠습니다. 그렇다고 해서 섣불리 뭔가를 시도하는 것 역시 좋지 않습니다. 제겐 남의 일에 끼어들 권리가 없으니까요. 그냥 저와 엘리가 자리를 피하는 방법도 있습니다. 그럼 강아지는 짖지 않을 테고, 아이들은 다시 놀이를 계속하게 될 것입니다. 그리고 앞으로도 아이들은 계속 강아지를 짐짝처럼 다룰 것입니다.

오지랖인 건 알지만 천천히 강아지에게 다가갔습니다. 말티즈 같았습니다. 강아지는 저와 엘리를 보더니 더욱더 크게 짖어댔습니다. 저는 앉아서 강아지를 진정시키는 동시에, 아이들에게 "뛰어놀 때는 강아지를 한쪽에 묶어 두는 게 어떻겠니?"라고 물어보았습니다. 아이들은 그럼 강아지가 줄을 물어뜯는다고 하면서도 제 말에 수긍하는 것 같았습니다. 아이들과 잠시 도란도란 이야기를 나누었습니다. 모두 착한 아이들이었습니다. 강아지를 해치려고 하는 것도 아니고, 그냥 어려서부터 그렇게 지냈기 때문에 별 생각 없이 강아지를 함부로 다루고 있었던 것인 듯싶었습니다.

아이들이 했던 말 중에 기억에 남는 게 있습니다. "근데 우리 ○○는 너무 싸나워요." 안타까웠습니다. 우리 ○○는 왜 사나워졌을까? 왜 다른 개만 보면 짖게 되었을까? 속이 많이 상했습니다.

아이들과 강아지를 함께 키우신다면, 반드시 양쪽 모두에게 예절 교육을 해 주셔야 합니다. 강아지에게는 사람을 대하는 예절을 가르쳐야 하고, 아이들에게는 강아지를 올바르게 대하는 법을 반드시 가르쳐 주어야 합니다. 정말 중요한 것은, 아이들에게 강아지를 장난감처럼 다뤄선 안 된다는 것을 가르쳐 주는 것입니다. 이건 어떻게 가능할까요? 아이들에게 왜 강아지를 장난감처럼 다뤄선 안 되는지 구구절절 설명해 주어야 할까요? 아니죠. 어린아이들에게 설명을 통해 가르치는 것은 한계가 있지요. 그보다는, 평소 부모님이 먼저 강아지를 존중하고 하나의 생명으로 대하는 모습을 보여 주는 것이 훨씬 좋은 방법일 겁니다.

글이 길어지지만 조금만 더 덧붙여 보겠습니다. 간과하기 쉬운 일입니다만, 아이들에게 강아지를 맡기고 신경을 끄시면 안 됩니다. 이건 양쪽 모두에게 좋지 않습니다. 특히 아이가 어릴 땐 더더욱 그러합니다. 우리는 TV나 인터넷 등에서 어린아이와 강아지가 어울려 노는 장면을 보며 '나도 꼭 해 봐야지.' 이런 생각을 합니다. 하지만 이런 상황은 그저 로망으로 남겨 두는 것이 좋습니다. 저라면 아무리 강아지를 믿더라도 강아지와 어린아이를 단둘이 남겨 두지는 않을 것입니다. 강아지도 예측 불가능하고, 아이도 예측 불가능합니다. 그렇게 예측 불가능한 한쪽의 행동에 다른 한쪽이 어떻게 대응할지 아무도 모릅니다. 그러다 보면 자칫 아이가 심하게 다칠 수 있습니다. 사람들은 이렇게 강아지를 함부로 다루며, 그에 대한 반작용으로 강아지가 아이를 물기라도 하면 "그런 강아지는 죽여야 한다."라고 말합니다.

예전에 많이 들었던 말이지만, 역시 아이들은 어른의 거울입니다. 우리 어른들이 먼저 달라지고 생명을 존중하는 모습을 보여 주면 아이들은 그대로 보며 따라할 거라 믿습니다.

초등학교 학생들을 대상으로 반려견과 친해지는 법을 강연하는 중입니다. 이렇게 어릴 때부터 동물 대하는 법을 배워 두면 분명 도움이 되겠지요?

• 아이들에게 달려드는 강아지

간혹 아이들에게 과하게 달려드는 강아지가 있습니다. 강아지는 놀자고 덤비는 것이지만 아이들은 그게 힘들지요. 아이들은 강아지를 어떻게 다뤄야 하는지 잘 몰라서 강아지를 피하거나 혹은 거꾸로 함부로 다루기 쉽습니다. 이런 경우 아이와 강아지 모두에게 실시할 수 있는 교육이 있습니다. 우선 기본적인 '기다려' 연습을 통해 손바닥 신호와 함께 그 자리에 앉아 차분히 기다리는 교육을 진행한 후, 아이가 손에 간식을 들고 이동하며 강아지를 차분히 진정시키는 연습을 했습니다. QR코드 속 동영상을 참고해 보시기 바랍니다.

사람도 강아지도 모두 기특합니다. 물론, 보시면 완벽하지는 않습니다. 그런데 자신에게 달려드는 강아지에게 아이가 이렇게 겁을 먹지 않고 차분히 능동적인 교육을 실시할 수 있다는 것 자체가 큰 변화이고 발전입니다. 아마 앞으로는 아이도 강아지도 더 잘할 거예요.

09
명절을 앞두고 보호자들이 알아야 할 것들

명절이 되면 보호자들은 고민을 시작합니다. 친척 집도 가야 하고 며칠씩 집을 비워야 할 수도 있는데, 강아지는 어떻게 해야 할지…. 강아지 호텔도 알아보고 펫시팅도 알아봅니다만 속 시원한 답을 얻기가 어렵습니다. 명절 때 보호자가 생각해 봐야 할 사항을 몇 가지 짚어 봅니다.

01 강아지를 데려가야 할까요, 두고 가야 할까요?

단순한 질문 같지만 결국은 가치관의 문제입니다. 강아지를 명절 때 집에 두고 가는 분들도 많으시고, 밥을 잔뜩 부어 주고 물그릇 서너 개 놓아 준 뒤 1박 2일 혹은 2박 3일 정도 혼자 두는 보호자님들도 있습니다. 그러나 기본적으로 평소 자율급식이 안 되어 있거나 집에 급식기가 없다면 이건 쉽지 않은 얘기입니다.(그렇다고 명절을 위해 자율급식에 적응시킬 수도 없는 노릇입니다.)

혼자 있는 동안 별 사고를 치지 않는다고 해도, 그 기간 내내 CCTV를 보면 강아지들은 먹고 쌀 때 빼곤 보통 그냥 잡니다. 두 마리가 있다고 해도 집에 보호자가 있는 것과는 다릅니다. 아마 강아지들은 밤이 되어도 오지 않는 우리들을 기다리며 불안에 떨 가능성이 높습니다. 사람을 위해서라면 모를까 강아지를 위해서라면 좋은 선택이라고 보기 힘듭니다. 아무리 명절 쇠러 가는 곳이 강아지에게 낯설고 모르는 사람이 많다고 해도 든든한 보호자가 함께 한다면 혼자 있는 것보다는 낫습니다. 반려견은 보호자가 없으면 불안해하고, 집에서 두려움에 떨 것입니다. 그리고 장기적으로 이는 보호자와의 신뢰에 큰 타격을 줄 것입니다.

펫시팅이나 호텔링도 하나의 선택이 됩니다. 다만 믿을 만한 펫시터나 호텔이어야 한다는 전제가 붙습니다. 호텔이나 펫시터는 조심스럽게 선택하셔야 합니다. 보통 호텔보다 펫시터가 낫다고 하지만, 저라면 펫시팅 역시 매우 신중하겠습니다. 또한 펫시터도 인터넷 커뮤니티를 보면 별의별 사람들이 다 있지요. 어떤 글의 댓글에 "말 안 듣는 개는 패는 게 답이에요."라고 적은 사람이 훌륭한 반려인인 양 펫시팅 홍보 게시물을 올리는 경우도 보았습니다. 펫시터에게 강아지를 맡겼는데 심지어 연락이 두절되는 바람에 강아지를 잃어버리는 경우도 있습니다. 저는 제가 명절 때 안 움직이면 안 움직였지 좁디좁은 칸막이식 강아지 호텔에 제 강아지를 맡기지는 않을 것입니다. 호텔에 맡겨진 강아지들은 도통 모를 장소에 누군지도 모르는 인간과 있어야 합니다. 게다가 좁은 공간에 몰려 있는 수많은 강아지들. 겁먹은 강아지들. 짖어대는 강아지들. 이를 어떻게 받아들일지 강아지 입장에서 생각해 주셨으면 합니다. 이렇게 말하실 수도 있어요. "우리 개는 활발해서 처음 보는 개들한테도 막 먼저 달려들고 잘 놀아요." 그럼 똑같은 상황에서 달려듦을 당하는 강아지들은 어떨까요. 소심하고 낯을 가리는 강아지들, 다른 강아지들이 마구 달려드는 것을 싫어하는 강아지들에겐 강아지 호텔이라는 곳이 어떻게 느껴질까요. 여러 강아지가 있는 상황에서는 우리 강아지만 생각할 수 없습니다.

최근에는 내부를 투명하게 공개하고, 작은 칸막이가 아닌 납득할 만한 시설에서 강아지를 관리하는 호텔도 하나 둘 씩 등장하고 있고, 전문적인 펫시팅 교육을 진행하는 믿을 만한 펫시팅 업체도 생겨나고 있습니다. 반려견을 대하는 태도와 시선이 조금씩 달라지고 있음을 알 수 있는 부분입니다.

> **TIP _ 친척들이 강아지를 싫어한다면?**
>
> 이걸 해결할 책임은 우리 보호자들에게 있지요. 저도 반려견 보호자이지만, 친척들에게 왜 강아지를 싫어하냐고 따질 수는 없는 문제입니다. 우리가 강아지를 아끼고 사랑하는 만큼 강아지를 불편해 하는 분도 있다는 사실을 인정해야 합니다. 강아지를 싫어하는 분이 계실 수도 있지만, 그래도 강아지는 우리 가족이니까 잘 말씀드리고 양해를 구해야겠지요. 이기적이 되라는 말씀이 아니라, 중간에서 잘 조율해 주십사 하는 말씀입니다. 이건 개를 싫어하는 옆집을 설득하는 것과 비슷하다고 생각합니다. 웃는 낯에 침 못 뱉는다고, 좋게 좋게 말씀드리는 방법이 가장 좋겠지요.

02 차량 이동에 관해

평소 차량에 익숙하지 않은 강아지들은 멀미를 하거나 스트레스 반응을 보이기 쉽습니다. 이런 강아지들은 침을 심하게 흘리기도 하고 토하기도 하고 심지어 차 안에서 변을 보기도 합니다. 부들부들 떠는 강아지도 있고 졸도하는 강아지도 있습니다.

보는 우리 보호자 입장에서는 무척이나 안타깝고 미안하고 답답하지만, 일단 강아지들이 '차'라는 개념을 이해하지 못한다는 것부터 출발하면 좋을 것 같습니다. 우리는 매일같이 차를 타고 다니다 보니 대수롭지 않게 생각하지만, '차'라는 물건은 무척이나 신기합니다. 저도 명절 때 조수석에 앉아(운전을 아내가 합니다.) 고속도로를 달리는 자동차들을 보고 있자면 그런 생각이 듭니다. '와, 자동차는 참 신기하다. 어떻게 이런 쇳덩이가 이렇게 쌩쌩 달릴까?' 그리고 차가 투명해지는 상상을 하곤 합니다. '사람만 이 속도로 움직이고 있다면 어떤 기분일까?'

강아지에게 자동차는 무서운 물건이기 쉽습니다. 가속 페달과 브레이크를 밟을 때마다 느껴지는 움직임, 핸들을 꺾을 때마다 한쪽으로 몸을 밀어대는 쏠림, 그 어색함을 강아지가 납득할 일은 결코 없습니다. 게다가 문을 열고 닫을 때는 쾅쾅 천둥 치는 소리까지 납니다. 차에 익숙하지 않은 강아지라면 평소에 자동차 안에서 간식을 먹고 편안히 쉴 수 있는 기회를 주면서 익숙하게 해 주세요. 차를 싫어하는데 억지로 밀어 넣고 침 흘리며 불안해하는 개에게 "얘 왜 이래." 하며 개 탓을 하는 일은 없어야겠습니다. 며칠 미리 여유를 두고 차 문을 열어 둔 채 구석구석 강아지가 좋아하는 간식을 숨겨 놓아 보세요. 평소 강아지가 좋아하는 장난감이나 쿠션 등을 함께 가져가서 차 안에 함께 놓는 것도 좋은 방법이 됩니다. 이동을 시작한 다음은 휴게소에서 잠시 내려 바람도 쐬고 대소변도 볼 수 있게 배려해 주세요. 참, 평소에 사용하던 배변판을 가져가는 것은 필수입니다. 밥그릇도 가져가면 좋습니다.

> **TIP _ 대중교통을 이용한다면?**
>
> 이럴 땐 크레이트 등의 도구를 쓰게 되어 있기 때문에 역시 평소에 교육
> 해 둘 필요가 있습니다. 평생 한 번도 크레이트나 이동장에 들어가 보지
> 도 않은 강아지를 명절에 이동한다고 밀어 넣고 들고 가는 건 좋은 방법
> 이 아닙니다. 손으로 이동장을 들고 걸어 다니면 그 안에 있는 강아지는
> 무척이나 힘듭니다. 밖은 잘 보이지도 않고 이동장은 상하전후좌우로 마
> 구 요동칩니다. 이럴 때 편안히 있을 수 있다면 그 강아지는 신선입니
> 다. 그러니 평소에 크레이트에 익숙해질 수 있게 미리미리 교육을 해 주
> 세요. 크레이트를 실내에 두고 문을 열어 둔 채로 안에 간식을 넣어 두
> 면 강아지가 자연스럽게 그 안에 들어갑니다. 조금 오래 먹을 수 있는 간
> 식을 이용해 조금씩 크레이트 안에 머무는 시간을 늘려 주시고, 문을 닫
> 을 때는 강아지가 무서워하지 않게 시간을 천천히 늘려 주세요. 절대로 혼
> 내는 의미로 크레이트 안에 강아지를 가둬 둔다거나 하시면 안 됩니다.

03 명절 음식에 관해

  정말 큰 문제입니다. 우리는 명절이 되면 큼지막한 잔칫상에 상다
리가 부러질 정도로 음식을 차립니다. 그리고 온 가족이 거실 바닥에
앉아 다 함께 먹습니다. 그러다 보면 본의 아니게 명절 음식이 강아
지 입에 들어가는 경우도 있습니다. 물론 재료에 따라 사람 먹는 음
식 조금 먹는다고 큰일이 나지 않을 수도 있지만, 분명 그 음식 중에
는 우리 강아지에게 좋지 않은 음식이 있고 심지어 무척 위험한 음
식도 있습니다. 한식에는 대부분 파와 양파가 들어갑니다. 아시다시
피 강아지에게는 심각한 피해를 입힐 수 있는 식재료입니다. 많이 먹
으면 좋지 않은 마늘도 거의 다 들어갑니다. 게다가 명절 음식은 간

도 센 편이어서 염분 함량이 무척 높습니다.

명절 강아지 건강에는 그래서 남성들의 역할이 중요합니다. 아직 우리나라는 대부분의 음식 준비와 뒤처리를 여성들이 하고 있습니다. 그런데 바빠 죽겠는데 강아지까지 돌보라고 하면 혈압 올라 핏줄 터집니다. 명절 강아지 간수는 남자들이 해야 합니다. 물론 평소에 일하느라 피곤하니 명절에는 좀 쉬고 싶어 할 수도 있습니다. 그러나 명절 때는 가급적 여성들의 심사를 건드리지 않는 게 좋습니다. 다른 분에게 맡길 수 없습니다. 아이들도 자칫 위험할 수 있습니다. 아이들을 강아지와 함께 있게 할 때는 반드시 어른의 감독이 필요합니다. 아이들은 강아지가 이쁘다고 아무거나 막 줍니다. 떡도 주고 초콜릿도 주고 사탕도 줍니다. 모두 강아지 생명을 위협할 수도 있는 음식들입니다. 어른에게 맡긴다 해도 불안합니다. 강아지가 먹어선 안 되는 음식을 잘 모르는 분들이 계실 수도 있습니다. 포도도 주고 초콜릿도 주고…. 그건 절대 그분들의 잘못이 아닙니다. 강아지는 아빠가 살펴야 합니다. TV 보면서 조금만 신경 쓰면 됩니다. 술 과하게 마시지 말고 조금만 지켜보면 됩니다. 두 살짜리 아가를 한 명 더 데려갔다고 생각하면 편합니다. 한 가지 더, 평소에 사람 먹는 음식에 함부로 입을 대지 않게 교육을 시켜 두면 이럴 때 도움이 됩니다.

04 친척과 아이들의 문제

친척들이 강아지를 이해하고 아껴 준다면 큰 문제가 없겠지만, 그렇지 않을 경우 보호자들이 잘 말씀드리고 양해를 부탁드려야 할 겁니다. 간혹 보호자 입장에서 괴이한 친척들이 있습니다. 얼마 전 인터넷 카페에서 본 글인데, 어떤 친척 분이 '강아지 복종훈련법'이라면서 조그마한 강아지를 어깨에 들쳐 메더니 그대로 집어 던지더라는 글을 읽은 적이 있습니다. 그 강아지는 다리가 부러졌습니다. 세상은 넓고, 일반적인 이해 범위를 벗어나는 사람들은 얼마든지 있습니다.

아이들은 악의가 없더라도 강아지에게 위험할 수 있는 존재들입니다. 언제나 얘기하지만, "끼아아아아아!!!!!!" 하는 비명과 함께 달려드는 아이들은 강아지 눈에 헐크로 비칩니다. 언뜻 전혀 어울리기 힘든 사이 같지만, 아이들과 강아지는 얼마든지 친해질 수 있습니다. 아이들한테 강아지를 올바르게 대하는 법을 가르치는 것은 역시 어른들의 몫이겠지요. 이에 관해서는 이전 꼭지를 참고해 보시기 바랍니다.

• 강아지를 집에 며칠 두어도 되나요?

가끔 명절 혹은 여행 등의 이유로 강아지를 집에 2-3일 두고 가는 분을 봅니다. 그러나 명절에 강아지를 집에 두고 가시는 것은 상상도 할 수 없는 일입니다. "저에게도 나름의 사정이 있어요." 그러나 '나름의 사정'이라는 말로 정당화할 수 있는 게 있고 없는 게 있습니다. 두 살짜리 아가가 있는데 2박 3일 동안 집에 혼자 두고 가시겠습니까. 그런데 왜 개는 두고 갈 생각을 하시는 건가요? 개는 마음의 상처를 안 받는다고 생각하시는 건가요?

친척들이 싫어하고 시댁 눈치 보이고…. 그 눈치는 강아지가 아니라 보호자가 봐야 하는 것입니다. 여러분이 시댁 눈치 보는 피해를 왜 강아지가 입어야 하지요? 눈치 봐야 할 상황이 만들어진다면 보

호자가 눈치 보는 거고 안 좋은 소리를 들어야 한다면 보호자가 들어야 하는 것입니다. 그러기 싫다고 강아지를 그냥 두고 가는 것은 보호자로서 책임 있는 행동이라 보기 어렵습니다. 친척들이 뭐라고 하면 그냥 들으면 됩니다. 그런다고 어디 아픈 것도 아닙니다. 하지만 항상 보호자와 붙어살던 강아지는 혼자 하루 이틀 집에 있는 게 큰 상처가 됩니다. 그리고 이렇게 상처 입은 정서는 치료되지 않습니다. 친척들 눈치 보는 거, 한 소리 듣는 거…. 그게 싫다면 차라리 명절에 집에 계세요. 여행 관련해서는 굳이 언급할 필요도 없을 거라 믿습니다.

10
강아지 아이큐 – 우리 개는 천재견일까?

　강아지는 아이큐가 얼마쯤 될까요? 가끔 인터넷 커뮤니티 등에서 화제가 되는 이야기입니다. 푸들이 지능 서열 2위라더라, 아프간하운드가 꼴찌라더라, 보더콜리가 1등이라더라 등등. 인터넷에서는 1위 보더콜리부터 10위 오스트레일리안 캐틀독까지는 천재형, 그 아래 10종은 수재형, 또 그 이하는 우등생, 평균, 노력이 필요한 개 그리고 분발해야 하는 개 등으로 분류해 둔 그림을 쉽게 찾아볼 수 있습니다. 보호자들은 이런 순위표를 보며 "우리 개는 천재형이야." "우리 개는 아이큐가 낮아서 멍청한가 봐." 이런 말을 합니다. 과연 개의 아이큐는 얼마일까요? 그리고 위의 반려견 지능 순위는 진실일까요?

　지능지수와 순위 등, 개의 지능을 구체적인 숫자로 표기한 것은 저명한 심리학 교수이자 반려견 행동 전문가인 스탠리 코렌의 책『개의 지능The Intelligence of Dogs』에서부터입니다. 코렌은 미국 켄넬협회와 캐나다 켄넬협회의 판정단에게 설문지를 보냈고 그들 중 대략 50% 정도로부터 회신을 받아 이를 기반으로 반려견의 지능 순위를 매겼습니다. 그 결과 탄생한 것이 인터넷에서 쉽게 접할 수 있는 반려견 지능순위표입니다. 이 순위표의 상위 10종과 하위 10종을 적어 보겠습니다.

• 상위 10위 보더콜리, 푸들, 저먼 셰퍼드, 골든 리트리버, 도베르만 핀셔, 셔틀랜드 쉽독, 래브라도 리트리버, 빠삐용, 로트바일러, 오스트레일리안 캐틀독

• 하위 10위 아프간하운드, 바센지, 불독, 차우차우, 보르조이, 블러드하운드, 페키니즈, 마스티프&비글, 바셋하운드

코렌의 조사에서 한 가지 주목할 만한 점은, 설문에 회신한 수많은 전문가들이 실제로 보더콜리를 1위로 꼽았고 아프간하운드를 꼴찌로 꼽았다는 점입니다. 이것이 의미하는 바는 무엇일까요? 우리 강아지가 보더콜리면 우리 강아지는 무조건 똑똑할까요? 우리 강아지는 불독인데 그럼 우리 강아지는 구제불능의 멍청이일까요?

이에 대한 답을 하려면 강아지 지능을 측정하는 방식을 고려해야 합니다. 인터넷에서 검색하면 강아지 지능 측정 방법을 쉽게 찾아볼 수 있습니다. 하지만 수건이나 이불을 덮어 빠져나오는 시간을 측정하고, 유리컵 안에 간식을 넣어 꺼내는 시간을 측정하는 등의 이런 방법은 딱히 객관적인 측정 방식이라고 보기 힘듭니다. 인터넷에서 이런 측정 방법을 보고 집에서 직접 해 보시면 할 때마다 그 결과가 다릅니다. 그리고 하면 할수록 그 속도가 빨라지기도 하고요. 그러므로 인터넷에 올라와 있는 이런 방식으로 측정한 지능은 그다지 신뢰할 만하다고 하기 어렵습니다. 그럼 딱 한 번만 실시하고 체크해야 할까요? 이런 방식은 테스트를 진행하는 보호자의 숙련도와도 연관이 있을 테니 마냥 믿기는 껄끄럽습니다.

코렌 박사가 사용한 방식은 그렇다면 객관적일까요? 코렌은 견종의 지능 측정을 객관적인 지표에 의존하지 않고 각 판정단의 주관적인 경험과 판단에 맡겼습니다. 그렇다면 그 결과 역시 지극히 주관적일 수밖에 없을 것입니다. 자연히 일관성이 없을 테고요. 그러나 놀랍게도 켄넬협회 판정단의 의견은 상당 부분 일치했습니다. 여러 전문가의 주관적 의견이 어떤 일관적인 흐름을 만든다면 이건 무시할 수 없는 데이터가 됩니다. 실제로 1994년 코렌의 책이 처음 나왔을 때 그의 연구에 찬성하는 이들과 반대하는 이들 사이에 첨예한 논쟁이 있었습니다. 그러나 이후 각 종의 특성을 구체적으로 기술할 수 있게 되고, 복종훈련에 반응하는 정도를 과거에 비해 객관적으로 측정할 수 있게 되면서 반려견 지능 분류는 어느 정도 신뢰성을 지니게 되었습니다. 코렌은 2006년 출간한 『우리 개는 왜 이렇게 행동할까?Why does my dog act that way?』를 통해 측정 데이터를 추가하고 이전 책에서 부족했던 점을 보완하기도 했습니다. 이쯤에서 결론을 낸다면 이렇게 말할 수 있을 것입니다. "인터넷에 떠도는 반려견 지능 순위는 어느 정도 믿을 만하다."

하지만 이렇게 결론을 내고 끝내선 안 됩니다. 왜냐하면 이런 지능 순위를 곧이곧대로 받아들이면 교육 부족으로 인한 반려견의 여러 문제를 강아지 머리 탓으로 돌리기 쉽기 때문입니다. 반려견 지능 순위를 맹신하면 우리 개가 대소변을 못 가리는 것을 "우리 개는 멍청한 불독이니까." 이런 식으로 말하고 포기하기 쉽습니다. 거꾸로, 교육의 부족으로 인한 문제를 "우리 개는 푸들인데 왜 대소변을 못 가리지? 인터넷에서 보니까 푸들은 똑똑하다던데. 우리 개는 별종인가?" 이렇게 이상한 방향으로 돌리는 일도 생깁니다. 저는 제 나름대로 강아지 아이큐를 정했습니다. 제가 내린 결론은 이러합니다. "모든 강아지는 멍청하다."

전문가들은 개의 지능을 인간에 빗대면 약 2살 아가와 비슷하다고 합니다. 이런 강아지가 똑똑해 봐야 얼마나 똑똑할까요? 강아지는 멍청합니다. 모든 강아지가 그렇습니다. 우리는 TV나 인터넷에 나오는, 각종 묘기와 개인기를 자랑하는 개들을 보며 자칫 개라는 '종'이 똑똑하다고 생각하기 쉽습니다. 그러나 매체에 나오는 개들은 대부분 교육을 받은 개입니다. 그 개들이 보여 주는 개인기는 일반적으로 이런저런 교육을 통해 가능하게 된 것이지 단순히 보호자가 "가서 리모컨 가져와." 했는데 리모컨을 가져오게 된 게 아닙니다. 여러 번 강조하지만 개는 우리와 언어를 이용한 소통이 불가능하기 때문에 오랜 기간에 걸쳐 반복을 통해 가르쳐 주어야 합니다. 이 과정에서 보호자가 지치거나 혹은 잘못된 방법으로 교육하게 되면 강아지가 제대로 배우지 못하는 건 당연합니다. 그런데 위 반려견 지능 순위를 맹신하게 되면 "우리 개는 셰퍼드인데 왜 이렇게 멍청하지?"라는 의문을 갖게 되고, 자칫 문제의 원인을 자꾸 강아지에서 찾으려 하게 됩니다. 우리 개를 옆집 강아지, 또는 TV에 나오는 강아지와 비교하기 시작하면 이런 현상은 더욱 심해집니다.

기본적으로 우리 개들은 모두 멍청하다고 가정하는 것이 좋습니다. 반려견이 우리와 함께 살아가는 데 필요한 것은 우리가 가르쳐야 합니다. 강아지 지능 순위는 어느 정도 일리가 있을지도 모르지만, 우리 옆에 있는 반려견에게 마냥 적용시키기에는 무리가 있습니다. 그러니 '이런 게 있구나.' 하고 참고만 하시길 권해드립니다. 이 QR코드도 한번 확인해 보세요.

11
둘째 입양, 그리고 동배견에 관해

어린 강아지를 입양하신 분들 중에 "집을 오래 비우니 강아지가 외로울 것 같아 한 마리 더 입양하는 게 어떻겠냐?"는 질문을 하는 분들이 많이 계십니다. 언뜻 무척 합리적인 생각으로 보입니다. 사람도 혼자 있는 것보다 둘이 있는 게 나으니까요. 같이 놀 상대가 있으니 덜 외롭겠죠. 그러나 혼자 오래 있는 강아지들이 힘든 것은 대부분 보호자에 대한 의존 때문이기에 다른 강아지가 있다고 그게 그렇게까지 나아지지는 않습니다. 그리고 어린 강아지 둘째를 데려오는 분들이 흔히 간과하는 부분은 어린 강아지 두 마리 키우는 것은 절대 1+1이 아니라는 점입니다. 교육의 효과는 반절이 아닌 1/4, 1/8이 되고, 내 몸 힘든 건 2배가 아닌 4배, 8배가 됩니다. 왜냐하면, 어린 강아지들은 서로를 보며 자꾸 원래대로 회귀하려 들기 때문입니다. 어린 강아지 두 마리 이상 키우면서 배변교육 등을 해 본 분들은 이 말을 이해하실 겁니다. 하나 가르치려 하면 다른 하나가 엉망이 되고, 이쪽을 또 가르치려 하면 저쪽이 또 난장판이 됩니다.

만일 보호자에 대한 의존이 다른 강아지에게로 옮겨 간다면 나아질까요? 전혀 그렇지 않습니다. 동배견을 키우는 것이 그 예가 됩니다.

동배견은 같은 엄마 배에서 나온 강아지들을 말합니다. 동배견일 경우 위에서 말씀드린 그 어려움이 10배 20배가 됩니다. 동배견을 키워 보신 분은 무슨 말씀을 드리는 건지 잘 아실 겁니다. 정말 많은 분들이 힘들어합니다. 동배견들은 태어난 순간부터 서로의 존재를 인지하고 의존하며, 특히 감정적·정서적으로 밀접히 엮이기 때문에 평생 서로에 대한 의존을 없애지 못하고 사는 경우가 많습니다. 그리고 이는 수많은 문제를 야기합니다. 분리불안, 공격성, 짖음, 하울링 등…. 안 그래도 강아지들은 사람에 대한 의존 때문에 힘듭니다. 그런데 서로에 대한 의존까지 높다면 더욱 힘듭니다. 물론 어디에나 예외는 있으니 동배견을 입양해서 멀쩡히 잘 키우는 분들도 계실 것입니다.

교육하며 만났던 동배견들입니다. 아직 6개월밖에 안 된, 너무너무 사랑스럽고 귀여운 강아지예요. 그러나 서로 간의 의존도가 너무 높아 벌써부터 심한 분리불안과 하울링 등으로 힘들어하고 있습니다. 문제는 보호자님 가족이 절대 강아지들에게 소홀하지 않았다는 점입니다. 누구보다도 열심히 강아지를 돌보고 사랑해 주며 키우고 있습니다. 그러나 동배견이라는 태생적인 한계 때문에 생긴 안타까운 문제로 인해 강아지들과 보호자 가족 모두 힘들어하고 있습니다.

또 미리 생각해 두어야 하는 점이 있습니다. 둘째를 입양하는 분들의 상당수가 '기왕 입양하는 거 성별 다른 애로 입양해야지.'라고 성별에 대한 별다른 고민 없이 그냥 이성 강아지를 데려옵니다. 그리고 교배와 출산에 대한 공부 없이 그냥 그대로 방치해서 첫 생리 때 임신을 시킨다거나 매년 임신을 시킨다거나 합니다. 그리고는 게시판에 "허허 우리 애들 또 사고 쳤네요." 이런 글을 올립니다. 사고는 강아지가 아니라 보호자가 친 것입니다. 간혹 암수 한 쌍을 키우면서 매년 교미를 하든 말든 방치하는 분도 계시는데, 그런 분들의 논리는 주로 "나는 억지로 수술하지 않고 자연의 섭리대로 키우겠다."입니다. 그러나 사방이 막힌 집에 암수 두 마리를 가두어 키우는 것부터 이미 자연의 섭리는 깨져 있다는 것을 생각해야 합니다.

"하나만 데려가면 외로우니까 한 마리 더 데려가세요."라는 말도 많이들 들어 보셨을 겁니다. 그런데 이건 주로 분양업자들의 레퍼토리입니다. 분양하는 사람 입장에서는 이렇게 권하는 것이 어쩌면 당연한 것이니 보호자들이 잘 알고 있어야겠습니다.

혼자 사는 분, 맞벌이, 집을 자주 비우시는 분이 강아지를 입양할 때는 이 점을 명심해야 합니다. 집에 혼자 있는 강아지를 덜 외롭게 해줄 방법은 없습니다. 이건 인정해야 합니다. 그러니 우리가 데려오는 강아지는 입양하는 그 순간 외로움을 함께 달고 오는 것입니다. 그렇다고 둘째를 데려오면 그 순간 그 외로움이 절반이 되기는커녕 두 배 네 배가 되는 경우가 많다는 점을 잊지 말아야 합니다. 압니다. 아마도 많은 보호자님들이 이런 사실을 모르셨을 겁니다. 왜냐하면 그 누구도 가르쳐 주지 않기 때문입니다. 분양샵에서 이런 얘기를 해 줄 이유는 딱히 없습니다. 가르쳐 주지 않는 시스템도 문제이지만, TV에 나온 개를 보고 예쁘니까 그리고 내가 외로우니까 별생각 없이 강아지를 입양하는 보호자의 책임 역시 큽니다. 이에 대한 책임을 지는 방법은 내가 이 친구를 끝까지 데리고 가는 수밖에는 없을 겁니다.

"인터넷에 보면 둘 데려와서 잘만 지내던데요?" 그런 집도 물론 있습니다. 그런 집은 데려와서 보호자가 절대 가만히 있지 않았습니다. 두 배 네 배 여덟 배의 노력을 했지요. 간혹 그냥 됐는데 둘이 잘 지내고 잘 큰다, 별문제도 없다…. 이런 분은 정말 운이 좋은 것입니다. 정말, 정말 운이 좋으신 겁니다. 또한 이 점을 생각해야 합니다. 둘째를 데려와서 잘 안되는 보호자는 그 얘기를 인터넷에 잘 올리지 않습니다. 강아지 카페 게시판에는 주로 예쁘고 아름답게 잘 사는 글이 많이 올라옵니다. 인스타그램이나 페이스북 등에 "두 마리 데려와서 힘들어 죽겠다. 갖다 버리고 싶다." 그런 얘긴 별로 없지요. 안 좋은 내용, 질문 글 등은 답변을 들은 후 삭제하는 경우도 많다는 점을 생각해야 합니다. 강아지 카페에는 하루에도 수십 건의 파양 글이 올라옵니다. 그중 상당수는 둘째 입양 후 첫째와 잘 어울리지 못해 파양하는 강아지들입니다. 그 둘째 강아지는 무슨 죄로 그런 고통을 겪어야 하나요.

둘째 입양은 정말 신중해야 합니다. 첫째 입양 이상으로 신중해야 합니다. 그리고 일단 데려왔으면 죽어도 나랑 죽고 살아도 나랑 살아야지 또 어디 보내고 그런 건 옳지 않습니다. 물론 사람이니까 실수를 합니다. 잘못 입양하고, 또 파양하기도 합니다. 그런 과정에서 우리도 배워야 합니다. 깨달아야 하고, 같은 잘못을 반복하지 말아야 합니다. 그리고 그만큼 강아지들에게 잘해 주어야 합니다. 밥 주고, 산책시켜 주고, 그런 거 말고 우리가 또 이 친구들에게 해 주는 게 뭐가 있나요. 생각해 보면 우린 정말 해 주는 게 없습니다. 반면 강아지들은 우리에게 해 주는 게 정말 많지요. 존재 자체만으로 한없이 고맙지요.

12
둘째 강아지 입양을 생각하고 있다면

둘째 입양을 고민하는 분들이 많습니다. 그 이유를 자세히 살펴보면 그중 상당수가 '첫째가 사회성이 떨어지거나 분리불안이 있거나 심심하고 외로운 것 같아서'입니다. 둘째를 들이는 이유는 대부분 첫째 때문입니다. 그래서 둘째를 들이는 많은 보호자들의 고민은 첫째에게 집중되어 있습니다. "첫째가 사회성이 많이 부족한데, 괜찮을까요? 스트레스 많이 받으면 어떡하죠?" 그리고 실제로 둘째를 들인 후에 올라오는 질문도 거의 첫째에 관한 질문입니다. "첫째가 너무 긴장하고 힘들어합니다. 스트레스 때문에 괴로워하고 침까지 흘려요. 어떻게 해야 하지요?" 보호자의 고민뿐만 아니라, 인터넷에서 찾아볼 수 있는 많은 조언 역시 첫째에 집중되어 있습니다. 그 고민에 둘째는 들어 있지 않습니다. "밥을 줄 때도 첫째부터 주고 무조건 첫째부터 이뻐해 주세요. 둘 사이에 서열을 확실히 잡을 수 있게 둘이 싸우거나 하면 첫째 편을 들어 주시고 첫째를 칭찬해 주세요." 둘이 잘 어울리지 못할 땐 둘째를 울타리 안에 가둡니다. 최악의 경우, 너무도 어울리지 못하고 싸우면 보호자는 둘 중 하나를 파양하기도 합니다. 당연히 이때 파양되는 쪽은 거의 둘째입니다.

입양을 기다리는 어떤 강아지가 있습니다. 그 강아지는 강아지가 없는 가정에 입양되었다면 모든 관심의 중심이 되어 사랑받고 예쁨받고 행복만을 알며 살았을지도 모릅니다. 그러나 그 강아지는 자신이 둘째로 입양되었다는 이유만으로 차별을 당합니다. 이 강아지는 둘째로 입양되었다는 이유, 자신의 잘못도 아닌 그 단 하나의 이유만으로 밥도 나중에 먹고 쓰다듬기도 늦게 받고 예쁨도 덜 받습니다. 자신은 그저 놀고 싶을 뿐인데 언제나 혼나는 것도 자신이고 울타리에 갇히는 것도 자신입니다. 둘째를 입양한 보호자들은 첫째를 서열상 앞서게 해 주기 위해 애를 씁니다. 밥도 무조건 먼저 주고, 외출후 귀가 시에는 둘을 줄 세운 후 첫째부터 만져 줍니다. 둘이 심하게 놀거나 하면 첫째를 감싸 주며 둘째에게 뭐라고 합니다. 그리고 "이건 첫째가 스트레스 받지 않게 하기 위해서야. 첫째가 무조건 서열상 앞서야만 해."라고 말합니다.

요즘은 둘째 강아지를 들이는 분들도 그냥 충동적으로 둘째 강아지를 입양하지 않습니다. 인터넷에서 검색도 해 보고 주위에 물어도 봅니다. 그래서 '둘째 강아지 입양'으로 검색해 보면 많은 조언이 서열 위주로 편중되어 있습니다.

위에서도 잠깐 언급했지만, 인터넷에 나와 있는 지식과 정보들은 이런 식인 게 많습니다. "강아지 사이에는 서열이 존재하므로 첫째 위주로 챙겨야 한다. 밥도 첫째가 먼저 먹어야 하고 첫째를 먼저 안아 주어야 한다. 산책도 첫째를 먼저 해야 하며 놀이도 첫째 먼저 해야 한다." 대부분의 조언이 모든 걸 서열 우위인 강아지 위주로 하라고 하고, 그럼 보호자는 첫째를 서열 1위로 만들어 주기 위해 저기 나와 있는 조언을 그대로 따릅니다. 보호자들은 어쩔 수 없습니다. 모르니까 찾아

보는 것이고 그렇게 얻은 정보를 신뢰할 수밖에 없으니까요.

강아지들 사이에 서열이 존재할까요? 서열, 우위… 솔직히 "없어요."라고 말하고 싶지만, 어쩌면 있을지도 모릅니다. 사실 식물들 사이에도 우위가 있습니다. 밀식한 채소들은 서로 경쟁해 가며 성장합니다. 조금이라도 더 햇빛을 잘 받기 위해 옆에 있는 녀석을 밀어내고 그 위로 올라옵니다. 그래서 솎아내기 전까지는 서로 이리 치이고 저리 치이죠. 재밌는 것은, 쌈채소를 솎아낼 땐 더 많이 올라온 녀석을 뽑습니다. 솎아서 버리지 않고 먹거든요.

하물며 감정이 있고 즉각적으로 움직이는 동물들 사이에서 우위 관계가 없다고 주장하는 것은 무리가 있을지도 모릅니다. 그러나 서열을 믿는다고 해서 그런 우위와 서열에 목매달고 그걸 꼭 어떻게 해서든 첫째 위주로 지켜 줘야 한다고 생각할 필요는 전혀 없습니다. 저는 거꾸로 여쭙고 싶은데요. 첫째와 둘째 사이에서 꼭 첫째가 우선이 되어야 하는 이유가 있을까요? 나이가 많아서? 나와 더 오래 지냈으니까? 그럼 나이로 위아래를 따지지 않는 국가에서 키우는 강아지는 어떻게 할까요?

만일 태생적으로 둘째를 그렇게 차별할 거였다면 애초에 데려오지 않는 것이 옳은 결정이 아닐까요? 둘째는 아무런 잘못도 없이 뭐든 뒤로 한 걸음 밀려 버리는 셈인데, 다른 집으로 갔으면 첫째로서 온전한 사랑을 받으며 살 수 있지 않았을까요? 첫째와 둘째의 서열 및 우위 문제로 고민하시는 분들에게 제가 종종 드리는 말씀이 있습니다. 전학 온 학생이 싸움을 잘하면 그 학교에서 짱 먹는 겁니다. 공부를 잘하면 전교 1등 하는 거구요. 그걸 선생님들이 인위적으로 조정해 줄 수는 없습니다. 원래 그 학교에 있던 1등이 밀리는 건 누가 어떻게 해 줄 수 없습니다.

전형적인 "나랑 놀자" 자세입니다.

두 마리를 함께 키우면서 어느 한 마리가 기대와는 달리 소위 삐뚤어진 행동을 하는 경우가 분명 많습니다. 첫째가 둘째를 괴롭히는 경우는 별로 없습니다. 거의 보면 둘째가 첫째를 못 살게 굴고 괴롭히고 시기합니다. 그러나 이를 자세히 관찰해 보면, 실제로 괴롭히고 못살게 구는 게 아니라 둘째는 단지 놀고 싶을 뿐인 경우가 많습니다.

첫째는 대부분 나이가 많고 둘째는 어립니다. 한창 성장기의 강아지를 둘째로 데려오는 경우가 대부분입니다. 보호자님들은 첫째 키울 때의 기억을 잊고 어린 강아지가 얼마나 활발한지, 얼마나 운동량이 많고 많이 먹고 많이 노는지를 생각하지 않습니다. 그래서 그저 놀고 싶을 뿐인 어린 강아지가 방방 뛰면 혼내기 바쁩니다. 이 점을 꼭 생각해 보시기 바랍니다. 둘째는 왜 그렇게 활발할까요? 그럼, 반면 첫째는 왜 그렇게 예민하고 주눅 들고 가만히만 있을까요?

이런 식으로 시간이 흐르며 둘째가 실제로 삐뚤어지기도 합니다. 실제로 공격적이 되고, 실제로 첫째를 괴롭히고, 실제로 보호자에게 신경질적으로

그러나 귀찮은 엘리는 그냥 옆으로 피해버립니다.

반응합니다. 왜 그럴까요? 결론부터 말씀드리면, 첫째를 들였을 때만큼 둘째에게 정성과 사랑을 들이지 않았기 때문인 경우가 대부분입니다. 우린 둘째를 들일 때 첫째를 우선으로 생각하는 경우가 많고, 만에 하나라도 첫째가 상처받지 않길 바라는 마음에 자기도 모르게 첫째 위주로 많은 것을 합니다. 혹여나 둘째가 첫째에게 피해를 주기라도 할까 봐 (부지불식간에) 둘째를 계속 견제하고 첫째를 편애합니다. 편애라고 해서 거창한 게 아닙니다. 둘째가 놀고자 달려들 때 섣불리 말리거나 첫째를 안아 자리를 피한다든가 하는 것 역시 편애에 포함됩니다. 단 한 번만 해도 그 움직임과 감정은 둘째의 뇌리에 박힙니다. 그런데 이런 교육은 매일같이 반복됩니다. 그러다 보니 둘째는 점점 더 적극적으로 변하게 됩니다. 요약하자면, 첫째와 둘째 사이의 문제를 악화시키는 것은 바로 우리 보호자들이라는 말입니다.

강아지를 처음 입양했을 때를 되새겨 보세요. 이 작은 생명이, 혹시라도 어떻게 될까 봐 전전긍긍하고 오직 사랑으로 돌봐 주었던 그때를 말이죠. 둘째도 첫째가 성장할 때와 똑같이 사랑받고 예쁨받고 맛있는 것도 먹을 권리가 있습니다. 첫째 때처럼 놀아 주고, 산책도 따로 시켜 주고 하셔야 합니다. 그러나 현실적으로는 그렇게 해 주지 못하는 경우가 많고, 한다고 해도 보호자들은 첫째 먼저 챙기기 바쁩니다. 물론, 둘째를 챙기고 둘째와 뭔가를 함께 하는 과정에서 첫째가 받는 스트레스가 있을 수 있습니다. 그런 스트레스는 둘째와 비교해 가며 우월감을 심어 주는 방식으로 풀 것이 아니라, 첫째의 자존감을 세워 주는 방식으로 해결해야 합니다. 첫째를 먼저 챙기는 것이 중요한 게 아니라 첫째는 첫째로서 따로 챙겨 줄 필요가 있는 것입니다. 만일 둘째가 활발해서 함께 놀고 싶어 하는데 첫째가 힘들어하면 둘째를 혼내고 못하게 할 게 아니라 우리 보호자들이 대신 둘째와 놀아 주어야 합니다. 둘째의 양육을 첫째에게 맡겨서도 안 되고, 첫째의 외로움을 둘째에게 해결해 달라고 해서도 안 됩니다. 둘째를 들이면 내 시간도 두 배가 들어가는 게 정상입니다. 둘째를 들인다는 건 이런 각오 없이는 불가능한 일입니다.

• 사람과 강아지 사이에 서열이 존재할까요?

"사람과 강아지 사이에 서열이 존재합니까?"

"개가 지가 서열이 위인 줄 아는 거 같은데 어떻게 해야 하죠?"

이런 의문을 갖는 분들은 다시 한 번 잘 생각해 보시기 바랍니다. 강아지를 돌보고 보호해 주어야 하는 사람이 강아지보다 위에 있어야 한다고 생각하는 것이 과연 합당한 사고방식일까요? 다 큰 어른이 두 살짜리 애보다 서열상 앞서고 싶다고 하는 거랑 똑같지 않을까요?

강아지는 그냥 제때 밥 주고 놀아 주고 매일 밖에 데리고 나가 주면 졸졸 따릅니다. 쓸데없이 복종시킨답시고 배 까고 지그시 누르고 그런 거만 안 하면 됩니다. 얼마나 우습습니까. 다 큰 사람이 어린 강아지 뒤집어 놓고 눈싸움하고 있는 게. 그런 거 하면 강아지가 보기에도 웃기니까 우습게 봐도 할 말이 없어요. 시골 강아지들을 보면 할아버지, 할머니들이 아무것도 안 해도 꼬리 치며 좋다고 따라다닙니다. 말도 엄청 잘 듣습니다.

물론 때리고 혼내도 강아지는 따릅니다. 하지만 그건 무서워서 따르는 것이지 좋아서 따르는 것이 아닙니다. 우리는 인간이니 인간답게, 어른답게 강아지를 대했으면 합니다.

13
강아지와 강아지 사이의 문제

　둘째 강아지를 들인 뒤 생기는 문제는 저도 자주 다루는 부분입니다. 이전 꼭지에서도 강조했지만 인터넷이나 TV에는 잘 지내는 강아지들 위주로 나오기 때문에 실제로 둘째를 들이며 생길 수 있는 문제와 그 원인에 대해 생각해 볼 수 있는 기회는 많지 않지요. 인터넷에는 보통 "둘째를 들이면 모든 것을 첫째 위주로 하고 첫째가 서열상 우위에 있을 수 있게 배려해야 한다."라고 말하는데, 그렇게 하기 때문에 생기는 문제도 무시할 수 없습니다. 여기서는 실제로 둘째 입양 후 생길 수 있는 문제를 Q&A 형식으로 다루어 보겠습니다. 꼭 첫째와 둘째 사이가 아니라도 강아지가 두 마리라면 흔히 볼 수 있는 상황이므로 참고해 보시기 바랍니다. 보호자와 강아지 이름은 모두 가명입니다.

　질문　안녕하세요. 저는 김민지라고 합니다. 긴 검색 끝에 조금이나마 조언을 구할 수 있는 분을 찾았는데, 시간이 가능하시다면 댓글 좀 주시면 너무 감사하겠어요. 저는 석 달 전 유기견이었던 푸들 수컷(2살, 중성화) 해피를 입양했습니다. 세상에 이렇게 착한 강아지가 있나 싶을 정도로 모든 교육이 잘되어 있고, 3개월을 함께하면서 저희에게 으르렁 한 번 한 적이 없을 정도로 그저 밝았는데…. 가끔씩 사정에 의해 애견카페에 호텔링을 1박 맡기고 하면 카페 주인 분들이 아이가 너무 소심하고 구석에만 있고 다른 강아지들과 어울리지 못하고 사람만 따라다닌다는 이야기를 여러 번 들었습니다. 사회성을 길러 주고도 싶고 이런저런 이유로 이틀 전 3개월 된 푸들 수컷 토토를 분양받았습니다. 해피가 너무 착해서 어린 토토를 괴롭히거나 먼저 가서 물거나 짖거나 하는 건 전혀 없는데, 어린 토토가 해피에게 꼬리 치며 다가가거나 가까이 가면 조금씩 으르렁대면서 피합니다. 가까이만 가면 해피가 그저 피하고 도망갑니다. 여기까지는 괜찮은데 해피가 소파에 올라가 있거나, 침대 옆 보조소파(해피가 자는 곳) 주변을 어린 토토가 올라가려고 시도를 하니 해피가 아주 살벌하게 달려들었습니다. 이런 모습 처음 봤어요. 정말 물 것처럼. 토토는 놀래서 기가 죽어 있네요. 해피가 순해서 방법만 안다면 금방 고칠 수 있을 것 같은데, 이럴 때 저희가 어찌해야 할지? 너무 놀라서 해피에게 소리를 쳤는데 그러면 안 된다고들 해서요. 해피가 이전에도 수시로 만져 달라고 하고 안겨 있는 걸 좋아했어요. 사랑을 많이 받았던 아이처럼 그거에 익숙해서 더 질투를 하는 것 같기도 해요. 오늘 주문한 울타리가 오는데 잠시라도 격리시키는 게 효과적일지 답변 주시면 참고하여 모두가 행복하게 사는 방법으로 연구하고 노력하겠습니다. 감사합니다!

대답 김민지님 안녕하세요? 반갑습니다. 우선, 말씀하신 부분은 짧게 조언해 드리기가 어렵습니다. 왜냐하면 해피에 대해 제가 너무 아는 게 없기 때문입니다. 그러므로 제가 댓글로 드리는 말씀은 참고만 하시고 너무 의존하지는 않으셨으면 합니다.

김민지님은 해피가 순하다고 하셨는데, 순하다고 해서 다른 강아지를 공격하지 않는다는 의미는 아닙니다. 강아지는 경우에 따라 다른 강아지에게 가벼운 공격성을 보이게 됩니다. 싫은 존재가 다가올 때 강아지는 보통 이렇게 합니다.

① 몸으로 거절한다. 이게 안 되면
② 피한다. 이게 안 되면
③ 으르렁으로 경고한다. 이게 안 되면
④ 근처를 무는 척한다. 이게 안 되면
⑤ 실제로 문다.

이 과정은 누가 굳이 개입해서 중재하기 쉽지 않습니다. 그보다는 상대(여기서는 토토)가 알아줘야 하는 것이죠. 다시 말해 현재의 상황을 힘들게 하는 주체는 해피가 아니라 토토입니다. 해피는 계속 거절하고 있는데 토토가 달려드는 거니까요. 위 ①-⑤를 보시면 모든 단계에서 상황을 악화시키는 것은 해피가 아니라 거절해도 계속 꼬리 치며 달려드는 토토입니다. 해피가 혼자서 편히 쉬고 있는 자리에 올라가려고 시도하는 토토가 문제인 겁니다. 그러니 해피는 ①번에서 ⑤번으로 점점 더 나아갈 수밖에 없습니다. 이런 상황에서 해피에게 소리치고 해피를 혼내면 해피는 김민지님을 보면서 어떤 생각을 하게 될까요.

많이들 오해하시는 부분을 말씀드릴게요. 우리들은 강아지가 다른 강아지를 잘 받아들이고 어울려 놀아야 한다고 생각합니다. 그런데 사실 그래야 하는 이유는 없습니다. 나는 저 강아지가 싫을 수도 있고 혼자 있고 싶을 수도 있습니다. 사람도 똑같지요. 그런데 우리는 우리도 다른 사람을 싫어할 수 있다는 생각을 잘 하지 않고, 강아지는 무조건 다른 강아지랑 잘 어울려 놀아야 한다고 생각합니다. 그래서 우리 강아지 성격을 그다지 깊게 고려하지 않고 둘째를 데려온다거나 합니다. 이 부분은 생각해 보면 상당히 폭력적일 수 있습니다.

왜 첫째 강아지는 차분하고 착하고 순하게 둘째를 받아들여야 하죠? 사람이라면 그랬을까요? 내가 아이를 하나 낳았는데 심심해 보인다고 동생을 데려오면 첫째는 "와, 엄마가 동생을 데려왔어!" 하고 반갑게 맞이하며 매일같이 놀이터 데려가서 즐겁게 놀아야 할까요? 그렇게 생각한다면 이것도 일종의 폭력일 수 있습니다. 왜냐하면 첫째가 그 바람에 부응하지 못할 때 우린 첫째가 문제라고 생각하기 쉬우니까요. "왜 동생한테 못되게 굴어? 왜 넌 엄마 마음을 몰라주니?"

가장 바람직한 해결 방법은 그냥 두시면서 토토가 해피의 거절을

강아지의 성향을 고려하지 않은 둘째 입양은 무척 신중해야 합니다.

학습하게 하는 것입니다. 그 과정에서 토토가 해피에게 혼날 수도 있고 가볍게 물릴 수도 있습니다. 피가 철철 흐르는 싸움이 아니라면 그냥 두시는 것도 나쁘지 않습니다. 만일 토토도 보통이 아니어서 해피에게 지지 않는다면 계속 싸울 수도 있습니다. 그러다 해피가 포기하고 토토를 받아들일 수도 있습니다. 둘 다 물러서지 않고 1년이고 2년이고 계속 상대를 죽일 듯이 싸운다면 결국 둘을 함께 키우지 못할 수도 있습니다.

물론 우리가 할 수 있는 부분도 있습니다. 아니, 해야 하는 부분이죠. 둘 사이에 쌓이는 스트레스를 풀어 주는 것이 무척 중요합니다. 둘 중 하나를 편애하지 마시고 동등하게 대해 주세요. 누구 먼저 안아 주고 그럴 필요 없이 똑같이 여겨 주세요. 바깥에 매일 데리고 나가셔야 합니다. 실내견들은 실내에 있는 자체가 스트레스가 됩니다. 매일매일 최소한 하루에 한 번은 나가야 하고 두 번이면 더욱 좋습니다. 둘을 함께 데리고 나가는 것도 나쁘지 않지만 따로 나가는 시간도 반드시 있어야 합니다. 해피가 좋아하는 놀이, 토토가 좋아하는 놀이를 찾아내서 많은 시간을 할애해 놀아 주셔야 합니다.

다시 한 번 강조하겠습니다. 강아지의 사회화는 물론 중요합니다. 사교성도 필요합니다. 그러나 어떤 강아지가 다른 강아지를 싫어하면 그 불편함도 인정해 주어야 합니다. 강아지가 적극적으로 어울려 노는 것만이 사회성이 좋은 게 아닙니다. 강아지의 성향을 고려하지 않은 둘째 입양은 무척 신중해야 합니다.

14
분리불안을 완화하려면

분리불안 관련 방문교육 신청의 비중이 무척 높은 편인데 비해 블로그에는 분리불안 관련 글이 많지 않습니다. 그 이유는 의외로 단순한데요, 분리불안 장애는 진단과 처방이 무척 어려운 문제이기 때문입니다. 또한 강아지와 보호자, 가족, 환경을 보지 않고 그냥 짧은 글로 분리불안 장애의 해결책에 대해 쓰는 것이 조금 지나치게 일반적이고 뜬구름 잡는 일일 때가 많기 때문입니다. 분리불안 장애는 다른 문제와는 많이 다릅니다. 배변이나 깨물기 등과는 차원이 다르지요. 치료 난이도는 최상입니다. 걸리는 시간도 엄청나고요.

분리불안의 경우 방문교육 1회로 나아지는 부분은 많지 않습니다. 그렇기 때문에 여러 번을 방문하거나, 아니면 1회 교육 시 보호자님에 대한 교육이 상당 부분 이뤄져야 합니다. 그러나 현실적으로 방문교육을 여러 회 권하는 것은 쉬운 일이 아닙니다. 여러 번 방문하면 당연히 교육 효과는 좋지만, 그에 따른 비용 부담을 생각하지 않을 수 없으니까요. 그래서 최대한 1-2회 방문으로 많은 것을 교육해 드리고, 이후에 필요한 것은 블로그 댓글과 메신저 등을 통해 도와드리고 있습니다.

그러다 보니 분리불안 장애와 관련한 방문교육은 일반적으로 1회 방문 때 전체 치료교육 중 1단계 정도에 치중할 때가 많습니다. 분리불안 장애 치료의 단계는, 물론 훈련사나 행동전문가에 따라 구분이 다르지만, 저는 개인적으로 3단계로 나눕니다.

1단계 : 보호자와 반려견이 서로를 볼 수 있는
　　　　같은 공간(거실 등)에서의 분리 연습
2단계 : 거실과 방, 거실과 화장실 등, 실내에서의 분리 연습
3단계 : 현관에서의 분리

위 단계는, 단정적으로 말할 수는 없지만, 각각 짧으면 몇 주에서 길면 몇 개월까지 걸립니다. 그러니 한 번의 방문교육으로 3단계까지 모두 나아갈 수는 없고, 실제로는 방문교육 이후 가정에서의 교육이 정말로 중요합니다. 그리고 말씀드린 대로 저는 가급적 1-2회만 방문하는 편이고, 1, 2단계에 치중합니다. 이 과정에서 재차 방문교육을 원하시면 하기도 합니다만, 아무래도 비용이 발생하므로 제가 먼저 권하기란 참 어렵습니다. 이 역시 딜레마입니다.

어쨌든, 분리불안 교육은 그렇습니다. 그러다 보니 보호자님 입장에서는 1, 2단계를 강조하는 교육 방침이 조금 부족하다고 생각하실 수도 있습니다. 왜냐하면 정말로 심한 증상은 현관에서의 분리(3단계) 때 나타나니까요. 그러나 1, 2단계를 해결하지 못하고 3단계로 진행하는 것은 실패로 가는 지름길입니다. 시간이 얼마가 걸리든 1단계, 2단계를 천천히 밟고 나서 3단계로 나아가야 합니다.

북미에는 분리불안에 관한 서적만 여러 권 나와 있을 정도로 분리

불안은 어려운 문제입니다. 블로그 포스트나 책의 꼭지 하나로 정리하고 해결한다는 것은 애초에 불가능한 이야기입니다. 그런 시도 자체가 무책임한 결과를 낳을 수도 있어요. 만일 분리불안 완화를 생각하고 계시다면 이 점을 꼭 먼저 생각해 주셨으면 좋겠습니다. 분리불안 장애는 모든 반려견 문제 중 가장 치료 난이도가 높은 문제 중 하나입니다. 대부분의 경우 훈련사의 역할보다도 보호자님들의 역할이 훨씬 중요합니다. 훈련사도 최선을 다하겠지만, 보호자님도 그렇게 해 주셔야 합니다. 분리불안 해결의 열쇠는 훈련사가 아닌 보호자님에게 있습니다. 분리불안 완화 교육은 방문교육이 끝난 그 순간부터 시작됩니다.

위 분리불안 장애 완화 교육의 1단계는 보호자와 반려견이 서로를 보는 상황에서 분리 연습을 한다고 되어 있습니다. 즉, 분리불안의 치료는 우선 집에서 시작합니다. 일반적으로 심한 분리불안이 있는 강아지들은 현관에서 분리하는 것이 가능하기는커녕 소파에서 보호자가 일어나기만 해도 쫓아오기 바쁩니다. 이런 점부터 조금씩 완화해 주고, 혼자서 편안하게 한자리에 있을 수 있게 해야 합니다. 이를 위해서는 '기다려' 교육이 필수이고, 집 안에서 강아지가 한자리에 있는 와중에 보호자와 떨어질 수 있어야 합니다. 집에서 어느 정도 연습이 되면 밖에서도 연습해야 합니다. 다음 QR코드를 확인해 보세요.

동영상의 강아지는 현관을 긁느라 발톱에서 피가 날 정도로 극심한 분리불안 장애와 산책 시 불안 증상으로 인해 방문교육을 받으셨고, 그 후 보호자님이 꾸준히 실내와 실외에서 교육을 시도하셨습니다. 말씀드렸듯이 보호자에 대한 분리불안이 있는 강아지들을 처음부터 현관이나 방문 등을 닫는 식으로 분리 연습을 시키면 강아지가 이를 잘 견디지 못하는 경우가 있습니다. 물론 곧바로 그 단계로 나아갈 수 있는 강아지도 있으나, 증상이 심하다면 현관에서의 분리 연습은 오히려 상황을 더 악화시킬 수도 있다는 점을 잊어선 안 됩니다. 분리불안 완화는 반드시 단계를 밟아 서서히 올라가야 합니다.

이 영상은 보이는 곳에서 분리하는 연습입니다. 언뜻 단순한 '기다려'와 다를 게 없어 보이죠. 어찌 보면 기본적인 개념은 같습니다. 그러나 매우 큰 차이가 있어요. 바로 '강아지는 제자리에 있고 보호자가 강아지로부터 점점 멀어진다.'라는 것입니다. 분리불안이 심한 강아지는 보이는 곳에서의 분리도 견디지 못합니다. 그러므로 현관 밖으로 나가는 걸 못 견디는 것은 당연합니다. 그렇게 심한 분리불안이 있다면 우선은 보이는 상태에서 보호자가 멀어져도 차분히 있는 연습을 할 필요가 있습니다.

영상은 실외이지만, 우선은 집 안에서 연습하세요. 그리고 집 안에서 연습할 때는 평소 편안하게 있는 쿠션이나 집 등에 강아지를 쉬게 하고 위와 같이 연습합니다. 위 영상의 보호자님도 차분히 단계를 밟아서 실외에서 저 정도로 강아지가 있을 수 있게 된 것입니다. 처음에는 밖에서 제대로 산책도 못 할 정도로 불안해했습니다.

위 영상에서 가장 유심히 보셔야 할 부분은 23초에서 35초 사이입니다. 그동안의 증상을 생각했을 때 꽤나 먼 거리까지 분리된

셈이에요. 그런데 그 순간 보호자에게 달려오지 않고 오히려 주위를 둘러보고 있습니다. 이게 시사하는 바는 매우 큽니다. 보호자가 몇 미터나 떨어진 곳까지 멀어졌는데 강아지가 그냥 가만히 있는다? 심지어 별일 없다는 듯 주위를 둘러본다? 반려견의 분리불안으로 고생하시는 분들은 이 장면의 의미가 무엇인지 다들 아실 거예요.

주의하실 점이 있습니다.

① 위 영상은 이미 교육이 상당 부분 진행된 후입니다. 처음부터 저렇게 길게 떨어지면 강아지가 불안감을 이기지 못해 보호자에게 달려오고, 그렇게 되면 교육은 실패로 돌아갑니다. 처음에는 1미터 1초, 이렇게 짧고 간단히 분리하세요. 그리고 익숙해지면 2미터 2초, 3미터 3초⋯. 이렇게 서서히 늘려 가세요. 보이는 앞에서도 그렇게 해야 합니다. 눈앞이라고 해서 간단히 생각하면 안 됩니다. 눈앞에서 멀어지는 것도 견디지 못하는데 문과 분리되는 걸 견딜 수 있을 리가 없으니까요.

② 별도의 꼭지에서 말씀드리겠지만, 분리불안 완화 교육을 진행하는 중에는 가급적 실제로 분리되지 않는 것이 중요합니다. 이게 불가능하다면 분리불안 완화 교육의 효과는 많이 떨어집니다. 그렇다고 포기해선 안 됩니다. 환경이 좋지 않다 해도 아예 교육을 하지 않는 것보다는 하는 것이 낫습니다.

③ 단계를 밟아 가는 것이 분리불안 완화 교육의 핵심입니다. 아직 보이는 곳에서의 분리도 안 되는데 문에서 분리될 수 있을 리가 없지요. 3단계가 안 되면 2단계로, 2단계가 안 되면 1단계로 돌아오셔야 합니다. 위 영상은 그 1단계에 해당합니다. 제 예상보다도 훨씬 빨리 진행된 경우인데, 빠르게 단계를 올리기보다는 천천히 현재의

성과를 단단히 다지는 것이 좋습니다. 앞으로 10년, 20년을 함께 살아갈 가족이라고 생각하고 인내심으로 반려견을 대해 주세요.

QR코드 영상 속 강아지와 보호자는 1, 2단계를 거쳐 현관에서 조금씩 떨어지는 연습을 하는 중입니다. 영상만 보면 편안하게 있는 것 같지만, 처음에는 보호자와 떨어지는 것을 전혀 받아들이지 못하고 힘들어했습니다. 집안에서부터 떨어지는 1단계와 2단계를 철저히 연습했고, 조심스럽게 3단계로 나아갔습니다. 처음부터 이렇게 할 수 있었던 것이 절대 아닙니다.

• 분리불안, 그 해결의 어려움에 관해

분리불안 장애 완화는 반려견 교육 및 문제 행동 치료 중에 가장 어려운 교육이라고 봐도 과언이 아닙니다. 그 이유는 몇 가지가 있겠지만, 이곳에서는 그중에 하나만 간단히 언급해 볼까 합니다. 기본적으로 분리불안 장애는 보호자가 시야에서 혹은 공간에서 사라지는 것을 견디지 못하는 증상입니다. 그러므로 반려견의 분리불안 증세를 완화시키려면 '보호자가 지금은 사라지지만 언젠가는 돌아온다.', '지금은 잠깐 없어지지만 괜찮다.'라는 것을 가르쳐 주고, 강아지가 이를 받아들이게 해 주는 것이 가장 중요합니다. 그리고 이를 위해서는 점진적인 접근이 필요합니다. 즉 보호자가 반려견과 떨어지는 시간을 5초, 6초, 7초, 8초… 50초, 60초, 70초, 80초… 5분, 6분, 7분… 1시간… 이렇게 서서히 늘려 가야 합니다. 그래서 반려견이 보호자와의 분리에 익숙해지고, 조금씩 편안해질 수 있게 해 주어야 합니다. 이게 가능해지면 분리불안은 완화됩니다. 물론 하루아침에 되는 것은 아닙니다. 몇 주가 걸릴 수도, 몇 달이 걸릴 수도 있습니다.

그런데, 위 방법에는 매우 중요한 전제조건이 있습니다. 바로, '분리에 어느 정도 익숙해지기 전까지 반려견과 보호자가 실제로 오랜 시간 떨어져서는 안 된다'라는 점입니다. 위에서 말씀드린 대로 분리불안 완화를 위해서는 보호자와 반려견이 점진적으로 분리되어야 하지, 몇 초씩 떨어뜨리다 말고 갑자기 1시간을 떨어뜨려서는 안 됩니다. 이렇게 되면 교육 효과는 거의 없고, 강아지는 계속 불안에 떨게 됩니다.

그러나 현실적으로 우리의 삶은 강아지 위주로 돌아가지 못합니다. 우리는 돈 벌러 나가야 하고 학교에 가야 하고 영화도 보러 나가야 합니다. 그리고 그동안 강아지들은 무방비로 집에 혼자 남겨집니다.(몇 번을 강조하지만 이런 강아지들을 위해 둘째를 들이는 분들이 정말 많은데 이건 잘되는 경우도 있으나 거꾸로 최악의 수가 될 수도 있다는 점을 명심해야 합니다.) 그러니 일단 반려견이 분리불안 증세를 보이기 시작하면 그때부터 상황은 악화되기 쉽습니다. 개선은 무척 어렵습니다. 아무리 퇴근 후에 시간을 내어 점진적인 분리 연습을 한다고 해도 낮에 10시간 12시간씩 혼자 두는데 그게 고쳐질 리가 없지요. 어려운 문제입니다. 체중을 뺀답시고 아침에 30분씩 뛰면서 점심저녁으로 삼겹살 3인분씩을 먹는데 살이 빠질 리가 없는 것과 똑같습니다.

그럼에도 아침에 30분씩 뛰어야 합니다. 현실

아빠? 아빠 어디 간 거야???? 응??? 어디 간 거냐고???

적으로 내가 할 수 있는 것을 해야 합니다. 낮에 강아지를 혼자 둘 수밖에 없는 상황이라면 그로 인한 문제의 소지를 인정하는 동시에 주어진 여건에서 할 수 있는 일을 꾸준히 하는 것이 평생 함께할 강아지를 위한, 그리고 나를 위한 최선의 길입니다.

14
분리불안과 감정전이

    얼마 전, 저는 한 강아지를 잠시 맡은 적이 있습니다. 일주일 정도 저희 집에 와 있던 A군은 유기견 출신으로, 심한 분리불안 장애가 있습니다. A군이 저희 집에 오고 이틀 후 저희가 외출할 일이 있었는데, CCTV로 관찰해 보니 A군은 오전 10시부터 오후 7시까지 쉴 새 없이 짖음과 하울링, 낑낑거림 증상을 보였습니다. 저희 집 1, 2층 바닥과 침실의 침대 등에 대소변을 30군데 이상 봐 놓기도 했습니다. 분리불안 장애 및 극심한 스트레스로 인해 나타나는 전형적인 증상이라고 할 수 있습니다.

    우리나라에는 분리불안 장애를 가진 개들이 많습니다. 위 A군과 같은 증상 외에도 기물을 파손하거나 자해를 하거나 하는 경우도 많습니다. 사람도 물론 힘듭니다. 보호자는 귀가 후 어질러진 집을 치워야 합니다. 매일 반복되면 솔직히 짜증이 나고 강아지에게 화를 내게 되기도 하지만, 보호자가 없는 시간 내내 극도의 공포와 불안과 괴로움을 경험하는 강아지에 비하면 그 정도는 견줄 바가 아닙니다. 짜증과 공포는 차원이 다르니까요. 맞벌이 혹은 혼자 사는 사람의 경우 강아지가 분리불안 장애가 있다면 그 강아지는 매일매일 지옥 속에서 살아갑니다. 모르긴 몰라도 여기서 지옥이라 함은 그다지 과장이 아닐 것입니다. 그렇게 강아지의 정서에 도끼를 내리치는 과정이 반복됩니다. 매일 말입니다.

분리불안 장애를 불러오는 그 근원적인 공포는 우리 인간이 이해하기 힘듭니다. 우리는 우리 강아지들이 "난 돌아올 거니까 힘들어하지 말고 있어."를 제발 알아주길 바랍니다. 그러나 강아지는 이를 알아주지 못하고 하루 종일 이상 증세를 보입니다. 왜냐하면 불안하기 때문입니다. 보호자가 사라진다는 것이 두렵고 불안하고 공포스럽기 때문입니다. 특히 A군처럼 파양과 보호소 생활을 이어 온 강아지는 그 과정에서 정서가 불안정해졌을 가능성이 크기 때문에 더욱 더 그러합니다. A군에게 안정적인 정서를 요구하는 것은 말도 안 되는 일입니다.(A군을 이렇게 만든 것이 인간이라는 사실은 말하면 입 아프고 열 받으니 넘어가겠습니다.)

두 마리가 있으면 나을지도 모른다고 생각할 수도 있습니다. 그러나 여기서 중요한 점이 있습니다. 많은 경우, 분리불안 때문에 다른 강아지를 데려오면 강아지의 분리불안이 치유되기는커녕 오히려 불안한 강아지 두 마리가 만들어지기 쉽습니다. 왜냐고요? 강아지의 분리불안은 상당 부분 후천적인 요인으로 만들어지기 때문입니다. 강아지가 태어난 후의 환경과 양육 때문에 분리불안이 만들어졌는데 다른 강아지를 데려오면 이 강아지를 똑같은 상황 속에 집어넣는 꼴밖에는 되지 않습니다. "우리가 맞벌이라 강아지가 심심하니까 친구 강아지를 데려와야지." 그럼 그 친구 강아지 역시 '맞벌이' 환경에서 분리불안을 가진 강아지로 살아갈 확률이 매우 높습니다. 환경도 문제지만, 강아지끼리 감정이 전이된다는 사실 역시 큰 이유가 됩니다. 다들 경험해 보셨듯이 옆 사람이 웃으면 나도 웃음이 나오고, 옆 사람이 울면 나도 눈시울이 붉어집니다. 마찬가지로 한 마리의 강아지가 짖으면 다른 강아지도 짖습니다. 한 마리의 강아지가 불안감에 떨면 다른 강아지도 불안해집니다. 그렇기에 강아지의 분리불안 장애 완화를 위해 둘째 강아지를 데려오는 것에 저는 한사코 반대합니다.

그러나, 감정전이는 간혹 이와 반대로 작용하기도 합니다. A군이 저희 집을 어지른 지 이틀 후, 일이 있어서 저희 가족은 또 집을 비웠습니다. 역시나 A군은 저희가 나가자마자 짖고 하울링을 하기 시작했습니다.

A군이 엘리 옆 소파에 편안하게 누워 있습니다.

얼마 후 A군이 걱정되어 CCTV를 열어 보니 A군은 소파에 편히 누운 채 잠을 자고 있었습니다. 엘리는 소파 팔걸이에 앉아 있습니다.

무슨 일이 있는지 엘리가 창문 쪽을 바라보자 A군도 일어나 함께 그쪽을 바라봅니다. A군은 짖고 있지 않습니다. 하울링도 하지 않고 대소변도 지리지 않습니다. 소파에 편히 누워 자다가 일어나서 조금 돌아다니다가 다시 엎드려 쉽니다.

A군은 그냥 엘리 옆에 편안하게 있습니다. 전부 캡처하지는 못했

A군은 엘리 옆에 앉아 있거나 거실을 편안히 돌아다니기도 했습니다.

지만 혼자서 편안하게 거실을 돌아다니는 모습도 보였습니다.

창밖에 뭔가(아마도 고양이)가 지나가자 엘리가 후다닥 창 쪽으로 가 보았고, A군도 함께 그쪽을 바라봅니다. 사진에는 잘 안 보이지만, A군은 식탁 의자에 걸쳐져 있던 후드티를 끌어내려 바닥에 펼쳐 임시 쿠션을 만들어 두기도 했습니다. 그렇게 나름 뭔가에 집중했다는 것은 무척 좋은 현상입니다. 귀가해서 살펴보니 2층에 대변을 두세 군데 봐 놓았고 소변도 두 군데 정도만 실수했습니다. 그 외에 짖음과 하울링, 불안 증세 등은 없었습니다. 어떻게 된 일일까요?

저희 집에는 실제로 분리불안 장애를 가진 강아지들(친구·친척 강아지들)이 머문 적이 있습니다. 이 친구들은 저희가 집을 비울 때마다 짖고 울고 뛰어다니고 대소변을 지리는 등 각종 분리불안 증세를 보이지만, 그럴 때 저희 엘리는 별달리 동요하지 않고 그냥 자기 자리에 가만히 있습니다. CCTV로 보면 엘리는 자기 자리에 가만히 있기도 하고 위 사진처럼 힘들어하는 강아지 옆에 있어 주기도 합니다.

요전 날, A군이 괴로움에 몸부림친 날, 저희 가족은 귀가 후 묵묵히

가족으로서 우리가 강아지에게 차분한 환경을 만들어주는 것이 필요합니다.

대소변을 치우고 바닥을 닦았습니다. 집 안 꼴이 이게 뭐냐고 짜증을 내지 않았습니다. 집을 비워서 미안해했습니다. A군을 다독여 주었습니다. 쓰다듬으며 괜찮다고 말해 주었습니다. 하니스를 매고 밖으로 나가 주었습니다.

저희가 또다시 외출했을 때, A군은 짖고 하울링하고 대소변을 지릴 준비를 했을 겁니다. 그리고 그때 A군은 옆에 있는 엘리를 보았을 겁니다. A군은 아마도 요전 날 괴로움에 몸부림칠 때 엘리가 옆에 있었다는 사실을 기억했을 겁니다. A군이 보기에 이 친구는 왠지 가만히 있습니다. 사람들이 나갔는데 짖지도 않고 울지도 않고 그냥 평소랑 똑같이 있습니다. 조금 짖어 보고 하울링도 해 보지만 딱히 달라지는 것이 없기에 A군은 엘리 옆에 와 봅니다. 엘리는 가만히 있습니다. 자기를 달래 주지도 않고 뭐라고 하지도 않고 그냥 가만히 있습니다. 그래서 A군도 그냥 그 옆에서 같이 가만히 있어 봅니다. 아마도 엘리는 자신이 무슨 일을 했는지 그런 건 모를 겁니다. 그냥 별것 하지 않고 가만히 있을 뿐입니다.

A군과 엘리의 사례가 우리에게 가르쳐 주는 것은 무엇일까요? '그래서 차분한 강아지를 입양하라?' 불가능한 일이죠. 이런 건 누구도 보장할 수 없을 겁니다. 그보다, 가족으로서 우리가 강아지에게 평소에 차분한 모습을 보여 주는 것이 얼마나 중요한가일 것입니다. 물론

지금부터 내가 차분해진다고 지금 당장 강아지의 정서 문제가 해결되지는 않을 겁니다. 그러나 만일 강아지에게 큰 문제가 없다면 앞으로의 문제를 예방해 줄 테고, 강아지가 정서적으로 어려움을 겪고 있다면 문제 해결의 출발점이 되어 줄 수 있을 것입니다. 당연한 말씀이지만 위 사례만 보고 A군의 분리불안 장애가 없어졌다고 할 수는 없습니다. 좋아졌다고 하기도 힘듭니다. 단지 일시적으로 완화된 모습을 보였을 뿐입니다. 그러나 어떤 출발점, 혹은 힌트가 되어 줄 수 있을 것입니다.

저는 강아지에게 큰소리 내지 않고 때리거나 윽박지르지 않는 것이 중요하다고 강조했습니다. 이건 그 자체만으로도 중요한 부분이지만, 전반적으로 차분한 환경을 만드는 실마리가 되기도 합니다. 책에서 논문에서 혹은 전문가로부터 보고 배우는 것도 필요하지만 이렇게 우리 강아지를 관찰하면 강아지들이 가르쳐 주는 것도 있습니다. 귀중한 가르침입니다.

16
밥을 먹지 않는 강아지

　많은 분들께서 강아지들이 밥을 먹지 않는다고 고민하십니다. 여기서 밥이란 보통 사료를 말합니다. 잘 먹던 사료를 갑자기 어느 순간부터 잘 안 먹는 강아지들이 분명 있습니다. 그러면 보호자님은 속이 타들어 가지요. 보호자님들은 강아지가 대체 왜 밥을 안 먹는지 이해하질 못합니다. 살려면 먹어야 하는데 안 먹는다? 정말 납득이 안 되는 상황인 거죠. 게다가 잘 먹던 걸 갑자기 안 먹는 경우도 흔하니까요. 자세한 원인을 살펴보기 전에 하나만 짚고 넘어가겠습니다. '길강아지들은 사료를 가리지 않습니다. 입이 짧아지지도 않습니다.' 이 사실이 시사하는 바는 큽니다.

　강아지가 밥을 잘 먹지 않는다면 아래 사항을 점검해 보시기 바랍니다.

1) 자율급식

　자율급식에는 장단점이 있습니다. 자율급식을 하면 다견 가정 같은 특수한 상황이 아니라면 하루 종일 강아지에게 먹을 것 때문에 스트레스 줄 일이 없고, 먹이에 대한 안정감을 줄 수 있다는 장점이 있습니다. 그러나 그 외의 모든 면에서 단점을 보입니다. 자율급식을 하는 강아지들의 상당수는 어느 순간부터 입이 짧아지기 시작합니다. 사실 자율급식을 하면서 '사료만' 주면 입이 짧아지지 않을 수도 있지만, 사료만 주는 보호자님들은 없지요. 간식도 종종 줍니다. 그러니 강아지들 입장에서 항상 거기 있는 사료보다 맛있는 간식을 기다리게 되는 건 당연한 일입니다. 보호자님은 강아지가 사료를 잘 안 먹으면 안돼 보여서 간식을 자꾸 더 줍니다. 강아지를 생각하는 마음, 강아지를 위하는 마음에서 그러는 것은 당연히 좋은 일이지만, 그 결과 강아지가 입이 짧아진다면 그때부터는 악순환에 빠져들기 쉽습니다.

2) 과다한 간식

위 항목과 이어지는 것일 수도 있는데, 꼭 자율급식을 하지 않더라도 간식을 과하게 주면 사료를 잘 먹지 않게 되기도 합니다. 시중에 판매하는 간식과 저급 사료에는 강아지들의 입맛을 자극하기 위해 강한 향을 첨가하는 경우가 많습니다. 이런 음식에 길들여지면 다소 밋밋할 수 있는 사료를 거부하게 됩니다. 한 가지 팁을 드리면, 간식을 줄 때는 규칙을 정해서 주는 것이 좋습니다. 간식 급여 시 가장 안 좋은 게 '아무 이유 없이 그냥 주는 것'입니다. 간단한 예절교육이나 이쁜짓 등을 만들어서 간식을 주시면 강아지도 그 규칙을 알게 되고, '간식을 아무 때나 받아먹을 수 없다'는 걸 알게 되므로 사료를 거르지 않게 됩니다.

3) 부족한 활동량

대부분의 실내견들에게 해당되는 이야기입니다. 야생 동물들은 깨어 있는 대부분의 시간을 먹이 찾는 데 보냅니다. 그러니 야생 동물들은 심심할 틈이 없습니다. 그러나 사람과 함께 지내는 강아지들은 때 되면 밥을 주거나 아니면 하루 종일 밥이 있으니 따로 먹을 걸 찾아서 헤맬 필요가 없습니다.(그래서 개라는 종을 지구상에서 가장 성공한 종으로 꼽는 학자들도 있지요.) 물론 먹이에 대한 안정감이 생긴다는 장점이 있으나, 대신 삶이 무료해집니다. 더군다나 많은 수의 강아지가 낮 동안에 혼자 시간을 보냅니다. 종일 잠만 자니 당연히 삶에 의욕이 없고, 의욕이 없으니 입맛이 돌 리가 없지요. 현대인과 함께 지내는 강아지들은 주인에게 예쁨받는 거 외에 별달리 삶의 즐거움이라는 걸 찾기가 힘듭니다.

4) 이갈이 시기

간혹 성장기의 강아지들이 밥을 거부하는 경우가 있습니다. 이건 생각하기 힘든 부분인데, 실은 이갈이 때문에 건사료를 먹지 못하는 강아지들도 있어요. 이갈이 시기에 이가 흔들리니 어색하기도 하고, 잇몸도 아파서 먹지 못하는 것이지요.

5) 질병

신체적인 이상이 있을 수도 있습니다. 만일 위 어느 항목에도 해당되지 않는 강아지인데 갑자기 어느 순간부터 밥을 안 먹는다면 수의사에게 보여야 할 수도 있습니다. 주의하실 점은 꼭 소화기 이상이 아니어도 사료 거부 증상을 보일 수 있다는 사실입니다.

6) 극심한 스트레스

스트레스라는 녀석은 참으로 무섭지요. 또 사람마다, 강아지마다 스트레스에 반응하는 방식이 다릅니다. 어떤 이는 먹어서 풀고, 어떤 이는 먹지를 못하지요. 저는 20대 때, 군대 훈련소에서 두 달 만에 15kg이 빠진 적이 있습니다. 강아지에게 극심한 스트레스를 주는 요인이라면 이사, 가족 관계의 변화(결혼, 둘째 입양 등), 혼자 오랜 시간을 보내는 것, 혼나는 것, 일관성 없는 보호자의 행동 등이 있습니다.

7) 사료에 질리거나 사료가 입맛에 맞지 않음

간혹 이런 경우도 있습니다. 그래서 새로운 사료를 사 주면 또 잘 먹기도 하지요. 그러나 솔직히 말씀드려 이건 위의 1, 2번과 크게 다르지 않습니다. 사실 강아지가 어떤 사료든 거부한다는 건 그 자체만으로 벌써 바람직하지 않은 상황입니다.

위의 원인은 보통 어느 하나만 해당되는 것이 아니라 여러 항목이 결합되어 중장기적으로 밥을 거부하게 되는 경우가 대부분입니다. 그럼 이제 해결 방안을 이야기해 보겠습니다.

1) 산책

이제는 말하면 입 아픈 산책입니다. 산책은 분명 만병통치약이 아닙니다. 그러나 모든 문제의 근본을 건드리는 활동이지요. 산책은 약이 아닙니다. 산소이자 물입니다. 산책은, 강아지에게 최소한의 정서적 환기를 제공해 주는 활동입니다. 이것 없이는 그 무엇도 되지 않고, 그 무엇을 시도해도 의미가 없습니다. 산책이라고 해서 거창하게 막 공원에 가고 그런 게 중요한 게 아닙니다. 산책은 널따란 잔디밭이 있어야만 할 수 있는 게 아닙니다.

산책은 강아지에게 산소이자, 물입니다.

여러 번 강조했지만, 산책에서 가장 중요한 것은 걷는 게 아니라 멈추는 것입니다. 우리 강아지에게 야외 활동을 확보해 주지 않는 보호자는 강아지에게 그 무엇도 바라선 안 됩니다. 그건 자식을 1년 365일 학원에만 보내면서 아이가 창의적이고 뭐든 알아서 잘하길 바라는 것과 똑같습니다. 애초에 양립할 수가 없는 문제입니다.

2) 제한급식

동의하지 않는 분도 분명 계실 겁니다. 그러나 자율급식이 강아지의 입맛을 망치고 그로 인해 정서 문제를 일으키는 건 시간문제에 가깝습니다. 제한급식을 하면 식욕을 유지하는 동시에 밥을 기다리는 모습, 밥을 먹는 모습을 보며 건강 이상도 알아챌 수 있다는 장점이 있습니다. 자율급식을 하던 강아지에게 제한급식을 시작하면 강아지가 조금 당황할 수 있습니다. 그러니 처음에는 밥을 바로 치우지 말고 일정 시간 동안 밥을 놓아두길 권해드립니다. 처음에는 1시간, 며칠 후에는 30분… 이런 식으로 말이지요.

3) 간식 줄이기

자, 이제 가슴 아픈 얘길 해 보겠습니다. 강아지가 입이 짧아서 사료를 잘 안 먹는다면 간식을 줄이셔야 합니다. 아니, 끊으셔야 합니다. 참 어려운 일이지요.

그러나 이런 생각을 해 보셔야 합니다. 왜 애초에 우리 강아지의 입이 짧아졌을까? 우리가 간식을 주었기 때문에, 그것도 원칙 없이 간식을 주었기 때문입니다. 그럼 사실 이건 우리 잘못인데, 한순간에 그걸 끊는다는 게 쉬운 일은 아닙니다. 하지만 실제로 간식을 끊으면 강아지가 다시 사료를 먹게 되는 경우는 흔합니다. 그러므로 간식을 끊는 것은 무척 중요합니다. 물론 한동안 강아지가 황당해하겠지요. "왜 간식을 안 주지? 간식 줘. 간식 달라고." 이렇게 애원하겠지요. 여기서 많은 보호자님이 견디지 못하고 포기합니다. 그리고 다시 간식을 줍니다. "사료 안 먹는 대신 간식을 많이 주면 되겠지."라고 말하면서 말이지요. 그러나 사료처럼 균형 잡힌 영양을 갖춘 간식은 찾기 힘듭니다. 그렇기 때문에 간식은 사료를 대신하지 못합니다. 간식을 끊고 다시 밥을 먹기 시작하면 간식을 주셔도 됩니다. 그러나 이제는 간식을 주실 때 어느 정도 규칙을 정해서 주시길 권해드립니다.

4) 수의사에게 보이기

실제로 소화기 계통에 질병이 생겨 밥을 먹지 않는 경우도 있습니다. 그러니 필요에 따라서는 수의사에게 보여야 합니다. 이같이 때문에 잘 먹지 못하는 경우라면 다시 사료를 충분히 불려 주시는 것이 좋습니다. 수의사의 말에 따르면 소화기 계통의 질병뿐 아니라 구강 내 질병, 호흡기계, 비뇨기계 등등 몸이 안 좋으면 밥을 안 먹는 경우가 종종 있다고 합니다. 그래서 일단 식욕부진으로 내원하는 강아지들이 많다고 합니다. 기초 검사를 통해 다른 기저질환들이 발견되곤 하는데, 단순히 소화기계 질병만으로 사료를 안 먹는 경우는 일부이지요. 또, 강아지들이 체기가 있거나 토하거나 소화기 문제가 있어 보인다며 매실액이나 어린이용 시럽 또는 사람 진통제를 임의로 먹여 중독되어 오는 경우도 상당히 많다고 합니다. <u>보호자님께서 임의로 조치를 취하시면 오히려 이렇게 더 위험해지는 경우도 있으니 신체적인 이상이 보일 땐 반드시 수의사에게 보이셔야 합니다.</u>

6) 강아지가 두 마리 이상인 경우

집에 강아지가 두 마리 이상인 경우 정말 조심하셔야 하는 게 있습니다. 밥그릇을 가까이 붙여 두고 먹게 하면 안 됩니다. 물론 두 마리의 강아지가 머릴 맞대고 밥 먹는 모습은 정말 귀엽습니다. 하지만 알게 모르게 어느 한쪽이 밥을 독식하는 경우가 생길 수 있습니다. 그러지 않더라도, 서로 자꾸 견제하려는 습성이 생기기 쉽습니다. 그러므로 강아지가 여럿일 경우에는 멀리 떨어뜨려서 밥을 주시는 것이 좋습니다. 만일 어느 한 마리가 느긋하게 밥을 먹는 편이라면 아예 다른 방에서 밥을 주시는 것도 좋습니다.

다만, 거꾸로 이런 습성을 입 짧은 강아지에게 이용하는 방법도 있습니다. 두 마리 강아지가 멀리 떨어지지 않은 채 밥을 먹게 하면 서로 경쟁심 비슷한 것이 생겨 밥을 잘 먹게 되기도 합니다.

우리 강아지가 왜 밥을 안 먹게 되었는지 그 요인을 잘 생각해 보세요. 사실 우리 강아지를 가장 잘 아는 건 보호자님입니다. 잘 생각해 보면 우리 강아지의 입이 짧아지기까지의 과정이 있을 것이고, 원인을 파악한다면 그 해결 역시 그렇게 어렵지 않을 것입니다.

　마지막으로 조금만 덧붙이겠습니다. 성장기 강아지가 밥을 안 먹는다면 무슨 수를 써서든 먹여야 합니다. 그러나 성견이 밥투정 부리면 사실 하루 이틀 안 먹는다고 크게 탈이 나지 않습니다. 성견이 밥을 안 먹고 사료를 거부한다면 그 정확한 원인을 파악하는 것이 가장 우선이지만, 딱히 별다른 이유 없이 더 맛있는 걸 원한다든가 하는 거라면 조금 내버려 둬도 괜찮습니다. 물론 이렇게 되기까지 보호자의 잘못이 있다면 그 부분은 돌아보아야 하겠지요.

17
강아지가 과체중이에요

강아지도 잘 먹고 잘 지내다 보면 과체중이 되는 경우가 있습니다. 실내견, 특히 소형견들은 관절이 약한 경우가 많아서 체중을 조절해 주는 것이 좋은데, 강아지 살 빼는 방법은 크게 두 가지가 있습니다. 사실 따지고 보면 사람과 똑같습니다.

1) 운동으로 뺀다.

결국 산책인데, 현실적으로 쉽지만은 않은 방법입니다. 주말에 등산하는 정도로는 체중이 잘 빠지지 않기 때문이지요. 산책으로 체중을 빼려면 강도를 높일 수 없으니 시간을 늘려야 합니다. 그런데 이미 하고 있는 산책 시간을 늘린다는 건 쉬운 일이 아닙니다. 효율도 떨어집니다.

2) 식단으로 뺀다.

식단으로 체중을 빼는 건 손쉬운 방법에서부터 손이 좀 가는 방법까지 다양한 길이 있습니다. 사실 체중을 빼려면 강아지든 사람이든 먹는 걸 줄여야 합니다. 그런데 그렇다고 사료의 양을 갑자기 팍 줄여 버리면 강아지가 느끼는 허기가 커지겠지요.

　여기서 한 가지 짚어야 할 것이 있습니다. 바로 '체중 조절 사료'입니다. 강아지의 체중을 줄일 목적으로 출시된 체중 조절용 사료들은 대부분 영양소가 부실합니다. 단순히 열량만 낮춘 것이 아니라 보통은 단백질 함량까지 낮췄기 때문에 바람직하지 않습니다.(품질이 매우 뛰어난 체중조절 사료가 있긴 합니다만 흔하진 않습니다.) 그러므로 체중 조절을 해야 한다면 이런 사료를 먹이는 것보다는 품질 좋은 사료를 먹이되 그 양을 줄여 급여하는 것이 낫습니다. 다만 이렇게 하면 위에서 언급한 허기 문제가 남습니다.

　가장 간단한 해결책은 건사료의 양을 줄이고 캔 사료를 섞어 주는 것입니다. 캔사료는 중량의 70-80%가 수분이기 때문에 건사료에 비해 열량이 무척 낮습니다. 그래서 캔사료를 섞어 주면 포만감을 유지하며 체중을 줄이는 데 도움이 됩니다.

　캔사료 말고 채소를 이용해 식사 열량을 줄이는 방법도 있습니다. 강아지가 먹어도 되는 채소들, 예를 들어 단호박, 맷돌호박, 당근, 양배추, 브로콜리 등의 채소를 사료에 첨가해 주는 방식입니다. 여기서는 이 방법을 보여 드릴까 합니다. 미리 말씀드리지만 엄청 간단합니다.

　야채는 생으로 줘도 사실 상관없습니다. 다만 양배추처럼 생으로 장기간 급여했을 때 갑상선 기능 저하증에 걸릴 가능성이 있는 채소들 때문이라도 웬만하면 익혀 주는 것이 좋습니다. 저는 마침 텃밭에서 키운 맷돌호박이 있어서 그걸 썼습니다. 거기에 양배추와 당근을 넣었습니다.

| 과체중 강아지를 위한 다이어트식 |

1. 당근, 양배추, 호박을 준비합니다.

2. 당근과 양배추를 살짝 물에 삶은 후 물기를 빼줍니다.

3. 호박은 따로 조금 더 삶아 줍니다. (젓가락으로 슬슬 찢어질 정도로)

4. 삶은 호박은 물기를 빼면서 젓가락으로 슥슥 갈라 줍니다.

5. 삶은 당근, 양배추 호박을 모두 섞어 줍니다.

6. 섞은 야채를 작은 통에 나눠 담아 냉동실에 보관합니다.

7. 사료와 삶은 야채를 1:1 비율로 섞어서 강아지에게 급여합니다.

소량의 브로콜리를 삶아 다른 야채와 섞어서 주어도 좋습니다.

우선 재료를 사진 1과 같이 물에 살짝 삶아 줍니다. 호박은 조금 오래 삶지만 양배추와 당근은 오래 삶을 필요가 없습니다. 채소를 줄 때 올리브유에 살짝 볶는 방법도 있는데, 이건 체중 조절용이기 때문에 그냥 물에 삶겠습니다.

조리가 끝난 야채는 사진 6처럼 나눠서 한 통만 냉장실에 넣고 나머진 냉동실에 넣습니다. 가득 담지 않는 이유는 냉장실에 오래 두지 않기 위해서입니다. 가득 담아도 크게 상관은 없습니다. 참, 급여하실 때는 냉장고에서 꺼내 바로 주면 너무 차가우니까 전자레인지에서 10초만 돌려 주세요.

자, 이제부터가 중요합니다. 밥을 줄 때 어느 정도의 비율로 섞어 주느냐가 관건이거든요. 중량 기준으로 사료와 채소를 1:1까지 배합합니다. 예를 들어 사료를 30g 넣으면 채소도 30g씩 담는 식으로 말이지요. 그럼 채소를 너무 많이 넣는 게 아닌가 생각하실 수도 있습니다. 강아지는 육식 위주의 잡식이라는데 채소를 이렇게 많이 줘도 되나 싶을 수도 있습니다.

그런데 건사료는 중량에서 수분이 차지하는 비율이 10% 미만인데 반해 채소는 70-80%가 수분입니다. 게다가 삶은 채소는 중량이 훨씬 무거워지고, 그 대부분은 역시 수분입니다. 물을 잔뜩 머금은 삶은 채소라서 실제 양은 얼마 안 됩니다. 만일 사료와 위 채소를 각각 30g씩 섞는다고 하면 실제 열량 비중은 10:1이 될까 말까 합니다. 맷돌호박은 열량이 무척 낮고, 양배추는 열량이 없는 거나 다름없지요.

한 가지 당부드리고 싶은 게 있습니다. 너무 급하게 체중을 빼고자 하는 생각에 먹는 양을 급격히 줄이지는 않으셨으면 합니다. 만일 하루에 원래 먹는 사료의 양이 100그램이다, 그렇다면 사료는 70그램 이하로 줄이지 않으셨으면 합니다. 그리고 채소를 많이 섞어서 포만 감을 충분히 주고, 섭취 열량이 줄어 자연스럽게 체중이 빠지도록 해 주셨으면 합니다. 이런 경우 사료 70에 채소 50-70그램이면 먹는 양 자체는 오히려 원래보다 많아지지요. 하지만 열량이 적어지니 체중 이 조금씩 빠집니다.

중요한 것은 '포만감을 충분히 채워 주면서 섭취 열량을 자연스럽 게 줄인다.'입니다. 저희 엘리도 체중 조절을 한 적이 있습니다. 시작 전에 6.9kg이었지요. 목표 체중은 6.5kg이고, 두 달 정도 이런 식으로 밥을 주었습니다. 그 결과는? QR코드로 여러분도 한번 확인해 보세 요.

 아, 이런 식으로 밥을 주면 물 먹는 양은 자연히 줄어 들 수 있습니다. 이상한 게 아니니 걱정하지 않으셔도 됩니다.

비가 오나 눈이 오나

 한참 일하고 있는데 엘리가 와서 이런 표정으로 쳐다봅니다. 이건 100% 나가자는 뜻입니다.

비가 온 후였고, 아직 보슬비가 약하게 내리고 있었지만 데리고 나갔습니다.

"비가 왔는데 산책해도 되나요?"

자주 받는 질문입니다만, 비가 와도 눈이 와도 강아지는 개의치 않습니다.

오히려 비 온 후 데리고 나가면 장점이 있습니다. 내린 비와 함께 땅에 떨어진 수많은 물질이 있지요. 또한 빗물은 땅에 머물며 수많은 화학적 변화를 만들어냅니다. 그래서 땅에서는 평소와는 완전히 다른 냄새가 납니다. 강아지에게는 새로운 경험이지요. 우리는 아무런 비용을 들이지 않고 강아지에게 완전히 새로운 세상을 보여 줄 수 있습니다.

그러니 비 온 뒤의 산책을 마다할 이유가 없습니다.

아니, 비가 오고 있는 중이라 해도 마찬가지입니다. 강아지는 비 좀 맞아도 상관없습니다. 이미 털(coat)이라는 코트를 입고 있지요. 장

비 온 뒤의 산책을 하면
이런 걸 볼 수 있는 장점도 있지요.
네, 우리 강아지의 발자국입니다.

대비가 내린다면 모를까, 웬만한 비는 전혀 상관이 없습니다.

강아지가 눈이나 비를 맞고 덜덜 떠는 이유는 우리가 그렇게 허약하게 키웠기 때문입니다. 개는 생각보다 강인한 동물입니다. 어느 정도의 눈비 정도는 맞아도 생활하는 데 전혀 지장이 없는데, 우리가 집 안에 꼭꼭 숨겨 두고 다양한 환경에 노출시키지 않기 때문에 약해집니다. 우리 개가 바깥을 무서워하고 벌벌 떨고 약간의 추위에도 덜덜거리며 꼼짝 못하는 이유는 우리 보호자들이 개를 과보호하며 그렇게 키웠기 때문입니다.

바닥이 좀 더러워도 괜찮습니다.
중요한 사실은 강아지가 좋아한다는 것입니다.
강아지는 눈에 뚫린 구멍에서 나는 냄새까지도 맡고 싶어 합니다. 강아지를 행복하게 해 주는 일은 얼마나 쉽고 간단한가요. 사람은 너무 복잡합니다. 눈치도 봐야 하고, 돈도 챙겨야 하고, 밀당도 해야 하고, 도덕적 잣대에, 정치적 견해 차이에….
하지만 개는 이렇게 간단합니다.
비 온 뒤에는 사람 코에 느껴지는 냄새도 다르지요. 하물며 코가 무척 예민한 강아지들에게 느껴지는 세상은 어떻겠습니까?

강아지를 행복하게 해 주는 일은 생각보다 간단하고 쉽습니다.

　행복한 강아지와 행복한 보호자를 위해 지금까지 많은 말씀을 드렸습니다. 제가 쓴 글이다 보니 그 내용이, 그리고 실천이 쉬운지 어려운지 저는 객관적으로 판단하기가 쉽지만은 않네요. 많이 어렵지는 않다고 믿고 싶습니다. 제 글을 통해 지금보다 조금이라도 많은 강아지가 배고프지 않고, 갇히지 않고, 마땅히 누려야 할 권리를 누리며 살아갔으면 합니다. 동시에 조금이라도 더 많은 보호자님들이 스트레스를 덜 받으며 강아지와 함께 편안히 지낼 수 있었으면 합니다. 이 책을 읽는다고 모든 문제가 해결되지는 않겠지만, 이 책의 꼭지 하나하나가 그 출발점이 되었으면 합니다.

　읽어 주셔서 고맙습니다.

강아지와 보호자의 행복한 동행을 위한 안내서

행복한 강아지

초판 1쇄 발행 2018년 9월 28일
초판 2쇄 발행 2020년 4월 24일

지 은 이 임태현
펴 낸 이 노용제

펴 낸 곳 정은출판
출판신고 2004년 10월 27일 제301-2011-008호
주소 (04558) 서울특별시 중구 창경궁로1길 29
전화 02-2272-8807 팩스 02-2277-1350
이메일 rossjw@hanmail.net
공급처 정은출판 (02)2272-9280

ISBN 978-89-5824-377-9 (13490)